电子测量技术国家网络精品课程教材

电子测量技术

（第三版）

朱英华　李崇维　主编

U0159296

西南交通大学出版社

·成　都·

图书在版编目（ＣＩＰ）数据

电子测量技术 / 朱英华，李崇维主编. —3 版. —
成都：西南交通大学出版社，2021.1
ISBN 978-7-5643-7588-1

Ⅰ. ①电… Ⅱ. ①朱… ②李… Ⅲ. ①电子测量技术
–高等学校–教材 Ⅳ. ①TM93

中国版本图书馆 CIP 数据核字（2020）第 211248 号

Dianzi Celiang Jishu
电子测量技术
（第三版）

朱英华　李崇维　主编

责任编辑	张华敏
助理编辑	杨开春　唐建明　陈正余
封面设计	原谋书装

出版发行	西南交通大学出版社
	（四川省成都市金牛区二环路北一段 111 号
	西南交通大学创新大厦 21 楼）
邮政编码	610031
发行部电话	028-87600564　028-87600533
网址	http://www.xnjdcbs.com
印刷	四川煤田地质制图印刷厂

成品尺寸	185 mm×260 mm
印张	16
字数	401 千
版次	2005 年 9 月第 1 版
	2008 年 9 月第 2 版
	2021 年 1 月第 3 版
印次	2021 年 1 月第 9 次
定价	45.00 元
书号	ISBN 978-7-5643-7588-1

第三版前言

本教材自 2008 年出版第二版以来，受到老师、同学以及业界科技人员的普遍欢迎，西南交通大学采用本教材教学的"电子测量技术"课程在 2009 年被评为国家网络教育精品课程。

近年来，电子测量理论、电子测量方法及电子测量仪器的发展非常迅速。我国国家质量技术监督局曾在 1999 年发布了国家计量技术规范《测量不确定度评定与表示》（JJF1059—1999），之后，随着新的国际计量标准和规范的出现，我国国家质量技术监督局又于 2012 年发布了国家计量技术规范《测量不确定度评定与表示》（JJF1059.1—2012）和《用蒙特卡洛法评定测量不确定度》（JJF1059.2—2012），对测量结果、测量不确定度等概念给出了新定义，并明确了测量不确定度作为测量结果的一部分。目前，数字示波器已广泛应用于生产、教学和科研工作中，同时虚拟仪器技术也发展迅速，采用 LabVIEW 软件构建的虚拟仪器已广泛应用于测量测试领域，因此，为了保证本教材内容的科学性和先进性，我们对本教材第二版进行修订，推出了第三版。

为了使本教材在内容上紧跟测试测量领域的最新发展，我们在本教材第三版中对第二版的原有知识点进行了更新，例如，根据新的国家计量技术规范，更新了第一章"测量误差及测量不确定度"部分的内容，另外我们还在第三版教材中补充了许多新内容，如数字示波器的工作原理及测量方法、LabVIEW 程序开发环境和程序设计等，使本教材第三版在内容上更加完善，以满足读者学习最新电子测量技术的需求。

本教材第三版提供了与教材内容相关的电子课件，可帮助读者更好地学习教材内容，读者可扫描书中的二维码免费获取。另外，为了帮助使用本教材教学的任课老师进行课程教学，本教材第 7 章中的 LabVIEW 程序设计部分的 VI 程序代码可免费提供给任课老师，如有需要请与出版社联系，联系方式：张老师 13689090266，郭老师 18030834821。

本教材自出版以来，广大读者给予了较高评价，并给出了积极的建议和富有建设性的意见，在此对广大读者的关心和支持表示诚挚的谢意。同时，本教材第三版的出版和修订还得到了西南交通大学电气工程学院各级领导的关心和支持，尤其是金炜东教授、赵舵副教授和马磊教授对本教材提出了许多宝贵的意见，在此表示衷心的感谢。此外，本教材的编写还参考和引用了部分国内外同行的资料和文献，在此谨向这些资料和文献的原作者表示感谢。

电子测量的内容极其广泛、繁杂，而且电子测量技术还在不断地发展和更新，因此，本教材不可能囊括电子测量技术的全部内容。对于本教材存在的不足和疏漏，欢迎广大读者指出并提出宝贵意见，谢谢！

编　者

2020 年 11 月

第二版前言

　　本教材自 2005 年出版以来，以其理论知识全面、内容新颖以及讲解清晰的特点，受到老师、同学的普遍欢迎，并被许多高校作为馆藏图书。在此期间，收到了不少读者的评价、建议和意见，在此，对于广大读者的关心和支持表示诚挚的感谢。

　　近年来，电子测量理论、电子测量方法在不断地发展和完善，电子测量仪器也不断地更新。因此，本教材的第二版补充了一些新内容，并对原来的部分内容进行了重写，使之更易于理解，结构上更完善。此外，我们还查阅了大量的文献资料，对原书中说法不妥之处进行了修订，以保证内容的科学性和合理性。

　　本教材第二版的出版和修订，不仅得到了广大老师、同学的支持和帮助，而且还得到了西南交通大学电气工程学院各级领导的关心和支持，其中晏寄夫副教授、胡鹏飞副教授和金炜东教授对本教材提出了许多宝贵的意见，在此编者表示衷心地感谢。另外，在本教材编写的过程中，参考和引用了部分国内外同行的资料和文献，谨向所有原作者表示感谢。

　　由于编者水平有限，难免会存在一些错误和不太令人满意的地方，欢迎广大读者多提宝贵意见，谢谢！

编　者

2008 年 8 月

目　录

本书数字会员使用说明：

1. 请使用微信扫描封底二维码，关注"交大 e 出版"微信公众号；

2. 点击商品链接或开通链接进入会员开通页面，选择"使用购物码支付"，
   输入刮层下的 12 位序列号并确认退出；

3. 至此，您已开通本书数字会员，可使用微信扫描书中任意二维码，免费
   畅享本书所有数字资源。

绪　论

本章课件

1. 测量及其重要意义

测量的目的是准确地获取被测参数的值。通过测量，人们可以获得对客观事物数量上的认知，可以从观察客观事物中总结出一般规律来。因而测量是人类认识自然和改造自然的重要手段。从定义上讲，测量是人们为了确定被测对象的量值或确定一些量值的依从关系而进行的实验过程。为了确定被测量的量值，要把它与标准量进行比较，因此，所获得的测量结果的量值一般包括两部分，即数值（大小及符号）和用于比较的标准量的单位名称，如某电阻 50 Ω，某线路流过的电流 3 A，某电压 – 10 V 等。

电子信息科学是现代科学技术的象征，它的三大支柱是：信息的获取技术——测量技术；信息的传输技术——通信技术；信息的处理技术——计算机技术。其中，信息的获取技术是基础，而电子测量是获取信息的重要手段。

在科学技术发展过程中，测量结果不仅用于验证理论，而且是发现新问题、提出新理论的依据。例如，光谱学的精密测量帮助人们揭示了原子结构的秘密；对 X 射线衍射的研究揭示了晶体的结构；利用射电望远镜发现了类星体和脉冲星。这类例子不胜枚举。历史事实证明：科学的进步、生产的发展与测量理论技术手段的发展和进步是相互依赖、相互促进的。因此，测量手段的现代化，已被公认为是科学技术和生产现代化的重要条件和明显标志。

2. 电子测量概述

1）电子测量的内容

电子测量是测量学的一个重要分支，是泛指以电子技术为手段而进行的测量。它是测量技术中发展最为先进的一部分，是测量学和电子学相互结合的产物。

按具体的测量对象来分类，电子测量包括：

① 电能量的测量，如各种频率及波形下的电压、电流、功率、电场强度等的测量。

② 电信号特征的测量，如信号的波形和失真度、频率、周期、时间、相位、调幅度、调频指数、噪声以及数字信号的逻辑状态等参量的测量。

③ 电路参数和元器件的测量，如电阻、电感、电容、阻抗、品质因数、电子器件参数等的测量。

④ 电子设备性能的测量，如增益、灵敏度、衰减量、输出功率、放大倍数、噪声系数、频率特性等参数的测量。

⑤ 非电量的电测量。在科学研究和生产实践中，常常需要对各种非电量进行测量。人们

通过各种敏感器件和传感装置将许多非电量（如位移、速度、温度、压力、流量等）转换成电信号，再利用电子测量设备进行测量。传感技术的发展为这类测量提供了新的方法和途径。

2）电子测量的特点

与其他测量相比，电子测量具有以下几个明显的特点：

a. 测量频率范围宽

电子测量除测量直流外，还包括测量交流，其频率范围低至 10^{-6} Hz 以下，高至 10^{12} Hz 以上。随着当今电子技术的发展，电子测量正向着更高频段发展。在不同的频率范围内，不仅被测量的种类会有所不同，而且所采用的测量方法和使用的测量仪器也不同。例如，在直流、低频、高频范围内，电流和电压的测量需要采用不同类型的电流表和电压表。

b. 量程范围宽

量程是指测量范围的上限值与下限值之差。由于被测量的数值往往相差很大，因而要求测量仪器具有足够宽的量程。例如，数字万用表对电阻的测量范围，小到 10^{-5} Ω，大到 10^{8} Ω，量程达到 13 个数量级；数字万用表可测量由纳伏（nV）级至千伏（kV）级的电压，量程达 12 个数量级；而数字式频率计，其量程可达 17 个数量级。

c. 测量准确度高

电子测量的准确度比其他测量方法高得多。例如，用电子测量方法对频率和时间进行测量时，由于采用原子频标和原子秒作为基准，可以使测量准确度达到 $10^{-15} \sim 10^{-16}$ 的数量级，这是目前在测量准确度方面达到的最高指标。因此，人们通常尽可能地把其他参数变换成频率信号再进行测量。例如，利用 A/D 变换器将电压信号转换为频率，再用电子计数器计数，就构成了数字电压表；利用传感器将重力转换为电信号，再用电子计数器计数，就构成了电子秤。

d. 测量速度快

电子测量是利用电子运动和电磁波传播进行工作的，它具有其他测量方法通常无法类比的高速度。这也是电子测量技术广泛应用于现代科技各个领域的重要原因。像卫星、宇宙飞船等各种航天器的发射和运行，没有快速、自动的测量与控制，简直是无法想像的。

在有些测量过程中，为了减小误差，往往会在相同条件下对同一量进行多次测量，再用求平均值的方法得到结果；但是测量条件容易随时间变化，这时可以采用提高测量速度的方法，在短时间内完成多次测量。

e. 易于实现遥测和长期不间断的测量

如今，人们可以通过各种类型的传感器或电磁波、光、辐射的方式，对距离遥远或环境恶劣的、人体不便于接触或无法到达的区域（如人造卫星、深海、核反应堆内等）进行电子测量，从而实现遥测、遥控，并且可以在被测对象正常工作的情况下进行长期不间断的测量。

f. 易于实现测量过程的自动化和测量仪器微机化

由于大规模集成电路和微型计算机的应用，使电子测量出现了崭新的局面。例如，在测量过程中能够实现程控、遥控、自动转换量程、自动调节、自动校准、自动诊断故障和自动恢复，对于测量结果可进行自动记录、自动进行数据运算、分析和处理。

由于电子测量技术有上述一系列优点，因此，它被广泛应用于科学技术的各个领域。

3）电子测量的方法

一个物理量的测量可以通过不同的方法来实现。电子测量的方法很多，常见的有以下几种分类。

a. 按测量手段分类

按测量手段的不同，电子测量方法可分为直接测量、间接测量和组合测量。

① 直接测量：在测量过程中，测量结果不需要经过量值的变换或计算，可以直接从测量仪器仪表中读取，这种可以直接获取被测量量值的方法，称为直接测量。例如，用电压表测量电压，用电桥法测量电阻阻值，用电子计数器测量频率等。由于直接测量的测量过程简单迅速，因此被广泛应用于实际工程测量中。

② 间接测量：利用直接测量的量与被测量之间的函数关系（公式、曲线或表格等），通过计算而得到被测量量值的测量方法，称为间接测量。例如，要测量电阻 R 上消耗的直流功率 P，在没有功率表的情况下，可以先直接测量电压 U、电流 I，而后根据函数关系 $P = UI$ 进行计算，"间接"获得功率 P。间接测量费时、费事，多用在不便于直接测量的情况或科学实验中。

③ 组合测量：当某个被测量与几个未知量有关，通过改变测量条件对被测量进行多次测量，根据被测量与未知量的函数关系列方程组并求解，从而得到未知量的测量方法，称为组合测量。它是一种兼有直接测量和间接测量的方法。组合测量复杂、费时；但易达到较高的准确度，适用于科学实验或一些特殊场合。

b. 按被测量性质分类

按被测量性质的不同，测量方法又分为时域测量、频域测量、数据域测量和随机测量。

① 时域测量：是指以时间作为函数的量的测量。例如，电压、电流等被测量的稳态值和有效值大多利用仪表直接进行测量，它们的瞬时值可通过示波器等仪器显示其波形来进行观测得到，并可以观测其随时间变化的规律。

② 频域测量：是指以频率作为函数的量的测量。例如，电路的增益、相位移等被测量可通过分析电路的频率特性或频谱特性来进行测量。

③ 数据域测量：是指对数字量进行的测量。例如，使用逻辑分析仪可以同时观测许多单次并行的数据；对于微处理器地址线、数据线上的信号，既可显示其时序波形，也可利用"1""0"来显示其逻辑状态。

④ 随机测量：主要是指对各类噪声、干扰信号等随机量的测量。

c. 按测量方式分类

① 直读法：使用直接指示被测量大小的指示仪表进行测量，能够直接从仪表刻度盘上或者显示器上读取被测量数值的测量方法，称为直读法。例如，用欧姆表测量电阻时，从欧姆表的指示盘上可以直接读出被测电阻的数值。这一读数被认为是可信的，因为欧姆表的数值事先用标准电阻进行过校验，标准电阻已将它的量值和单位传递给欧姆表，间接地参与了测量。直读法的测量过程简单，操作容易，读数迅速，但测量的准确度不高。

② 比较法：将被测量与标准量在比较仪器中直接比较，从而获得被测量数值的方法，

称为比较法。例如，利用电桥测量电阻，标准电阻直接参与了测量过程。在电子测量中，比较法具有很高的测量准确度，但是测量操作比较复杂。

比较法又分为零值法、微差法和替代法三种。

零值法又称为平衡法，它是利用被测量和标准量对仪器的相互抵消作用，当指零仪表指示为零时，表示二者的作用相等，仪器达到平衡状态，此时按一定的关系可计算出被测量的数值。

微差法是通过测量被测量与标准量的差值或正比于该差值的量，根据标准量来确定被测量数值的方法。

替代法是分别把被测量和标准量接入同一测量系统中，当用标准量替代被测量时，调节标准量，使系统的工作状态在替代前后保持一致，然后根据标准量来确定被测量数值的方法。用替代法测量时，由于替代前后测量系统的工作状态是一样的，因此仪器本身的性能和外界因素对替代前后的影响几乎是相同的，有效地消除了外界因素对测量结果的影响。

电子测量的方法除了上述几种常见类型外，还有很多其他方法，比如动态与静态测量技术、模拟与数字测量技术、实时与非实时测量技术、有源与无源测量技术、点频和扫频与多频测量技术等。

3. 电子测量仪器及其发展概况

用于测量一个量或为测量目的提供一个量的器具，称为测量仪器，包括各种指示仪器、比较式仪器、记录式仪器、信号源和传感器等。利用电子技术测量电量或非电量的测量仪器，称为电子测量仪器。

电子测量仪器的发展大体上经历了三个阶段：模拟式仪器、数字化仪器和自动测试系统。

1）模拟式仪器

这类仪器目前在很多实验室里仍能看到，如指针式的电压表、电流表、功率表、电阻表等。它们的基本结构是电磁机械式的，借助指针来显示测量结果。模拟式仪器功能简单、精度低、响应速度慢。

2）数字化仪器

数字化仪器是将待测的模拟信号转化为数字信号进行测量，并以数字信号的方式输出测量结果。这类仪器目前相当普及，数字电压表、数字频率计就是典型的数字化仪器。数字化仪器精度高、响应速度快，读数清晰、直观，测量结果可打印输出，也容易与计算机技术相结合。

3）自动测试系统

随着科学技术和生产力的发展，测量任务越来越复杂，测量工作量也越来越大，对测量准确度和测量速度的要求也越来越高，不仅要求能够连续地实时显示，而且要求能够实时处理大量测试数据。而传统仪器难以满足这些要求，于是人们开发出了各种自动化仪表。

20世纪70年代中期诞生了以微处理器为基础的智能仪器，它具有键盘操作、可实现自动测量等特点，如智能化数字电压表、数字存储示波器等。70年代末期，人们利用GPIB接口总线将一台计算机和一组电子仪器联合在一起，组成了自动测试系统。80年代初期，又出现了以个人计算机为基础，用仪器电路板的扩展箱与个人计算机内部总线相连的个人仪器。

个人仪器充分利用了计算机的软件和硬件资源，极大地降低了成本，提高了计算机的利用率。1987 年，出现了用于通用模块化仪器结构的标准总线——VXI 总线，为模块化电子仪器提供了一个开放的平台，使不同厂商的产品能够在同一个计算机平台上运行。1989 年，美国国家仪器公司提出了虚拟仪器的概念，它是一种功能意义上的仪器，是以计算机为核心，由强大的测试应用软件支持的、具有虚拟仪器面板和必要的仪器硬件及通信功能的测量信息处理系统。虚拟仪器充分利用了计算机的软件资源，通过软件完成测试任务，用户甚至只需要对软件进行灵活的组合、集成，就可以组建功能不同的多种虚拟仪器。自从虚拟仪器概念提出后，组建自动测试系统的技术得到了迅速发展。

近年来，随着计算机网络技术的迅速发展，为测量与仪器技术带来了前所未有的发展机遇，网络化测量技术与具备网络功能的新型仪器——"网络化仪器"应运而生，目前已推出了多种网络化仪器仪表。网络化仪器仪表是以 PC 机和工作站为基础，通过组建网络来构成测试系统，提高了工作效率并实现了信息资源共享，成为仪器仪表和测量技术发展的方向之一。

随着现代科学技术的发展，以及多学科技术的创新与融合、测量仪器与计算机及通信的互动，电子测量技术和仪器仪表技术也将不断地进步和发展。

4. 计量的基本知识

1）计 量

计量和测量是相互联系而又有区别的两个概念。测量是通过实验手段对客观事物取得定量信息的过程，也就是利用实验手段把待测量直接或间接地与另一个同类的已知量进行比较，从而得到待测量值的过程。测量过程中所使用的器具和仪器直接或间接地体现了已知量，测量结果的准确与否，与所采用的测量方法、实际操作和作为比较标准的已知量的准确程度有着密切的关系。因此，作为比较标准的各类量具、仪器仪表，必须定期地对其进行检验和校准，以保证其测量结果的准确性、可靠性和统一性，这个过程就称为计量。计量可看作是测量的特殊形式。在计量过程中，所使用的量具和仪器是标准的，用它们来校准、检定受检量具和仪器设备，以衡量和保证受检量具和仪器设备的可靠性。因此，计量又是测量的基础和依据。计量工作是国民经济中一项极为重要的技术基础工作，在工农业生产、科学技术、国防建设、国内外贸易以及人们生活等各个方面起着技术保证和技术监督的作用。

2）单位制

任何测量都需要有一个统一的体现计量单位的量作为标准，这样的量称作计量标准。计量单位是有明确定义和名称，并令其数值为 1 的固定的量。例如，长度单位 1 米 (m)，时间单位 1 秒 (s)等。计量单位必须以严格的科学理论为依据进行定义。法定计量单位是国家以法令的形式规定使用的计量单位，是统一计量单位制和单位量值的依据和基础，因而具有统一性、权威性和法制性。

我国确立了以国际单位制（符号为 SI）为基础的法定计量单位，并以法律形式强制使用。1984 年 2 月，国务院颁布了《中华人民共和国法定计量单位》，确定了我国法定计量单位以国际单位制为基础。所有国际单位制的单位都是我国法定计量单位，同时又根据我国的实际情况，选择了 16 个非国际单位制单位，与国际单位制同时使用，构成了我国的法定计量单位，如表 1 所示。

表 1 我国法定计量单位的构成

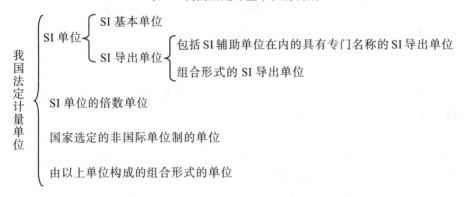

国际单位制包括基本单位、导出单位和辅助单位。其中基本单位有 7 个，它们是构成国际单位制中其他单位的基础，有米（m）、千克（kg）、秒（s）、安培（A）、开尔文（K）、摩尔（mol）、坎德拉（cd）。由基本单位通过定义、定律及其他函数关系派生出来的单位称为导出单位，例如，频率的单位"赫兹（Hz）"，能量（功）的单位"焦耳（J）"，力的单位"牛顿（N）"，功率的单位"瓦特（W）"等，国际单位制中有 19 个具有专门名称的导出单位。国际上把既可以作为基本单位又可以作为导出单位的单位单独列为一类，称为辅助单位。国际单位制中有 2 个辅助单位，分别是平面角的单位"弧度（rad）"和立体角的单位"球面角（sr）"。

我国选定的 16 个非国际单位制单位分别是表示时间的"分""时""天"，表示平面角的"秒""分""度"，表示长度的"海里"、表示质量的"吨"和"原子质量单位"，表示体积的"升"，表示旋转速度的"转每分"，表示速度的"节"，表示能量的"电子伏"，表示级差的"分贝"，表示线密度的"特克斯"以及表示面积的"公顷"等。其中有 10 个是经过国际计量大会认可、允许与 SI 并用的单位，其余的"海里""转每分""节""分贝""公顷"和"特克斯"6 个单位也是世界各国普遍采用的单位。

3）计量器具

计量器具是指能直接或间接测出被测对象量值的量具、计量仪器和计量装置。按照用途分类，计量器具可分为计量基准、计量标准和工作计量器具三类。

a. 计量基准

计量基准是一个国家直接按照物理量单位定义的、用以复现和保存计量单位量值，具有最高准确度水平的基准。它是经过法定手段认定的，可作为统一全国量值的最高级依据的计量器具。

计量基准一般分为主基准、副基准和工作基准，也可以称之为一级基准、二级基准和三级基准。主基准是原始基准，用作国家基准，是目前所能达到的最高准确度的计量器具；副基准为次级基准，可以代替主基准向下传递量值；工作基准是专门用于向下一级标准器具或仪器进行量值传递的计量基准。

b. 计量标准

计量标准是指准确度低于计量基准，用于检定其他计量标准或工作计量器具的计量器具。计量标准的量值由计量基准传递而来，准确度低于计量基准、高于工作计量器具。

c. 工作计量器具

工作计量器具不用于检定工作，只用于日常测定，必须定期用计量标准来检定其性能，判断其是否合格。

4）计量检定和量值传递

计量检定是指为评定计量器具的计量性能，确定其是否合格所进行的全部工作。按照规定，企、事业单位必须配备与生产、科研、经营管理相适应的计量检测设备，制定检定办法和制度，对本单位使用的工作计量器具实施定期检定。检定规程由国家制定。检定规程中对计量器具的计量性能、检定项目、检定条件和方法、检定周期及检定数据处理等，都做了技术规定。

量值传递就是通过计量检定，将国家基准所复现的单位值，经各级计量标准逐级传递到工作所用的计量器具，构成一个单位的传递网，从而保证在实际测量中所得到的测量数值准确和一致。

国家基准只用来统一为数不多的接近于最高准确度的计量标准。用准确度等级较高的计量标准或计量器具去检定等级低一级的计量标准或计量器具，逐级检定，以判断其准确度是否符合规定。在每一级的比较中，都认为上一级标准所体现的量值是准确无误的。实际上，测量总存在着误差，因而上下级所体现的单位值并不完全一致，级别越高的越准确。由此可见，量值传递是由上一级逐级向下传递的，由国家基准或经比对后公认的最高标准开始向下传递，一直传递到工作所用的计量器具。通过这种量值的传递网络，保证所有量值的统一、标准和一致。

习　题

1. 什么是测量？什么是电子测量？
2. 被测量量值的含义是什么？
3. 电子测量的基本方法有哪些？
4. 简述直接测量、间接测量和组合测量的特点，并各举一个测量实例。
5. 电子测量包括哪些内容？
6. 简述电子测量的特点。
7. 比较测量和计量的异同。

1 测量误差与测量不确定度

本章课件

1.1 测量误差

测量误差是测量中的一个基本问题，实际上任何一种测量都不可避免地会存在误差。虽然根据国家现行的计量技术规范，对于测量结果量值的质量好坏不再采用误差而是采用测量不确定度来评定，但测量不确定度的处理方法是在传统误差处理方法的基础上发展起来的，因此，误差理论对于掌握测量不确定度的评定方法、分析测量仪器和设备的准确性仍然起着重要的作用。

1.1.1 测量误差的基本概念及表示

1.1.1.1 测量误差的基本概念

根据国家计量技术规范《通用计量术语及定义》（JJF1001—2011），测量误差定义为："测得的量值减去参考量值"，即

测量误差 = 测得的量值 − 参考量值

其中：测得的量值是指"测量结果[①]的量值[②]"；"参考量值可以是被测量的真值[③]，约定量值[④]或是测量不确定度可忽略的测量标准赋予的量值"。

在实际测量中，由于人们对客观事物认识的局限性以及测量器具不准确、测量手段不完善、测量环境条件变化等原因，会使测得的量值与参考量值之间存在一定的差异，导致测量误差。

在一定的条件下，测量误差是客观存在的确定的值，能反映出测得的量值与参考量值的接近程度。测量误差并不是错误或过失引起的，是事物固有的不确定性因素在测量时的体现。

1.1.1.2 测量误差的表示

测量误差通常采用绝对误差和相对误差两种方法表示。

1）绝对误差

设被测量 X 的测得量值为 x，若参考量值为真值 A_0，则绝对误差 Δx 为

---

① 测量结果——与其他有用的相关信息一起赋予被测量的一组量值。测量结果通常表示为单个测得的量值和一个测量不确定度。
② 量值——用数和参照对象一起表示的量的大小。例如，给定杆的长度，5.34 m。
③ 真值——与量的定义一致的量值。
④ 约定量值——对于给定目的，由协议赋予某量的量值。如给定质量标准的约定量值 m=100.003 47 kg。

$$\Delta x = x - A_0 \tag{1.1}$$

若参考量值为约定量值或标准量值 x_0，则绝对误差 Δx 为

$$\Delta x = x - x_0 \tag{1.2}$$

需要注意的是，被测量的真值 A_0 是一个理想的概念。在实际中，由于受到各种主观因素及客观因素的影响，真值往往不可能准确获知，因此，若参考量值为真值，则绝对误差是未知的；若参考量值为约定量值或标准量值，则绝对误差是已知的。

在实际测量中，约定量值可以是由国家基准或当地最高计量标准复现的量值或权威组织推荐的量值，有时也采用已修正的多次测量的算术平均值。约定量值通常被认为具有适当小（可能为零）的测量不确定度。

绝对误差有大小、符号和量纲，其大小反映测得的量值偏离参考量值的程度，其符号表示偏离参考量值的方向，其量纲与被测量的量纲相同。

2）相对误差

相对误差采用百分数的形式来表示，有大小和符号，但无量纲。相对误差通常用于比较大小不同的被测量的误差情况，主要有示值相对误差、实际相对误差和引用相对误差三种。

① 示值相对误差 γ_x：是指绝对误差 Δx 与被测量测得量值 x 之比的百分数，即

$$\gamma_x = \frac{\Delta x}{x} \times 100\% \tag{1.3}$$

② 实际相对误差 γ_{x_0}：是指绝对误差 Δx 与被测量的约定量值 x_0 之比的百分数，即

$$\gamma_{x_0} = \frac{\Delta x}{x_0} \times 100\% \tag{1.4}$$

③ 引用误差 γ_m：又称满度相对误差，是指绝对误差 Δx 与仪器的特定值 x_m 之比的百分数，即

$$\gamma_m = \frac{\Delta x}{x_m} \times 100\% \tag{1.5}$$

其中：特定值 x_m 也称为引用值，可以是测量仪器的量程、标称范围的最高值或测量范围的上限值等。

引用误差过去常被用来评定模拟指示仪表的准确度等级。例如，我国常用电工仪表的准确度等级以前就是根据引用误差 γ_m 划分为七级：0.1、0.2、0.5、1.0、1.5、2.5 及5.0 级。其中 0.1 级的仪表表明仪表的 $|\gamma_m| \leqslant 0.1\%$，表示引用误差 γ_m 处于 $-0.1\% \sim +0.1\%$之间。但现行的国家标准《直接作用模拟指示电测量仪表及附件》（GB/T 7676—2017）规定：对于直接作用①模拟指示的电子测量仪表，其准确度等级由不确定度的极限确定。并说明"除非另有规定，由不确定度的极限规定的准确度等级表示的是包含因子为 2 的一个区间"。根据该国家标准，若仪表的准确度等级指数为 0.2，则表明该仪表基本不确定度②的极

---

① 直接作用——指示器与可动部分机械连接且由可动部分驱动。

② 基本不确定度——使用在参比条件下的测量仪表的不确定度。参比条件是指影响量的规定值和规定值的范围的适当集合，在此条件下规定测量仪表的最小不确定度。例如，某种仪表规定温度的参比条件为 23 ℃，湿度的参比条件为相对湿度 40% ~ 60%。

限值为基准值①的 0.2%。该国家标准规定直接作用模拟指示的电压表和电流表的准确度等级
分为：0.05，0.1，0.2，0.3，0.5，1，1.5，2，2.5，3，5，共十一级。功率表和无功功率表的
准确度等级分为：0.05，0.1，0.2，0.3，0.5，1，1.5，2，2.5，3，5，共十一级。频率表的准
确度等级分为：0.05，0.1，0.15，0.2，0.3，0.5，1，1.5，2，2.5，5，共十一级。

1.1.2　测量误差的分类

测量误差根据其性质和特点的不同，分为随机误差和系统误差②。随机误差与系统误差
之和等于测量误差。

1.1.2.1　随机误差

1）随机误差的概念

在重复测量③中按不可预见方式变换的测量误差的分量，称为随机误差。

随机误差的参考量值是由无穷多次重复测量同一被测量得到的平均值，即随机误差可以
理解为测得值减去无穷多次重复测量被测量得到的平均值（数学期望）。

对于单次测量，随机误差没有规律，其大小和方向不可预定；但测量次数足够多时，随
机误差总体服从统计规律；当测量次数趋于无穷大时，随机误差的数学期望趋于零。因此，
可采用概率论及数理统计的方法来分析和研究随机误差。

由于实际测量次数的有限性，因此只能确定出随机误差的估计值。在有限次测量中，定
义每次独立测量值 x_k 与有限次测量的算术平均值 $\bar{x}$ 之差为残差 v_k，即

$$v_k = x_k - \bar{x} \tag{1.6}$$

残差是随机误差的最佳估计值，当测量次数趋于无穷时，残差的性质就反映了随机误差
的性质。

2）随机误差产生的原因

随机误差主要是由对测量值影响微小、不稳定而又互不相关的因素共同作用产生的。例
如，测量仪器元器件的噪声，温度、电源电压的无规则波动，电磁干扰以及测量人员的感官
等多种互不相关的微小因素，这些无法控制的因素的随机变化导致了重复测量中测量值的分
散性。因此，对于随机误差，既不能修正，也不能消除，但可以通过统计分析，采用增加测
量次数的方法来加以限制和减小。

---

① 基准值——明确规定的某量值，仪表以其对该值的不确定度来规定其准确度。例如测量范围的上限
　　量值、量程或是其他明确规定的量值。
② 过去通常将测量误差分为随机误差、系统误差和粗大误差。但在现行的国家计量规范
　　（JJF1001—2011）中明确说明不应将测量误差与出现的错误或过失相混淆。因此，在误差的分类中
　　不再包含粗大误差。
③ 重复测量 —— 在重复性条件下进行的测量。重复性条件是指相同测量程序、相同操作者、相同测量
　　　　系统、相同操作条件和相同测量地点，并在短时间内对同一或类似被测对象重复测量
　　　　的一组测量条件。

3）随机误差的性质

根据中心极限定理，如果被研究的随机变量可以表示为大量独立的随机变量之和，且其中每一个随机变量对总和只起微小的作用，则可以认为此随机变量服从正态分布。在测量中，随机误差通常是由多种因素造成的许多微小误差的总和，因此，在大多数情况下，随机误差接近正态分布。服从正态分布的随机误差，其概率分布密度函数为

$$p(\delta)=\frac{1}{\sigma(\delta)\sqrt{2\pi}}\mathrm{e}^{-\frac{\delta^2}{2\sigma^2(\delta)}} \tag{1.7}$$

式中，δ 为随机误差，$\sigma(\delta)$ 为随机误差的标准差，$\sigma^2(\delta)$ 为随机误差的方差。相应的正态分布的概率分布密度函数曲线如图 1.1 所示。

由图 1.1 可知，服从正态分布的随机误差具有以下性质：

① 对称性。当测量次数足够多时，绝对值相等的正、负误差出现的机会几乎相同。

② 有界性。在一定的测量条件下，随机误差的绝对值不会超过一定界限。

③ 抵偿性。当测量次数足够多时，随机误差的算术平均值趋于零。

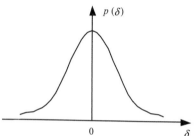

图 1.1　随机误差的正态分布

④ 单峰性。绝对值小的误差出现的机会比绝对值大的误差出现的机会多。

根据随机误差的性质，在实际测量中，可以通过多次测量取平均值的办法来减小随机误差对测量结果量值的影响。

4）随机误差的表征

对于某一分布的一组重复测量的随机误差，可由其数学期望（通常为零）和方差或标准差来表征，方差或标准差反映随机误差的分散程度。

图 1.2 显示了三条具有不同标准差 $\sigma(\delta)$ 的正态分布曲线 1、2 和 3，其标准差分别为 σ_1、σ_2、σ_3，并且 $\sigma_1<\sigma_2<\sigma_3$。从图中可以看出，标准差 $\sigma(\delta)$ 决定了正态分布曲线的形状，$\sigma(\delta)$ 越小，正态分布曲线越尖锐，随机误差越集中；反之，$\sigma(\delta)$ 越大，正态分布曲线越平坦，随机误差越分散。

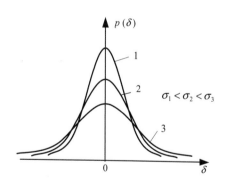

图 1.2　标准差对正态分布曲线的影响

5）随机误差对被测量之值的分散性的影响

在测量中，随机误差的分散性对被测量之值的分散性有很大的影响。在服从正态分布的随机误差的影响下，被测量之值的分布通常也接近或服从正态分布。服从正态分布的被测量之值的概率密度函数为

$$p(x)=\frac{1}{\sigma(x)\sqrt{2\pi}}\mathrm{e}^{-\frac{(x-\mu_x)^2}{2\sigma^2(x)}} \tag{1.8}$$

式中，μ_x 是被测量之值的数学期望，用于反映被测量可能值的平均大小；$\sigma(x)$ 为被测量之值的标准差，用于表征被测量之值的分散程度。相应的被测量之值的正态分布曲线如图 1.3 所示。

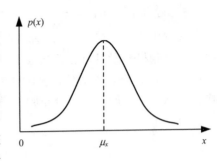

图 1.3　被测量之值的正态分布

对于被测量来说，利用数学期望 μ_x 和标准差 $\sigma(x)$ 能对其特性进行很好的表征；但要获取 μ_x 和 $\sigma(x)$，需要进行无穷多次测量，这在实际中是不可行的。因此，在有限次测量时，通常采用测量值的算术平均值和实验标准差来作为被测量的数学期望和标准差的估计值。

a. 测量值的算术平均值

设 $x_1, x_2, \cdots, x_n$ 为被测量 X 在重复性条件或复现性条件[①]下的 n 次独立测量值，则算术平均值 $\bar{x}$ 为

$$\bar{x} = \frac{1}{n}\sum_{k=1}^{n} x_k \qquad (1.9)$$

算术平均值简称平均值。在被测量测量结果的表达中，通常是将测量值的算术平均值作为被测量测量结果的最佳估计值。

b. 测量值的实验标准差

测量值的实验标准差（也称为样本标准差）是实验方差的正平方根，用于表征测量值在算术平均值上下的分散性。尽管从概率上来说实验方差是方差的无偏估计，应该是更为基本的量，但由于实验标准差与被测量有相同量纲，较为直观和便于理解，因此在误差和不确定度分析中更为常用。

设 $x_1, x_2, \cdots, x_n$ 为被测量在重复性条件或复现性条件下的 n 次重复测量值，则测量值的实验标准差 $s(x_k)$ 为

$$s(x_k) = \sqrt{\frac{1}{n-1}\sum_{k=1}^{n}(x_k - \bar{x})^2} = \sqrt{\frac{1}{n-1}\sum_{k=1}^{n} v_k^2} \qquad (1.10)$$

式中，v_k 为测量值 x_k 的残差。式（1.10）称为贝塞尔公式。

c. 算术平均值的实验标准差

算术平均值的实验标准差是表征同一被测量的算术平均值的分散性参数。算术平均值的实验标准差可按下式进行计算

$$s(\bar{x}) = \frac{1}{\sqrt{n}} s(x_k) \qquad (1.11)$$

由式（1.11）可知，算术平均值的实验标准差只有测量值实验标准差的 $1/\sqrt{n}$，这说明测量值经过平均后，其分散性大大减小，这是由于在平均过程中随机误差在很大程度上相互抵消的缘故。

---

① 复现性条件——不同地点、不同操作者、不同测量系统，对同一或类似被测对象重复测量的一组测量条件。

1.1.2.2 系统误差

1）系统误差的概念

在重复测量中保持恒定不变或按可预见方式变化的测量误差的分量，称为系统误差。

测量误差的数学期望即为系统误差，因此，系统误差可理解为对同一个被测量无穷多次重复测量的平均值减去参考量值。系统误差的参考量值可以是真值、约定量值或测量不确定度可忽略的测量标准的测得量值。

由于实际测量是有限次测量，不能真正得到数学期望，因此系统误差也不能完全获知，只能确定其估计值。

2）系统误差产生的原因

系统误差产生的原因很多，通常是由于测量设备的缺陷、测量环境条件不合要求、测量方法不完善以及测量人员的不良习惯及生理条件限制等原因引起的。针对系统误差产生的原因，可利用校准、比对的方法以及采用零示法、替代法、交换法等典型技术来减小系统误差造成的影响，通常也采用修正的办法来补偿系统误差。

3）系统误差的修正

系统误差实际反映了被测量的数学期望偏离参考量值的程度。在重复性条件下，系统误差的估计值为测量值的算术平均值与参考量值之差，即

$$\varepsilon = \bar{x} - A \tag{1.12}$$

与系统误差估计值大小相等、符号相反的量值称为修正值，用 C 表示，其计算式为

$$C = A - \bar{x} \tag{1.13}$$

在测量仪器的说明书中，修正值一般以数字、表格、曲线或公式的形式给出。

在修正值已知的情况下，将测量结果的量值与修正值代数相加，可有限地补偿系统误差。

例如，用一热电偶测量某容器内液体的温度，测得量值为 40.5 ℃，查该热电偶的检定证书，其在 40 ℃ 附近的修正值 C 为 0.2 ℃，则修正后的测量结果的量值为

$$t_c = t + C = 40.5 + 0.2 = 40.7 \quad (℃)$$

可见，修正后的温度值更接近液体的实际温度。

总的来说，由于系统误差及其原因不能完全获知，即使利用修正值对测量结果的量值进行修正，也不可能对系统误差进行完全补偿。因此，对于修正后的测量结果，在进行不确定度评定时，修正值的测量不确定度应作为一个分量来考虑。

1.1.3 测量数据中异常值的处理

1.1.3.1 异常值的概念

在一定测量条件下，明显偏离平均值的测量值称为异常值。异常值会对测量结果的量值造成明显的歪曲，在进行数据处理时，应当将异常值从测量数据中剔除掉。

1.1.3.2　异常值产生的原因

在实际测量中，人为失误、测量仪器瞬态故障、测量数据传输或转录错误以及测量条件的突然变化等原因都可能产生异常值。

1.1.3.3　异常值的判断

根据误差理论，在没有系统误差的情况下，测量中大误差出现的可能性是很小的。在正态分布的情况下，误差的绝对值超过 3 倍标准差的概率只有 0.27%。因此，在一系列重复测量数据中，如果存在与其他数据有明显差异的测量数据，可视其为可疑数据。对于可疑数据，应分清是由于测量仪器缺陷、测量方法错误或人为失误等异常情况造成的异常值，还是由于正常的大误差出现的可能性而产生的测量值。在原因不能查明的情况下，应根据统计学的方法来判断可疑数据是否是异常值。

利用统计学的方法来判断异常值的基本思想是：给定一个置信概率，按一定的分布确定相应的置信区间，凡是超过该置信区间的测量值，就判断为异常值，予以剔除。

下面介绍两种常用的统计判断准则 —— 莱特准则和格拉布斯准则。其中莱特准则只限于对正态分布或近似正态分布的测量数据异常值的判断处理，适合于测量次数足够多（一般要求测量次数大于 20 次）的情况；而格拉布斯准则在测量次数较少的情况下也适用。

1）莱特准则

对于被测量的一系列重复测量值 x_k（$k = 1, 2, \cdots, n$），若第 m 次测量值 x_m 满足

$$\left| x_m - \overline{x} \right| > 3s(x_k) \tag{1.14}$$

则判断 x_m 为异常值，应予以剔除。

式（1.14）中，$s(x_k)$ 为测量值的实验标准差。

2）格拉布斯准则

对于被测量的一系列重复测量值 x_k（$k = 1, 2, \cdots, n$），若第 m 次测量值 x_m 满足

$$\left| x_m - \overline{x} \right| > G_p(n)s(x_k) \tag{1.15}$$

则判断 x_m 为异常值，应予以剔除。

式（1.15）中，$s(x_k)$ 为测量值的实验标准差，$G_p(n)$ 为给定置信概率 p 及重复测量次数 n 的格拉布斯系数，可由表 1.1 查出。

表 1.1　格拉布斯系数

置信概率 p	重复测量次数 n	格拉布斯系数	置信概率 p	重复测量次数 n	格拉布斯系数
0.95	3	1.15	0.99	3	1.16
	4	1.46		4	1.49
	5	1.67		5	1.75
	6	1.82		6	1.94
	7	1.94		7	2.10
	8	2.03		8	2.22
	9	2.11		9	2.32
	10	2.18		10	2.41

置信概率 p	重复测量次数 n	格拉布斯系数	置信概率 p	重复测量次数 n	格拉布斯系数
0.95	11	2.23	0.99	11	2.48
	12	2.29		12	2.55
	13	2.33		13	2.61
	14	2.37		14	2.66
	15	2.41		15	2.70
	16	2.44		16	2.75
	17	2.47		17	2.78
	18	2.50		18	2.82
	19	2.53		19	2.85
	20	2.56		20	2.88
	21	2.58		21	2.91
	22	2.60		22	2.94
	23	2.62		23	2.96
	24	2.64		24	2.99
	25	2.66		25	3.01
	26	2.68		26	3.03
	27	2.70		27	3.05
	28	2.71		28	3.07
	29	2.73		29	3.09
	30	2.74		30	3.10
	35	2.81		35	3.18
	40	2.87		40	3.24
	50	2.96		50	3.34
	60	3.02		60	3.41
	70	3.08		70	3.47
	80	3.13		80	3.52
	90	3.17		90	3.56
	100	3.21		100	3.60

在对异常值进行判断和剔除时要注意：选择残差最大的测量值先进行判定，若为异常值，进行剔出；剔除后，再从余下数据中选择残差最大的测量值进行判定，直至无异常值为止。

例 1.1 对某电阻进行了 15 次重复测量，测量阻值 R_k 及其残差 v_k 列于下表中，试检查测量数据中有无异常值。

序号	R_k/Ω	v_k/Ω	序号	R_k/Ω	v_k/Ω
1	50.25	-0.111	9	50.26	-0.101
2	50.32	-0.041	10	50.42	0.059
3	50.21	-0.151	11	50.16	-0.201
4	50.52	0.159	12	50.28	-0.081
5	50.32	-0.041	13	50.36	-0.001
6	50.41	0.049	14	50.29	-0.071
7	50.33	-0.031	15	50.37	0.009
8	50.91	0.549			

解 由于测量次数少于 20 次，因此采用格拉布斯准则对异常值进行判断处理。

电阻的测量平均值为

$$\bar{R} = \frac{1}{n}\sum_{k=1}^{n} R_k = \frac{1}{15}\sum_{k=1}^{15} R_k = 50.361 \quad (\Omega)$$

电阻的实验标准差为

$$s(R_k) = \sqrt{\frac{1}{n-1}\sum_{k=1}^{n} v_k^{\ 2}} = \sqrt{\frac{1}{14}\sum_{k=1}^{15} v_k^{\ 2}} = 0.176 \quad (\Omega)$$

根据测量数据可知，第 8 次测量值 R_8 的残差绝对值最大，为

$$\left| R_8 - \bar{R} \right| = \left| 50.91 - 50.361 \right| = 0.549 \quad (\Omega)$$

由于测量次数为 15 次，取置信概率为 99%，查表 1.1，可得 $G_{99}(15) = 2.70$，则

$$G_{99}(15)s(R_k) = 2.70 \times 0.176 = 0.475 \quad (\Omega)$$

比较可知，$\left| R_8 - \bar{R} \right| > G_{99}(15)s(R_k)$，由格拉布斯准则可判定测量值 R_8 为异常值，应予以剔除。剔除 R_8 后的测量阻值及其残差如下表所示：

序号	R_k / Ω	v_k / Ω	序号	R_k / Ω	v_k / Ω
1	50.25	-0.071	8	50.26	-0.061
2	50.32	-0.001	9	50.42	0.099
3	50.21	-0.111	10	50.16	-0.161
4	50.52	0.199	11	50.28	-0.041
5	50.32	-0.001	12	50.36	0.039
6	50.41	0.089	13	50.29	-0.031
7	50.33	0.009	14	50.37	0.049

继续判别余下的测量数据中是否还有异常值。

剔除 R_8 后，电阻的测量平均值为

$$\bar{R}' = \frac{1}{n'}\sum_{k=1}^{n'} R_k = \frac{1}{14}\sum_{k=1}^{14} R_k = 50.321 \quad (\Omega)$$

实验标准差为 $s'(R_k) = \sqrt{\dfrac{1}{n'-1}\sum_{k=1}^{n'} v_k^{\ 2}} = \sqrt{\dfrac{1}{13}\sum_{k=1}^{14} v_k^{\ 2}} = 0.092 \quad (\Omega)$

测量次数变为 14 次，取置信概率为 99%，查表 1.1，可得 $G_{99}(14) = 2.66$，则

$$G_{99}(14)s'(R_k) = 2.66 \times 0.092 = 0.245 \quad (\Omega)$$

检查测量数据，第 4 次测量值 R_4 的残差绝对值最大，为 0.199 Ω。由于 $\left| R_4 - \bar{R} \right| < G_{99}(14)s'(R_k)$，由格拉布斯准则可判定测量值 R_4 不是异常值，因此在剔除 R_8 后，余下的测量数据中无异常值。

1.1.4 测量仪器的误差及其符合性评定

1.1.4.1 测量仪器的误差

测量仪器通常用示值误差和最大允许误差来表征其特性。

1）示值误差

测量仪器的示值误差是测量仪器的示值与对应输入量参考量值之差。

参考量值通常是指测量标准复现的量值或约定量值。对于测量仪器,示值为其所指示的被测量值;对于实物量具,示值为其标称值。示值误差可以反映测量仪器的准确度。示值误差越大,测量仪器的准确度越低;示值误差越小,测量仪器的准确度越高。

测量仪器的示值误差与使用条件有关,若无特别说明,一般是指在标准工作条件下的示值误差。标准工作条件是指为了保证测量仪器的性能或测量结果能有效地相互比较而规定的测量仪器的使用条件。不同的测量仪器,其标准工作条件有所不同,可参考相关的检定规程。

2）最大允许误差（MPE）

最大允许误差也称为误差限,是指对于测量、测量仪器或测量系统,由规范或规程所允许的,相对于已知参考量值的测量误差的极限值。

测量仪器的最大允许误差是由各种相关技术性文件（如国际标准、国家标准、检定规程或仪器说明书等）规定的允许的误差极限值,而不是仪器实际存在的误差,用数值表示时通常带有"±"号,可以用绝对误差、相对误差或它们的组合形式表示,如 $\pm 0.1\ \text{mV}$ 、 $\pm 0.1\%$ 、 $\pm 0.002\% \times$满量程、 $\pm (0.01\% \times$读数 $+ 0.1\text{ns})$ 等。

最大允许误差的绝对值称为最大误差限,用 MPEV 表示。

1.1.4.2 测量仪器示值误差的符合性评定

对测量仪器的特性进行符合性评定,当评定示值误差的扩展不确定度 U_{95}[①]满足如下条件时,可不考虑示值误差评定的测量不确定度的影响。

$$U_{95} \leqslant \frac{1}{3} \cdot \text{MPEV} \qquad (1.16)$$

在满足式（1.16）的条件下,若被评定测量仪器的示值误差在其最大误差限内,即 $|\Delta x| \leqslant \text{MPEV}$,可判定为合格;若被评定测量仪器的示值误差超出其最大误差限,即 $|\Delta x| > \text{MPEV}$,可判定为不合格。

当评定示值误差的扩展不确定度 U_{95} 不满足式（1.16）时,则需考虑测量不确定度的影响。

若被评定测量仪器的示值误差满足 $|\Delta x| \leqslant \text{MPEV} - U_{95}$,则判定为合格;若被评定测量仪器的示值误差满足 $|\Delta x| \geqslant \text{MPEV} + U_{95}$,则判定为不合格;若被评定测量仪器的示值误差满足 $\text{MPEV} - U_{95} < |\Delta x| < \text{MPEV} + U_{95}$,则示值误差处于待定区,不能下合格或不合格的结论。

---

① U_{95}——包含概率为 95% 的扩展不确定度。

当测量仪器的示值误差处于待定区，不能做出符合性评定时，可以通过采用准确度更高的测量标准、改善环境条件、增加测量次数和改变测量方法等措施，降低测量不确定度 U_{95}，使之满足式（1.16）的要求，然后再重新进行评定。

例 1.2　用一台多功能校准源标准装置检定某数字电压表 0 ~ 20 V 挡的 10 V 电压值。测得该数字电压表 10 V 电压值的示值误差 ΔU 为 0.001 V（其扩展不确定度 U_{95} = 0.2 mV）。已知该数字电压表的最大允许误差为 ± (0.003 5% × 读数 + 0.002 5% × 所选量程的满度值)，试问该数字电压表在 10 V 点处的示值误差是否合格？

解　根据题意，数字电压表的最大允许误差为

$$\text{MPE} = \pm(0.003\ 5\% \times 10 + 0.002\ 5\% \times 20) = \pm0.000\ 85 \quad (\text{V})$$

则最大误差限为

$$\text{MPEV} = \left| \pm 0.000\ 85 \right| = 0.000\ 85 \quad (\text{V})$$

在该题中，数字电压表 10 V 电压值的示值误差 ΔU 的扩展不确定度满足 $U_{95} < \dfrac{1}{3} \cdot \text{MPEV}$，在此条件下由于 $|\Delta U| = 0.001\,\text{V}$，超过了最大误差限 0.000 85 V，因此判定该数字电压表在 10 V 点处的示值误差是不合格的。

1.2　测量不确定度

测量结果的质量高低，传统方法是以测量误差的大小来评定的。测量误差以前的定义是测量结果与被测量真值之差，但由于真值是不可知的，测量误差无法准确得到，而利用约定量值替代真值后得到的测量误差的估计值实际上也存在一定的不确定性，因此，利用测量误差对测量结果的质量进行评定在实际中不便于操作，并且在国际量值比对及数据交流利用方面也存在一定问题。

1993 年，国际标准化组织（ISO）、国际电工委员会（IEC）、国际计量局（BIPM）、国际法制计量组织（OIML）等 7 个国际组织联合发布了《测量不确定度表示指南》（GUM），明确了以不确定度对测量结果及其质量进行评定、表示和比较。1999 年，我国国家质量技术监督局根据 GUM 发布了国家计量技术规范 ——《测量不确定度评定与表示》（JJF1059—1999），该规范采用了当前国际通行的观点和方法，规定了在测量结果的完整表述中，应包括测量不确定度。此规范主要针对测量中评定与表示不确定度的通用规则做了规定，给出了在我国实施测量结果及其质量评定的统一准则。2008 年，在对《测量不确定度表示指南》（GUM）修订的基础上，8 个国际组织①联合发布了 ISO/IEC 指南 98-3:2008《测量不确定度——第 3 部分：测量不确定度表示指南》（GUM：1995）。该指南更新和增加了部分术语，并在其补充文件中，给出了蒙特卡洛法，该方法适用于模型线性化不充分以及输入量和输出量的概率密度函数不对称的情况。根据这一指南，我国国家质量技术监督局在 2012 年发布了《测量不确定度评定与表示》（JJF1059.1—2012）以及《用蒙特卡洛法评定测量不确定度》（JJF1059.2—

———————————

① 8 个国际组织——在之前的 7 个国际组织的基础上增加了国际实验室认可合作组织 ILAC。

2012）。在《测量不确定度评定与表示》（JJF1059.1—2012）中，测量结果、测量不确定度等概念采用了"VIM 第 3 版[①]"给出的新定义，并以"包含概率"代替了"置信概率"。

1.2.1 测量不确定度的定义

根据国家计量技术规范《测量不确定度评定与表示》（JJF1059.1—2012），测量不确定度定义为：根据所用到的信息，表征赋予被测量值分散性的非负参数。由该定义可知，测量不确定度是非负参数，用于反映被测量之值的分散性，其大小可利用标准差或其特定倍数，或说明了包含概率的区间半宽来定量表征。由于每个测量结果总存在测量不确定度，因此测量结果通常表示为单个测得的量值和一个测量不确定度，即在给出测量结果时，不仅要给出一个被测量的量值（最佳估计值），还要给出一个相应的测量不确定度，这样的测量结果才是完整的。

测量不确定度可理解为对测量结果的有效性的可疑程度或不肯定程度。测量不确定度越小，说明测量结果可能的范围越小，其质量越高，使用价值越大；测量不确定度越大，则测量结果的质量越低，使用价值也越小。

测量不确定度有绝对和相对两种表示形式，绝对形式表示的不确定度与被测量的量纲相同，相对形式无量纲。

1.2.2 测量不确定度的来源

在实际测量中，测量方法、测量仪器、测量人员以及测量环境等因素产生的系统效应和随机效应均会对测量结果产生不同程度的影响，导致测量不确定度，这些对测量结果产生影响的因素，称为测量不确定度的来源。在我国国家计量技术规范《测量不确定度评定与表示》（JJF1059.1—2012）中，列出了测量不确定度的 10 个主要来源：

① 被测量的定义不完整。
② 被测量定义的复现不理想。
③ 取样的代表性不够，即被测样本可能不完全代表所定义的被测量。
④ 对测量受环境条件的影响认识不足或对环境条件的测量不完善。
⑤ 模拟式仪器的人员读数偏移。
⑥ 测量仪器的计量性能（如最大允许误差、灵敏度、鉴别力、分辨力、死区及稳定性等）的局限性，即导致仪器的不确定度。
⑦ 测量标准或标准物质提供的标准值的不准确。
⑧ 引用的常数或其他参数值的不准确。
⑨ 测量方法和测量程序中的近似和假设。
⑩ 在相同条件下，被测量重复观测值的变化。

对于测量结果来说，任何一个测量不确定度的来源都会产生一个不确定度分量。因此，

---

① VIM 第 3 版—— International vocabulary of metrology –Basic and general concepts and associated terms (VIM)(3rd edition), 即《国际计量学词汇：基础通用的概念和相关术语（第 3 版）》，于 2012 年发布。

在对测量不确定度进行评定时，要充分考虑测量不确定度的来源，对不确定度的来源认识得越充分，评定出的不确定度就越准确。在实际测量中，特别要注意对测量结果影响较大的测量不确定度来源，应尽量做到不遗漏、不重复。

1.2.3　测量不确定度的分类

测量不确定度按其表示形式不同，可分为标准不确定度、合成标准不确定度和扩展不确定度三类。

1.2.3.1　标准不确定度

以标准差表示的测量不确定度称为标准不确定度，用符号 u 表示。

标准不确定度根据评定方法的不同分为 A 类标准不确定度和 B 类标准不确定度。A 类标准不确定度是根据一系列测量数据的统计分析来进行评定的，其大小用实验标准差来表征；B 类标准不确定度采用基于经验或有关信息的假定概率分布所得的估计标准差来表征。

1.2.3.2　合成标准不确定度

由在一个测量模型中各输入量的标准不确定度获得的输出量的标准不确定度，称为合成标准不确定度，用符号 u_c 表示。

实际上，输出量的合成标准不确定度是根据各输入量的标准不确定度，利用不确定度的合成公式计算得出的。在测量模型中输入量相关的情况下，计算合成标准不确定度必须考虑协方差。

1.2.3.3　扩展不确定度

扩展不确定度是合成标准不确定度与一个大于 1 的数字因子的乘积。该数字因子称为包含因子，该因子取决于测量模型中输出量的概率分布类型及所选取的包含概率，一般在 2 ~ 3 之间。扩展不确定度用符号 U 或 U_p 表示。

实际上，扩展不确定度就是被测量可能值包含区间的半宽，该区间以一定的包含概率包含被测量之值。

与合成标准不确定度相比，扩展不确定度具有更大的包含概率，能使测量值以较高概率落在其相应的包含区间内。在有关生产安全和人体健康方面的测量工作中，往往采用扩展不确定度来评定测量结果。

1.2.4　测量不确定度的评定

1.2.4.1　测量不确定度评定的流程

测量不确定度评定就是根据对被测量的测量情况，给出测量结果的过程。测量结果包含被测量的量值（最佳估计值）及其测量不确定度。

图 1.4 给出了测量不确定度评定的一般流程。需要注意的是，在进行测量不确定度评定之前，必须确定被测量和测量方法（包括测量原理、测量仪器以及测量和数据处理程序等），并且通常需要对已获得的测量数据进行预处理，如判断并剔除数据中的异常值以及对测量值进行必要的修正等。测量数据经过预处理后，即可按以下步骤进行测量不确定度的评定。

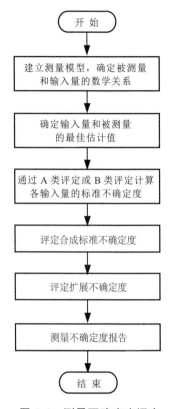

图 1.4　测量不确定度评定的一般流程

第一步：根据实际测量，建立测量模型。

在开始进行测量不确定度的评定时，首先要根据实际采用的测量方法，确定出被测量 Y 与输入量 X_i（$i = 1, 2, \cdots, N$）之间的函数关系。

第二步：确定输入量和被测量的最佳估计值。

根据测量数据或已有资料确定出各输入量 X_i 的最佳估计值 x_i，再根据已建立的测量模型，确定出被测量 Y 的最佳估计值 y。

第三步：评定各输入量的标准不确定度。

对测量模型中的每一个输入量，需要仔细分析测量过程中对其估计值有影响的不确定度的来源，并将其一一列出，这些不确定度来源引入了相应的标准不确定度分量，其中一部分标准不确定度分量可以直接利用测量获取的数据进行 A 类评定，而另一部分标准不确定度分量则可以利用已有的资料或数据进行 B 类评定。根据已评定的标准不确定度分量，确定出各输入量的标准不确定度。

第四步：评定合成标准不确定度。

计算各输入量的灵敏系数，并与相应输入量的标准不确定度相乘，得到被测量的各合成标准不确定度分量。再考虑各输入量之间的相关性，并根据不确定度的合成方法对合成标准不确定度分量进行合成，得到合成标准不确定度。

第五步：评定扩展不确定度。

根据被测量可能值的估计分布情况，包含概率及测量的具体要求，确定包含因子。将包含因子与合成标准不确定度相乘，即可评定出扩展不确定度。

第六步：测量不确定度报告。

采用合成标准不确定度方式或扩展不确定度方式给出测量结果的量值及其不确定度的报告。在报告中，测量结果的量值及其不确定度的表达方式以及有效数字位数应符合现行国家计量技术规范的规定。

1.2.4.2　测量不确定度评定的重要性

测量不确定度是在误差理论的基础上发展起来的衡量测量水平的重要指标。测量不确定度不仅与计量科学技术密切相关，而且随着国际交流及世界贸易的扩大，在质量保证体系中也发挥着日益重要的作用。在科研方面，通过对测量结果量值的不确定度评定可使不同实验室或同一实验室对同一量的测量做出有意义的比较，并可避免不必要的重复测量；在商贸方面，利用测量不确定度可进行产品特性的评定、产品是否合格的判断以及对不同批次材料的测量结果比较，可以有效避免商贸风险。总之，充分利用测量不确定度对测量结果的质量进行评定和表示，有利于推动世界各国的科技进步及相互间的经济合作与交流，满足科研人员、消费者和其他各有关方面的期望和需求。

1.2.5   测量不确定度与测量误差的区别

测量误差与测量不确定度虽然都用于对测量水平进行评估，但它们是两个完全不同的概念，其区别主要表现在以下几个方面：

① 含义不同。测量不确定度反映的是被测量之值的分散性大小，即对测量结果不能肯定的程度；而测量误差反映的则是测量结果偏离参考量值的程度。

② 表示不同。测量不确定度为非负参数，用标准差或置信区间的半宽表示；测量误差是符号可正、可负的量值，其大小为测得的量值减去被测量的参考量值。

③ 分类不同。测量不确定度根据对标准不确定度的评定方法不同，分为 A 类评定和 B 类评定；测量误差按性质不同，分为随机误差和系统误差。

④ 特性不同。测量不确定度与人们对被测量、影响量及测量过程的认识程度有关。在重复性条件下，不同测量结果的量值可能有相同的不确定度；而测量误差是客观存在的，不以人的认识程度而改变，对同一被测量，不论其测量程序和条件如何，测量结果的量值相同，误差必定相同。

⑤ 对测量结果的作用不同。测量不确定度用于评定测量结果质量的高低，不能对测量结果进行修正；而系统误差的估计值可用于对测量结果进行修正，使测量结果的量值更接近被测量的参考量值。

总之，测量误差与测量不确定度之间有很大的区别，不应混淆或误用。

1.3   建立测量模型

建立测量模型，即根据实际采用的测量方法及测量要求的准确度，建立起被测量 Y 与输入量 $X_i(i=1,2,\cdots,N)$ 之间的函数关系。在测量不确定度的评定中，建立测量模型是非常重要的。

1.3.1   测量模型的一般表达式

若被测量为 Y，输入量分别为 $X_1, X_2, \cdots, X_N$，则被测量和输入量之间的函数关系的一般表达为

$$Y = f(X_1, X_2, \cdots, X_N) \tag{1.17}$$

式中，被测量 Y 也称为输出量，通过函数关系 f 由 N 个输入量确定。

令被测量 Y 的估计值为 y（即测量结果的量值），各输入量 $X_i(i=1,2,\cdots,N)$ 的估计值为 $x_i(i=1,2,\cdots,N)$，则有

$$y = f(x_1, x_2, \cdots, x_N) \tag{1.18}$$

1.3.2 建立测量模型需要注意的问题

1.3.2.1 测量模型的建立应考虑测量所要求的准确度

例如，一个随温度 t 变化的电阻器，其两端的电压为 U，在温度为 t_0 时的电阻为 R_0，电阻器的温度系数为 α，则电阻器的损耗功率 P（被测量）和电压 U、电阻 R_0、温度系数 α 以及温度 t 的函数关系为

$$P = f(U,\ R_0,\ \alpha,\ t) = U^2 / R_0 \left[1 + \alpha(t - t_0) \right]$$

若测量数据表明该测量模型没能将测量过程模型化至测量要求的准确度，则必须修改模型，在模型中增加附加的输入量来反映对影响量的认识不足，如电阻器上已知的温度非均匀分布、电阻温度系数的非线性关系、电阻与大气压力的关系等。

1.3.2.2 输入量可以是直接测量的量，也可以是间接测量的量

输入量是对被测量的测量结果产生影响的量，可以是直接测量的量，其估计值及相应的标准不确定度利用测量数据或已有信息源直接确定。输入量也可以是间接测量的量，其估计值及相应的标准不确定度通过与其相关的函数关系中的其他量来确定。

1.3.2.3 直接测量的测量模型

若被测量为一个直接测量的量，即输入量 X 本身就是被测量，则测量模型的一般表达式为

$$Y = X \tag{1.19}$$

令 X 的估计值为 x，则有

$$y = x \tag{1.20}$$

1.4 标准不确定度的评定

建立起测量模型，根据测量模型和输入量的估计值确定出被测量的最佳估计值后，就可以对各输入量的标准不确定度进行评定。对输入量的标准不确定度进行评定，首先需要分析对输入量估计值有影响的不确定度来源，列出这些来源产生的标准不确定度分量，然后判断其中哪些分量采用 A 类评定，哪些分量采用 B 类评定，并利用相应的评定方法评定出这些标准不确定度分量，最后再根据已评定的标准不确定度分量，综合得出输入量的标准不确定度。

1.4.1 标准不确定度的 A 类评定

标准不确定度的 A 类评定，也称为 A 类标准不确定度评定，是根据被测量的多次独立测量值，采用统计方法获取实验标准差来进行的标准不确定度分量的评定。

1.4.1.1　评定方法

评定 A 类标准不确定度的方法主要有贝塞尔法和极差法。

1）贝塞尔法

a. 实验标准差的确定

对被测量 X，在重复性条件或复现性条件下进行 n 次重复独立测量，测量值为 x_k（$k = 1, 2, \cdots, n$)，则被测量的最佳估计值，即测量值的算术平均值 $\bar{x}$ 为

$$\bar{x} = \frac{1}{n} \sum_{k=1}^{n} x_k \tag{1.21}$$

利用贝塞尔公式，可得单个测量值 x_k 的实验标准差为

$$s(x_k) = \sqrt{\frac{1}{n-1} \sum_{k=1}^{n} (x_k - \bar{x})^2} = \sqrt{\frac{1}{n-1} \sum_{k=1}^{n} v_k^2} \tag{1.22}$$

式中，v_k 为测量值 x_k 的残差。

b. A 类标准不确定度的评定

当用算术平均值 $\bar{x}$ 作为被测量 X 的最佳估计值时，其对应的 A 类标准不确定度 $u(\bar{x})$ 为

$$u(\bar{x}) = s(\bar{x}) = \frac{s(x_k)}{\sqrt{n}} \tag{1.23}$$

c. 自由度的确定

自由度是指在方差的计算中，和的项数减去对和的限制数。自由度能反映评定出的不确定度的可靠程度，自由度越大，评定出的不确定度就越可靠。

用贝塞尔法评定标准不确定度，标准不确定度的自由度 v 为

$$v = n - 1 \tag{1.24}$$

从式（1.24）可知，为保证获得大的自由度，即保证评定出的不确定度更加可靠，测量次数 n 应比较大，一般要求 $n \geq 10$。

2）极差法

a. 极差的确定

在重复性条件或复现性条件下，对被测量 X 进行 n 次重复独立测量，测量值为 x_k（$k = 1, 2, \cdots, n$)，则极差 R 为

$$R = x_{\max} - x_{\min} \tag{1.25}$$

式中，$x_{\max}$ 和 $x_{\min}$ 分别为测量值中的最大值和最小值。

b. 实验标准差的确定

在估计被测量接近正态分布的情况下，单个测量值 x_k 的实验标准差 $s(x_k)$ 为

$$s(x_k) = \frac{R}{C} \tag{1.26}$$

式中，系数 C 称为极差系数，可通过查表 1.2 得到。

表 1.2　极差系数 C 及自由度 ν

n	2	3	4	5	6	7	8	9
C	1.13	1.64	2.06	2.33	2.53	2.70	2.85	2.97
ν	0.9	1.8	2.7	3.6	4.5	5.3	6.0	6.8

c. A 类标准不确定度的评定

当用算术平均值 $\bar{x}$ 作为被测量 X 的最佳估计值时，其对应的 A 类标准不确定度 $u(\bar{x})$ 为

$$u(\bar{x}) = s(\bar{x}) = \frac{s(x_k)}{\sqrt{n}} = \frac{R}{C\sqrt{n}} \tag{1.27}$$

d. 自由度的确定

利用极差法评定测量列的 A 类标准不确定度，其自由度 ν 可根据测量次数 n 由表 1.2 查到。

需要注意的是，一般在测量次数较少（通常 $n<10$）时，往往采用极差法来评定测量列的 A 类标准不确定度。

1.4.1.2　A 类标准不确定度评定举例

例 1.3　某电子管厂用电压表对第三工序处的电压进行测量。

① 若测量 10 次，测得的电压值分别为 64.5 V、63.6 V、65.2 V、63.9 V、64.3 V、63.7 V、64.5 V、64.0 V、63.0 V 和 64.8 V（测量数据中无异常值），要求对被测电压的最佳估计值进行 A 类标准不确定度评定。

② 若测量 5 次，测得的电压值分别为 63.0 V、64.8 V、63.7 V、64.0 V、65.1 V（测量数据中无异常值），要求对被测电压的最佳估计值进行 A 类标准不确定度评定。

解

① 测量 10 次，被测电压的最佳估计值（即算术平均值）为

$$\bar{U} = \frac{1}{n}\sum_{k=1}^{n}U_k$$

$$= \frac{1}{10}\times(64.5+63.6+65.2+63.9+64.3+63.7+64.5+64.0+63.0+64.8)$$

$$= 64.15 \quad (\text{V})$$

由上述分析可知，各种随机因素的影响使读数不重复引入的是 A 类标准不确定度。由于测量次数为 10 次，因此采用贝塞尔法进行 A 类评定。

被测电压值的实验标准差为

$$s(U_k) = \sqrt{\frac{1}{n-1}\sum_{k=1}^{n}(U_k-\bar{U})^2} = \sqrt{\frac{1}{9}\sum_{k=1}^{10}(U_k-64.15)^2} = 0.64 \quad (\text{V})$$

被测电压最佳估计值 $\bar{U}$ 的 A 类标准不确定度为

$$u(\bar{U}) = s(\bar{U}) = \frac{s(U_k)}{\sqrt{n}} = 0.20 \quad (\text{V})$$

自由度为

$$\nu = n-1 = 9$$

② 测量 5 次，被测电压的最佳估计值为

$$\overline{U} = \frac{1}{n}\sum_{k=1}^{n}U_k = \frac{1}{5}\times(63.0+64.8+63.7+64.0+65.1) = 64.12 \quad （\text{V}）$$

由于测量次数为 5 次，因此采用极差法评定读数重复性引入的 A 类标准不确定度。测量电压值的极差为

$$R = U_{max} - U_{min} = 65.1-63.0 = 2.1 \quad （\text{V}）$$

由于 $n=5$，查表 1.2，可得极差系数 C 为 2.33，则测量电压值的实验标准差为

$$s(U_k) = \frac{R}{C} = \frac{2.1}{2.33} = 0.90 \quad （\text{V}）$$

被测电压的最佳估计值 $\overline{U}$ 的 A 类标准不确定度为

$$u(\overline{U}) = s(\overline{U}) = \frac{s(U_k)}{\sqrt{n}} = 0.40 \quad （\text{V}）$$

查表 1.2，可得自由度为 $\quad\quad\quad\quad \nu = 3.6$

从上面例题可以看到，为了保证 A 类标准不确定度评定的可靠性，当测量次数较大时，应采用贝塞尔法进行评定；而在测量次数较小时，则宜采用极差法进行评定。

1.4.2　标准不确定度的 B 类评定

标准不确定度的 B 类评定，也称为 B 类标准不确定度评定，它是根据被测量的已知信息，采用非统计方法估计标准差来进行的标准不确定度分量的评定。因此，在标准不确定度的 B 类评定中，已知的信息和资料是非常重要的。

1.4.2.1　评定的信息来源

B 类不确定度评定的信息来源主要有以下 6 个方面：
① 以前测量的数据。
② 对有关技术资料和测量仪器特性的了解和经验。
③ 生产厂家提供的技术说明书。
④ 校准证书、检定证书或其他文件提供的数据。
⑤ 手册或某些资料给出的参考数据。
⑥ 检定规程、校准规范或测试标准中给出的数据。

根据这些信息来源，可得出被测量可能值区间半宽度 a 的相关信息。实际上，这些信息来源往往也是通过统计方法得到的，只是给出的信息不全，通常是极限值。因此，在进行 B 类标准不确定度评定时，还需要根据一定的实践经验对被测量的概率分布进行合理地估计，确定出置信因子 k。

1.4.2.2　概率分布的估计

1）正态分布的估计

正态分布是一种非常重要的分布。在实际测量中，测量值常常受到大量相互独立的随机量的影响，而且每个量的影响都较小。因此，根据中心极限定理，通常可认为被测量之值的

随机变化服从正态分布。

正态分布的被测量之值的概率密度函数为

$$p(x) = \frac{1}{\sigma(x)\sqrt{2\pi}} e^{-\frac{(x-\mu_x)^2}{2\sigma^2(x)}} \tag{1.28}$$

其分布曲线及置信区间如图 1.5 所示。

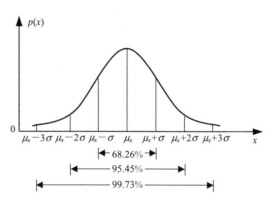

图 1.5　正态分布曲线

从图 1.5 中可以看出，对于服从正态分布的被测量，其可能值位于区间$[\mu_x - 3\sigma,\ \mu_x + 3\sigma]$的可能性非常大，置信概率为 99.73%。若给出了置信概率 p，则可通过查表 1.3 确定置信系数 c，从而确定相应的置信区间$[\mu_x - c\sigma,\ \mu_x + c\sigma]$。

表 1.3　正态分布情况下置信概率 p 与置信系数 c 的关系

$p / \%$	50	68.27	90	95	95.45	99	99.73
c	0.67	1	1.645	1.960	2	2.576	3

在实际测量中，以下情况可假设为服从正态分布：

① 被测量受许多随机影响量的影响，当它们各自的效应为同等量级时，无论各影响量的概率分布是什么形式，被测量的随机变化都近似于正态分布。

② 如果有证书或报告给出的不确定度是具有包含概率为 0.95、0.99 的扩展不确定度（即给出 U_{95}、U_{99}），此时若未特别说明分布，可按正态分布来评定。

2）t 分布的估计

对于服从正态分布的被测量，若以有限次测量的实验标准差 s 代替无穷次测量的标准差 σ，则随机变量 $t = (\bar{x} - \mu_x)/s(\bar{x})$ 服从 t 分布，其分布曲线及置信区间如图 1.6 所示。

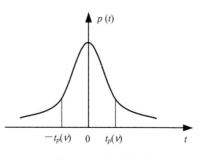

图 1.6　t 分布曲线

图 1.6 说明，随机变量 t 以概率 p 位于置信区间$[-t_p(\nu),\ t_p(\nu)]$中，即被测量的可能值以概率 p 位于置信区间$[\bar{x} - t_p(\nu)s(\bar{x}),\ \bar{x} + t_p(\nu)s(\bar{x})]$中，其中 $s(\bar{x})$ 为算术平

均值的实验标准差，$t_p(\nu)$ 为置信概率为 p、自由度为 ν 的 t 分布临界值，该值可从本章末尾所附的 t 分布临界值表中查得。

从图 1.6 可以看出，t 分布的分布曲线形状和正态分布曲线形状相似。实际上，正态分布是 t 分布的特殊形式，当测量次数趋于无穷时，t 分布就成为正态分布。

当被测量总体服从正态分布时，通常将其测量值的分布按 t 分布来处理。

3）均匀分布的估计

均匀分布又称为矩形分布、等概率分布，也是一种比较重要和常见的分布。

当被测量之值在某有限区间内各处出现的机会相等，而在区间外不出现，则可认为被测量之值服从均匀分布，其概率密度函数为

$$p(x) = \begin{cases} \dfrac{1}{a_+ - a_-} & (a_- \leqslant x \leqslant a_+) \\ 0 & \text{其他} \end{cases} \qquad (1.29)$$

分布曲线如图 1.7 所示。

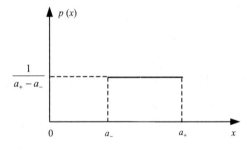

在实际测量中，以下几种情况通常假设为均匀分布：

① 数据修约导致的不确定度。

② 测量仪器最大允许误差或分辨力导致的不确定度。

③ 参考数据的误差限导致的不确定度。

④ 度盘或齿轮的回差导致的不确定度。

⑤ 平衡指示器调零不准导致的不确定度。

⑥ 测量仪器的滞后或摩擦效应导致的不确定度。

图 1.7 均匀分布曲线

在测量中，若对被测量的可能值落在区间内的情况缺乏了解，一般假设为均匀分布。

4）三角分布的估计

三角分布的概率密度函数为

$$p(x) = \begin{cases} \dfrac{e+x}{e^2} & (-e \leqslant x \leqslant 0) \\ \dfrac{e-x}{e^2} & (0 \leqslant x \leqslant e) \end{cases} \qquad (1.30)$$

其分布曲线如图 1.8 所示。

在比较法的测量中，常常需要在相同条件下做两次测量，若每次测量的可能值的分布服从均匀分布，则两次测量的合成分布服从三角分布。

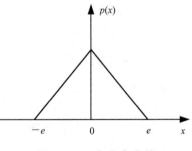

图 1.8 三角分布曲线

5）其余分布的估计

除了上述四种分布外，随机变量的分布还有梯形分布、反正弦分布、两点分布、投影分布等，对这些分布的估计，可参阅现有国家计量技术规范。

1.4.2.3 评定方法

　　B 类标准不确定度的评定是根据有关的信息或经验，判断被测量[1]的可能值区间的半宽度 a，假设被测量值的概率分布，并根据概率分布和要求概率 p 确定置信因子 k[2]，再利用式（1.31）得出被测量最佳估计值 x 的 B 类标准不确定度。

$$u(x) = \frac{a}{k} \qquad\qquad (1.31)$$

1）区间半宽度 a 的确定

　　① 当给出的信息是测量仪器最大允许误差 $\pm A$ 时，$a = A$。若给出的信息是测量仪器的准确度等级，则可按检定规程规定的最大允许误差或不确定度极限得到对应的区间半宽度。

　　② 当给出的信息是被测量最佳估计值 x 的扩展不确定度 $U(x)$ 时，$a = U(x)$。

　　③ 当给出的信息是被测量的可能值以一定的置信概率落于 $[a_-,\ a_+]$ 的区间内，且被测量的最佳估计值位于该区间的中点时，$a = (a_+ - a_-)/2$。

　　④ 当给出的信息是参考数据的误差限 $\pm\Delta$ 时，$a = \Delta$。

　　此外，还可根据经验推断某量值不会超出的范围，或用实验方法来估计可能的区间。

2）置信因子 k 的确定

　　① 已知扩展不确定度及其包含因子 k 时，置信因子即为 k。

　　② 假设为正态分布时，置信因子 k 可根据要求的概率查表 1.4 得到。

　　③ 假设为非正态分布时，置信因子 k 可根据概率分布查表 1.5 得到。

表 1.4 正态分布情况下置信概率 p 与置信因子 k 的关系

$p\,/\,\%$	50	68.27	90	95	95.45	99	99.73
k	0.67	1	1.645	1.960	2	2.576	3

表 1.5 常用非正态分布的置信因子 k

分布类别	$p\,/\,\%$	k
三角分布	100	$\sqrt{6}$
梯形分布（β[3]$= 0.71$）	100	2
均匀分布	100	$\sqrt{3}$
反正弦分布	100	$\sqrt{2}$
两点分布	100	1

---

　　① 这里的被测量指的是输入量。
　　② 根据概率论获得的 k 称为置信因子，当 k 为扩展不确定度的被乘因子时称为包含因子。
　　③ β 为梯形的上底与下底之比。

1.4.2.4　B 类标准不确定度的自由度

B 类标准不确定度的自由度用于反映评定出的 B 类标准不确定度的可靠程度。自由度越大，表明不确定度的可靠程度越高。

B 类标准不确定度的自由度可由式（1.32）近似计算

$$\nu \approx \frac{1}{2}\left\{\frac{u(x)}{\sigma[u(x)]}\right\}^2 \approx \frac{1}{2}\left[\frac{\Delta u(x)}{u(x)}\right]^{-2} \qquad （1.32）$$

式中，$\sigma[u(x)]$ 为标准不确定度 $u(x)$ 的标准差，$\Delta u(x)$ 为按经验估计的 $u(x)$ 可能产生的与 $\sigma(x)$ 的差，$\Delta u(x)/u(x)$ 为 $u(x)$ 的相对标准不确定度。

从式（1.32）可知，B 类标准不确定度的自由度与 $u(x)$ 的相对标准不确定度的平方成反比，也就是说，$u(x)$ 的可靠性越高，$\Delta u(x)/u(x)$ 越小，则自由度就越大。

因此，利用自由度可评价不确定度的可靠程度，而利用不确定度则可评价测量结果量值的可靠程度。

当 B 类标准不确定度是根据数据修约、测量仪器的最大允许误差、引用误差、级别或等别进行评定时，则自由度可取无穷大；若是根据校准证书、检定证书或手册等比较可靠的资料提供的数据及相关信息进行评定时，则可取较高自由度，如 20 ~ 50；当 B 类标准不确定度的评定带有一定主观判断因素，则可取较低自由度。

1.4.2.5　B 类标准不确定度评定举例

例 1.4　某数字电压表的技术说明书注明：该表校准后 1 ~ 2 年内，在 1 V 量程内示值最大允许误差的模为 $14 \times 10^{-6} \times$ 读数 $+ 2 \times 10^{-6} \times$ 量程。该表校准后的第 18 个月，采用该表的 1 V 量程测量电压 U，在重复性条件下进行了 8 次测量，测得电压 U 的平均值为 0.998 571 V，实验标准差为 3 μV，试分析被测电压最佳估计值的 B 类标准不确定度及其自由度。

解　根据题意，取测量平均值 0.998 571 V 作为电压 U 的最佳估计值。经分析可知，被测电压最佳估计值的 B 类标准不确定度是由数字电压表的最大允许误差引入的。

根据数字电压表的说明书，电压表的最大允许误差的模为

$$A = 14 \times 10^{-6} \times 读数 + 2 \times 10^{-6} \times 量程$$
$$= 14 \times 10^{-6} \times 0.998\ 571 + 2 \times 10^{-6} \times 1 = 16 \quad （μV）$$

由于是根据最大允许误差进行的评定，因此按均匀分布处理，取 $k = \sqrt{3}$，则由电压表最大允许误差引起的被测电压最佳估计值的 B 类标准不确定度为

$$u(\bar{U}) = \frac{a}{k} = \frac{A}{\sqrt{3}} = \frac{16}{\sqrt{3}} = 9.2 \quad （μV）$$

考虑到该不确定度的数值很可靠，则自由度趋于无穷大。

1.4.3　输入量的标准不确定度的评定

在进行输入量 X_i 的标准不确定度评定时，由于不同的不确定度来源产生的标准不确定度

分量通常是彼此独立的，因此在评定出各标准不确定度分量后，可利用式（1.33）和式（1.34）分别评定出输入量估计值 x_i 的标准不确定度 $u(x_i)$ 及其自由度 ν_i：

$$u(x_i) = \sqrt{\sum_{k=1}^{m} \left[u_k(x_i) \right]^2} \tag{1.33}$$

$$\nu_i = \frac{u^4(x_i)}{\sum_{k=1}^{m} \dfrac{u_k^4(x_i)}{\nu_{ik}}} \tag{1.34}$$

式中，$u_k(x_i)$ $(k = 1, 2, \cdots, m)$ 为输入量估计值 x_i 的标准不确定度分量；ν_{ik} 为标准不确定度分量 $u_k(x_i)$ 的自由度。

例 1.5 利用一台经检定合格并在有效期内的 5 位半数字多用表，其最大允许误差为：$\pm(0.003\% \times$ 读数 $+ 2 \times 0.01$ kΩ）。在室温为 $(23 \pm 1)°C$ 的情况下对某高值电阻器进行了 10 次重复性测量，测得数据为：999.31，999.41，999.59，999.26，999.54，999.23，999.14，999.06，999.92，999.62（kΩ）。若已知测量数据无异常值并且当环境温度在 5°C ~ 25°C 时，数字电压的温度系数影响可忽略，试评定被测电阻最佳估计值的标准不确定度及其自由度。

解 由于利用数字多用表对被测电阻器的电阻进行的是直接测量，因此其测量模型为

$$Y = R$$

根据题意，被测电阻器的电阻是在重复性条件下进行的测量，则其最佳估计值应为 10 次测量值的算术平均值，即

$$y = \bar{R} = \frac{1}{10} \sum_{k=1}^{10} R_k = 999.408 \quad (\text{kΩ})$$

经分析可知，影响电阻最佳估计值的不确定度来源主要有以下两个方面：

① 各种随机因素的影响使读数不重复。

② 数字多用表不准确。

这两个不确定度来源引入了相应的标准不确定度分量 $u_1(\bar{R})$ 和 $u_2(\bar{R})$。

读数重复性引入的标准不确定度分量 $u_1(\bar{R})$ 按 A 类评定。根据测量数据可得实验标准差

$$s(R_k) = \sqrt{\frac{\sum_{k=1}^{10} (R_k - \bar{R})^2}{10 - 1}} = 0.261 \quad (\text{kΩ})$$

标准不确定度 $u_1(\bar{R})$ 为

$$u_1(\bar{R}) = s(\bar{R}) = \frac{s(R_k)}{\sqrt{n}} = \frac{0.261}{\sqrt{10}} = 0.083 \quad (\text{kΩ})$$

标准不确定度 $u_1(\bar{R})$ 的自由度为

$$\nu_1 = n - 1 = 9$$

数字多用表不准确引入的标准不确定度分量 $u_2(\bar{R})$ 按 B 类评定。根据数字多用表给出的技术指标，其最大允许误差为

$$\pm A = \pm(0.003\% \times \bar{R} + 2 \times 0.01) = \pm 0.050 \quad (\text{k}\Omega)$$

按均匀分布处理，则置信因子 $k = \sqrt{3}$ ，数字多用表不准确引入的标准不确定度分量 $u_2(\bar{R})$ 为

$$u_2(\bar{R}) = \frac{a}{k} = \frac{A}{k} = \frac{0.050}{\sqrt{3}} = 0.029 \quad (\text{k}\Omega)$$

考虑到被测量可能值落在 $[\bar{R} - A，\bar{R} + A]$ 区间外的概率极小，则自由度 ν_2 趋于无穷大，即

$$\nu_2 \to \infty$$

由于不确定度来源产生的两个标准不确定度分量 $u_1(\bar{R})$ 、$u_2(\bar{R})$ 互不相关，因此电阻最佳估计值 $\bar{R}$ 的标准不确定度为

$$u(\bar{R}) = \sqrt{u_1^2(\bar{R}) + u_2^2(\bar{R})} = \sqrt{0.083^2 + 0.029^2} = 0.088 \quad (\text{k}\Omega)$$

标准不确定度 $u(\bar{R})$ 的自由度为

$$\nu = \frac{u^4}{\dfrac{u_1^4}{\nu_1} + \dfrac{u_2^4}{\nu_2}} = \frac{0.088^4}{\dfrac{0.083^4}{9} + \dfrac{0.029^4}{\infty}} = 11.4$$

1.5　合成标准不确定度的评定

从被测量的数学模型 $y = f(x_1, x_2, \cdots, x_N)$ 可知，被测量估计值 y 是通过函数关系 f 由多个输入量估计值 x_i 确定的。因此，y 的测量不确定度即合成标准不确定度，应该根据各输入量估计值 x_i 的标准不确定度，采用一定的合成方法评定得出。

1.5.1　评定方法

1.5.1.1　合成标准不确定度的评定方法

对于数学模型为 $y = f(x_1, x_2, \cdots, x_N)$ 的被测量，可按下面两种情况进行合成标准不确定度的评定。

1）全部输入量彼此独立或互不相关时合成标准不确定度的评定

当全部输入量 x_i 彼此独立或互不相关时，被测量估计值 y 的合成标准不确定度为

$$u_c(y) = \sqrt{\sum_{i=1}^{N}\left[\frac{\partial f}{\partial x_i} u(x_i)\right]^2} = \sqrt{\sum_{i=1}^{N}\left[c_i u(x_i)\right]^2} = \sqrt{\sum_{i=1}^{N}\left[u_i(y)\right]^2} \quad (1.35)$$

式中，$u_c(y)$ 为被测量估计值 y 的合成标准不确定度，表征 y 的分散性；$c_i \equiv \partial f / \partial x_i$ 称为灵敏系数，反映输入量估计值 x_i 的标准不确定度 $u(x_i)$ 影响被测量估计值的合成标准不确定度 $u_c(y)$ 的灵敏程度；$u_i(y)$ 是测量结果的合成标准不确定度的第 i 个分量，$u_i(y) \equiv |c_i| u(x_i)$ 。

由式（1.35）可知，当全部输入量 x_i 彼此独立或互不相关时，被测量估计值 y 的合成标

准不确定度 $u_c(y)$ 为其分量 $u_i(y)$ 的平方和根。

2）输入量彼此相关时合成标准不确定度的评定

当输入量 x_i 彼此相关时，被测量估计值 y 的合成标准不确定度为

$$u_c(y) = \sqrt{\sum_{i=1}^{N}\left[\frac{\partial f}{\partial x_i}\right]^2 u^2(x_i) + 2\sum_{i=1}^{N-1}\sum_{j=i+1}^{N}\frac{\partial f}{\partial x_i}\cdot\frac{\partial f}{\partial x_j}u(x_i, x_j)}$$
$$= \sqrt{\sum_{i=1}^{N}c_i^2 u^2(x_i) + 2\sum_{i=1}^{N-1}\sum_{j=i+1}^{N}c_i c_j r(x_i, x_j)u(x_i)u(x_j)} \quad （1.36）$$

式中，$u(x_i, x_j)$ 为任意两个输入量估计值 x_i、x_j 的协方差。在以下情况下，协方差可取为零或忽略不计：x_i 和 x_j 中任何一个量可作为常数处理；在不同实验室用不同测量设备、不同时间测得的量值；独立测量的不同量的测量结果。

$r(x_i, x_j)$ 为相关系数，反映 x_i 与 x_j 之间的相关程度，其表达式为

$$r(x_i, x_j) = \frac{u(x_i, x_j)}{u(x_i)u(x_j)} \quad （1.37）$$

相关系数的取值范围为

$$-1 \leqslant r(x_i, x_j) \leqslant 1$$

若 x_i 与 x_j 相互独立或不相关，则 $r(x_i, x_j) = 0$；若 x_i 与 x_j 完全正相关，则 $r(x_i, x_j) = 1$；若 x_i 与 x_j 完全负相关，则 $r(x_i, x_j) = -1$。

当所有的输入量估计值都完全正相关，即相关系数 $r(x_i, x_j) = 1$ 时，被测量估计值 y 的合成标准不确定度可由下式进行评定

$$u_c(y) = \left|\sum_{i=1}^{N}\frac{\partial f}{\partial x_i}u(x_i)\right| = \left|\sum_{i=1}^{N}c_i u(x_i)\right| \quad （1.38）$$

实际中，为了方便计算，通常可对相关性进行简化处理。若判断 x_i 与 x_j 弱相关，可近似取 $r(x_i, x_j) = 0$；若判断 x_i 与 x_j 强相关，可近似取 $r(x_i, x_j) = 1$ 或 $r(x_i, x_j) = -1$。此外，还可通过改变测量原理、测量方法、测量仪器等手段使输入量的估计值不相关。例如，对两个输入量 X_i 和 X_j 进行测量，若采用了同一台测量仪器，则其估计值 x_i 和 x_j 具有一定的相关性。但若采用不同的测量仪器，则可消除 x_i 和 x_j 的相关性，使 x_i 和 x_j 不相关。

在对被测量进行合成标准不确定度的评定时要注意，若被测量为直接测量的量，即 $y = x$，则被测量的标准不确定度即为其合成标准不确定度。

1.5.1.2　相对合成标准不确定度的评定方法

相对合成标准不确定度用 $u_{crel}(y)$ 表示。对 $u_{crel}(y)$ 进行评定，通常可先对合成标准不确定度进行评定，再根据式（1.39）来评定，即

$$u_{crel}(y) = \frac{u_c(y)}{|y|} \quad （1.39）$$

如果被测量与输入量的函数关系为 $y = f(x_1, x_2, \cdots, x_N) = c x_1^{p_1} x_2^{p_2} \cdots x_N^{p_N}$ 的表示形式，且各输入量互不相关时，则可采用式（1.40）直接评定相对合成标准不确定度，即

$$u_{\mathrm{crel}}(y) = \sqrt{\sum_{i=1}^{N} \left[p_i\, u_{\mathrm{rel}}(x_i) \right]^2} = \sqrt{\sum_{i=1}^{N} \left[p_i\, \frac{u(x_i)}{x_i} \right]^2} \tag{1.40}$$

式中，p_i 为函数 f 中输入量估计值 x_i 的幂指数，$u_{\mathrm{rel}}(x_i)$ 为输入量估计值 x_i 的相对标准不确定度。

1.5.2 有效自由度

合成标准不确定度的自由度，称为有效自由度 ν_{eff}，用于评价合成标准不确定度的可靠程度。有效自由度 ν_{eff} 越大，表明评定的合成标准不确定度的可靠程度越高。

有以下情况时需要计算有效自由度 ν_{eff}：

① 当需要评定扩展不确定度 U_p 时，为求得包含因子 k_p 而必须计算合成标准不确定度的有效自由度。

② 当用户为了解所评定的不确定度的可靠程度而提出要求时。

如果 $u_{\mathrm{c}}(y)$ 是由两个或多个合成标准不确定度分量 $u_i(y)$ 合成的，当各分量间相互独立且输出量接近正态分布或 t 分布时，则合成标准不确定度 $u_{\mathrm{c}}(y)$ 的有效自由度 ν_{eff} 为

$$\nu_{\mathrm{eff}} = \frac{u_{\mathrm{c}}^4(y)}{\displaystyle\sum_{i=1}^{N} \frac{u_i^4(y)}{\nu_i}} = \frac{u_{\mathrm{c}}^4(y)}{\displaystyle\sum_{i=1}^{N} \frac{\left[c_i u(x_i) \right]^4}{\nu_i}} \tag{1.41}$$

式中，ν_i 为各输入量标准不确定度的自由度。

当测量模型为 $y = f(x_1, x_2, \cdots, x_N) = c x_1^{p_1} x_2^{p_2} \cdots x_N^{p_N}$ 的函数形式时，有效自由度 ν_{eff} 可用相对标准不确定度的形式计算，即

$$\nu_{\mathrm{eff}} = \frac{u_{\mathrm{crel}}^4(y)}{\displaystyle\sum_{i=1}^{N} \frac{\left[p_i u_{\mathrm{rel}}(x_i) \right]^4}{\nu_i}} = \frac{\left[u_{\mathrm{c}}(y)/y \right]^4}{\displaystyle\sum_{i=1}^{N} \frac{\left[p_i u(x_i)/x_i \right]^4}{\nu_i}} \tag{1.42}$$

式中，p_i 为函数 f 中输入量估计值 x_i 的幂指数，$u_{\mathrm{crel}}(y)$ 为被测量 y 的相对合成标准不确定度，$u_{\mathrm{rel}}(x_i)$ 为 x_i 的相对标准不确定度。

在计算有效自由度时要注意，如果计算出来的 ν_{eff} 带有小数，通常采用截尾（舍去小数部分）的方法进行取整。例如，若计算得到 $\nu_{\mathrm{eff}} = 10.95$，则取 $\nu_{\mathrm{eff}} = 10$。

1.5.3 合成标准不确定度评定举例

例 1.6 被测电压的测量模型为 $U = \bar{U} + \Delta \bar{U}$，其中重复测量的算术平均值 $\bar{U} = 0.928\,571$ V，其标准不确定度由 A 类评定得到，为 $u(\bar{U}) = 12$ μV，$u(\bar{U})$ 的自由度 $\nu_1 = 15$。修正值 $\Delta \bar{U} = 0.000\,127$ V，修正值的标准不确定度由 B 类评定得到，为 $u(\Delta \bar{U}) = 3$ μV，其自由度

$v_2 = 50$。求被测电压最佳估计值的合成标准不确定度及有效自由度 v_{eff}。

解 根据题意，被测电压的最佳估计值 为

$$U = \bar{U} + \Delta\bar{U} = 0.928\ 571 + 0.000\ 127 = 0.928\ 698 \quad （\text{V}）$$

算术平均值 $\bar{U}$ 的灵敏系数及标准不确定度分别为

$$c_1 = \frac{\partial U}{\partial \bar{U}} = 1, \qquad u(\bar{U}) = 12 \quad （\mu\text{V}）$$

修正值 $\Delta\bar{U}$ 的灵敏系数及标准不确定度分别为

$$c_2 = \frac{\partial U}{\partial \Delta\bar{U}} = 1, \qquad u(\Delta\bar{U}) = 3 \quad （\mu\text{V}）$$

$\bar{U}$ 和 $\Delta\bar{U}$ 可看作是相互独立的，则被测电压的最佳估计值 U 的合成标准不确定度为

$$u_{\text{c}}(U) = \sqrt{\left[c_1 u(\bar{U})\right]^2 + \left[c_2 u(\Delta\bar{U})\right]^2} = \sqrt{12^2 + 3^2} = 12 \quad （\mu\text{V}）$$

相对合成标准不确定度为

$$u_{\text{crel}}(U) = \frac{u_{\text{c}}(U)}{|U|} = \frac{12 \times 10^{-6}}{0.928\ 698} = 0.001\ 3\%$$

有效自由度为

$$v_{\text{eff}} = \frac{u_{\text{c}}^4(y)}{\displaystyle\sum_{i=1}^{2} \frac{\left[c_i u(x_i)\right]^4}{v_i}} = \frac{u_{\text{c}}^4(U)}{\dfrac{\left[c_1 u(\bar{U})\right]^4}{v_1} + \dfrac{\left[c_2 u(\Delta\bar{U})\right]^4}{v_2}} = \frac{12^4}{\dfrac{12^4}{15} + \dfrac{3^4}{50}} = 14$$

例 1.7 标称值均为 $1\ \text{k}\Omega$ 的 10 个电阻器，当用 $1\ \text{k}\Omega$ 的标准电阻 R_{s} 校准时，得到校准值为 $R_i = \alpha_i R_{\text{s}}$，$\alpha_i \approx 1$。$\alpha_i$ 的不确定度可忽略，标准电阻 R_{s} 的不确定度由校准证书给出，为 $u(R_{\text{s}}) = 10\ \text{m}\Omega$。现将此 10 个电阻器用电阻可忽略的导线串联，构成标称值为 $10\ \text{k}\Omega$ 的参考电阻 R_{ref}，求 R_{ref} 的合成标准不确定度 $u_{\text{c}}(R_{\text{ref}})$。

解 根据题意，参考电阻 R_{ref} 为

$$R_{\text{ref}} = f(R_i) = \sum_{i=1}^{10} R_i = \sum_{i=1}^{10} \alpha_i R_{\text{s}} \approx 10 \quad （\text{k}\Omega）$$

各输入量 R_i 的灵敏系数为

$$c_i = \frac{\partial f}{\partial R_i} = 1$$

由于 $R_i = \alpha_i R_{\text{s}}$，考虑 α_i 和 R_{s} 不相关，则输入量 R_i 的标准不确定度为

$$u(R_i) = \sqrt{\left[\frac{\partial R_i}{\partial \alpha_i} \times u(\alpha_i)\right]^2 + \left[\frac{\partial R_i}{\partial R_{\text{s}}} \times u(R_{\text{s}})\right]^2} = \sqrt{\left[R_{\text{s}} u(\alpha_i)\right]^2 + \left[\alpha_i u(R_{\text{s}})\right]^2}$$

已知 $\alpha_i \approx 1$，且其不确定度可忽略，即 $u(\alpha_i) = 0$，则

$$u(R_i) \approx \sqrt{\left[u(R_{\mathrm{s}})\right]^2} = u(R_{\mathrm{s}})$$

由于 10 个电阻器采用同一标准电阻 R_{s} 进行校准，因此考虑电阻器的校准值之间为强相关，近似取相关系数 $r(R_i, R_j) = 1$，则

$$u_{\mathrm{c}}(R_{\mathrm{ref}}) = \left| \sum_{i=1}^{10} c_i u(R_i) \right| = 10 \times 0.010 = 0.10 \quad (\Omega)$$

1.6　扩展不确定度的评定

评定出合成标准不确定度后，如果是在基础计量学研究、基本物理常数测量以及复现国际单位制单位的国际比对的情况下，则被测量的测量不确定度直接采用合成标准不确定度来定量表示。但对除此之外的其余绝大部分测量，均要求用扩展不确定度来作为被测量的测量不确定度。扩展不确定度是被测量可能值包含区间的半宽度，等于合成标准不确定度与包含因子的乘积。与合成标准不确定度相比较，扩展不确定度具有较高的包含概率（通常 $p \geqslant 95\%$）。

扩展不确定度分为两种，即 U 和 U_p。这两种扩展不确定度的区别在于是否说明了包含概率，后者指明了包含概率为 p。一般情况下，在给出测量结果时，报告扩展不确定度 U。

1.6.1　扩展不确定度 U 的评定

1.6.1.1　评定方法

扩展不确定度 U 由合成标准不确定度 $u_{\mathrm{c}}(y)$ 乘以包含因子 k 得到，即

$$U = k u_{\mathrm{c}}(y) \tag{1.43}$$

根据评定出的扩展不确定度 U，测量结果可表示为

$$Y = y \pm U \tag{1.44}$$

式中，y 为被测量 Y 的最佳估计值。式（1.44）说明，被测量 Y 的可能值以较高的包含概率落在区间 $[y-U, y+U]$ 内，即 $y-U \leqslant Y \leqslant y+U$。

1.6.1.2　包含因子 k 的确定

对于扩展不确定度 U，其包含因子 k 一般取 2 或 3，多数情况下取 $k = 2$。

在 y 和 $u_{\mathrm{c}}(y)$ 所表征的概率分布近似为正态分布，且 $u_{\mathrm{c}}(y)$ 的有效自由度较大的情况下，若取 $k = 2$，表明被测量 Y 的可能值落在区间 $[y-U, y+U]$ 的包含概率约为 95%；若取 $k = 3$，表明被测量 Y 的可能值落在区间 $[y-U, y+U]$ 的包含概率约为 99%。

当给出扩展不确定度 U 时，一般应注明所取的 k 值；若未注明 k 值，则指 $k = 2$。

1.6.2 扩展不确定度 U_p 的评定

1.6.2.1 评定方法

扩展不确定度 U_p 由合成标准不确定度 $u_c(y)$ 乘以给定包含概率 p 的包含因子 k_p 得到，即

$$U_p = k_p u_c(y) \tag{1.45}$$

根据扩展不确定度 U_p，测量结果可表示为

$$Y = y \pm U_p \tag{1.46}$$

式（1.46）说明，被测量 Y 的可能值以包含概率 p 落在区间 $[y-U_p, y+U_p]$ 内。

注意，当给出扩展不确定度 U_p 时，应同时给出有效自由度 ν_{eff}。

1.6.2.2 被测量之值分布的判定

对于扩展不确定度 U_p，其包含因子 k_p 与被测量可能值的分布有关。因此要确定包含因子 k_p，必须先判定被测量可能值的分布。

1）被测量之值接近正态分布的判定

根据中心极限定理，在以下几种情况下，可判定被测量之值的分布接近正态分布：

① 若各输入量之值的分布接近正态分布，则通常估计被测量之值接近正态分布。

② 若输入量的个数较多，则不管其可能值分布如何，可估计被测量之值接近正态分布。

③ 若输入量的个数较少，但对被测量的合成标准不确定度的贡献 $c_i u(x_i)$ 相互接近，则估计被测量之值接近正态分布。

2）被测量之值接近非正态分布的判定

① 若被测量的合成标准不确定度分量的数目较少，且其中有一个分量占优势（其余分量与该分量之比不大于 0.3），则估计被测量之值的分布接近于该占优势分量的分布。

② 若被测量的合成标准不确定度分量的数目较少，且没有一个分量占优势，但若其中最大的两个分量的合成为占优势分量，则可认为被测量的分布接近于该两个最大分量合成后的分布。

1.6.2.3 包含因子 k_p 的确定

① 当判定出被测量 Y 的可能值的分布接近正态分布时，k_p 采用 t 分布临界值，即 $k_p = t_p(\nu_{\text{eff}})$。

一般采用的包含概率 p 为 95% 或 99%，多数情况下采用 $p=95\%$。在对某些测量标准进行检定或校准时，根据有关规定可采用 $p=99\%$。

② 当被测量的可能值的分布不是接近正态分布，而是接近其他某种分布时，包含因子 k_p 应按其他分布来确定。

例如，若 Y 的可能值近似为均匀分布，则：取 $p=95\%$ 时，$k_p=1.65$；取 $p=99\%$ 时，$k_p=1.71$；取 $p=100\%$ 时，$k_p=1.73$。

1.6.3　扩展不确定度评定举例

例 1.8　已知被测量的估计值 y 和互不相关的输入量估计值 x_1、x_2、x_3 的关系为

$$y = f(x_1, x_2, x_3) = a x_1^2 x_2 x_3^{(1/3)}$$

x_1、x_2、x_3 分别为输入量 X_1、X_2、X_3 的 $n_1 = 10$、$n_2 = 12$、$n_3 = 13$ 次独立重复测量值的算术平均值，其相应的相对标准不确定度为

$$u_{\text{rel}}(x_1) = \frac{u(x_1)}{|x_1|} = 0.25\%$$

$$u_{\text{rel}}(x_2) = \frac{u(x_2)}{|x_2|} = 0.31\%$$

$$u_{\text{rel}}(x_3) = \frac{u(x_3)}{|x_3|} = 0.69\%$$

求被测量估计值 y 具有 95% 包含概率的相对扩展不确定度。

解　根据已知条件及测量模型

$$y = f(x_1, x_2, x_3) = a x_1^2 x_2 x_3^{(1/3)}$$

相对扩展不确定度可根据相对合成标准不确定度进行评定。

x_1、x_2、x_3 的幂指数分别为

$$p_1 = 2, \quad p_2 = 1, \quad p_3 = \frac{1}{3}$$

由于各输入量的估计值互不相关，则被测量估计值 y 的相对合成标准不确定度为

$$u_{\text{crel}}(y) = \sqrt{\sum_{i=1}^{3} \left[p_i\, u_{\text{rel}}(x_i) \right]^2} = \sqrt{(2 \times 0.25\%)^2 + (1 \times 0.31\%)^2 + \left(\frac{1}{3} \times 0.69\% \right)^2} = 0.64\%$$

有效自由度为

$$v_{\text{eff}} = \frac{u_{\text{crel}}^4(y)}{\sum\limits_{i=1}^{3} \dfrac{\left[p_i\, u_{\text{rel}}(x_i) \right]^4}{v_i}} = \frac{(0.64\%)^4}{\dfrac{(2 \times 0.25\%)^4}{10-1} + \dfrac{(1 \times 0.31\%)^4}{12-1} + \dfrac{\left(\dfrac{1}{3} \times 0.69\% \right)^4}{13-1}} = 20.9$$

v_{eff} 取整为

$$v_{\text{eff}} = 20$$

由于三个输入量可能值的分布均为正态分布，因此判定被测量的分布接近正态分布，则包含因子采用 t 分布临界值。根据 $p = 95\%$，$v_{\text{eff}} = 20$，查本章末尾所附的 t 分布临界值表，得 $t_{95}(20) = 2.09$。

被测量估计值 y 的相对扩展不确定度为

$$U_{95\text{rel}}(y) = k_{95}\, u_{\text{crel}}(y) = t_{95}(20)\, u_{\text{crel}}(y) = 2.09 \times 0.64\% = 1.3\%$$

1.7 测量不确定度报告

在评定出被测量估计值的测量不确定度后，需要给出测量不确定度报告，以便对测量情况及测量结果进行说明。测量不确定度报告应报告测量结果（被测量的估计值及其测量不确定度）以及有关的信息。报告应尽可能详细，以便使用者可以正确地利用测量结果。

1.7.1 报告的一般要求

测量不确定度报告一般包括以下内容
① 被测量的测量模型。
② 不确定度来源。
③ 输入量的标准不确定度 $u(x_i)$ 及其评定方法和评定过程。
④ 灵敏系数 $c_i = \dfrac{\partial f}{\partial x_i}$。
⑤ 输出量的不确定度分量 $u_i(y) = |c_i| u(x_i)$，必要时给出各分量的自由度 ν_i。
⑥ 对所有相关的输入量给出其协方差或相关系数。
⑦ 合成标准不确定度 u_c 及其计算过程，必要时给出有效自由度 ν_{eff}。
⑧ 扩展不确定度 U 或 U_p 及其确定方法。
⑨ 报告测量结果，包括被测量的估计值及其测量不确定度。
通常测量不确定度报告除文字说明外，必要时可将上述主要内容和数据列成表格。

1.7.2 报告方式

测量不确定度报告有两种报告方式：合成标准不确定度报告方式和扩展不确定度报告方式。合成标准不确定度报告方式采用合成标准不确定度 u_c 报告测量结果的不确定度；扩展不确定度报告方式采用扩展不确定度 U 或 U_p 报告测量结果的不确定度。

1.7.2.1 合成标准不确定度报告方式

根据规范《测量不确定度评定与表示》（JJF1059.1—2012），通常在基础计量学研究、基本物理常量测量和复现国际单位制单位的国际比对三种情况下，使用合成标准不确定度报告方式。

1）基本要求
① 明确说明被测量 Y 的定义。
② 给出被测量 Y 的估计值 y、合成标准不确定度 $u_c(y)$ 及其计量单位，必要时给出有效自由度 ν_{eff}。

③ 必要时也可给出相对合成标准不确定度 $u_{crel}(y)$。

2）测量结果的表示

在合成标准不确定度报告中，测量结果可以采用以下三种形式之一来表示。

例如，某标准电阻阻值为 R_s，被测量的估计值为 99.038 51 kΩ，合成标准不确定度 $u_c(R_s)$ 为 0.28 Ω，则该标准电阻的测量结果可表示为：

① R_s = 99.038 51 kΩ，合成标准不确定度 $u_c(R_s)$ = 0.28 Ω。

② R_s = 99.038 51(28) kΩ，括号内的数值是合成标准不确定度的值，其末位与前面结果的末值数对齐。

③ R_s = 99.038 51(0.000 28) kΩ，括号内是合成标准不确定度的值，与前面结果有相同的计量单位。

注意：第②种表达形式常用于公式常数、常量。

1.7.2.2　扩展不确定度报告方式

除了规定或有关各方约定采用合成不确定度报告的情况外，通常在报告测量结果时均采用扩展不确定度报告方式。当涉及工业、商业及健康和安全方面的测量时，如果没有特殊要求，一律采用扩展不确定度 U 报告方式，一般取 k = 2。

1）基本要求

① 明确说明被测量 Y 的定义。

② 给出被测量 Y 的估计值 y 及其扩展不确定度 U 或 U_p，包括计量单位。

③ 必要时也可以给出相对扩展不确定度 U_{rel} 或 U_{prel}。

④ 对于扩展不确定度 U 应给出包含因子 k，对于扩展不确定度 U_p 应给出包含概率 p 和有效自由度 ν_{eff}。

2）测量结果的表示

a. 用扩展不确定度 U 表示

在采用 U 的扩展不确定度报告中，测量结果有四种表示形式。

例如，某标准电阻阻值为 R_s，被测量的估计值为 99.038 51 kΩ，合成标准不确定度 $u_c(R_s)$ 为 0.28 Ω，取包含因子 k = 2，扩展不确定度 U = 2×0.28 = 0.56 Ω，则测量结果可采用以下四种表示形式之一：

① R_s = 99.038 51 kΩ，U = 0.56 Ω，k = 2。

② R_s = (99.038 51 ± 0.000 56) kΩ，k = 2。

③ R_s = 99.038 51(56) kΩ，括号内为 k = 2 的 U 值，其末位与前面结果的末位数对齐。

④ R_s = 99.038 51(0.000 56) kΩ，括号内为 k = 2 的 U 值，与前面结果有相同的计量单位。

b. 用扩展不确定度 U_p 表示

在采用 U_p 的扩展不确定度报告中，测量结果有四种表示方式。

例如，某标准电阻阻值为 R_s，测量结果为 99.038 51 kΩ，$u_c(R_s) = 0.28\ \Omega$，$\nu_{eff} = 9$，$p = 95\%$，按 t 分布考虑，查本章末尾附录的 t 分布临界值表，得 $k_p = t_{95}(9) = 2.26$，$U_{95} = 2.26 \times 0.28 = 0.63\ \Omega$，则测量结果可以采用以下四种表示形式之一：

① $R_s = 99.038\ 51\ k\Omega$，$U_{95} = 0.63\ \Omega$，$\nu_{eff} = 9$。

② $R_s = (99.038\ 51 \pm 0.000\ 63)k\Omega$，$\nu_{eff} = 9$。

③ $R_s = 99.038\ 51(63)\ k\Omega$，$\nu_{eff} = 9$，括号内为 U_{95} 的值，其末位与前面结果的末位数对齐。

④ $R_s = 99.038\ 51(0.000\ 63)k\Omega$，$\nu_{eff} = 9$，括号内为 U_{95} 的值，与前面结果有相同的计量单位。

测量结果也可以采用相对不确定度形式报告，例如：

$$R_s = 99.038\ 51\ k\Omega，\quad U_{95rel} = 6.4\times10^{-6}，\quad \nu_{eff} = 9$$

或

$$R_s = 99.038\ 51(1 \pm 6.4\times10^{-6})\ k\Omega，\quad \nu_{eff} = 9，\quad p = 95\%$$

在后一种表示中，6.4×10^{-6} 为相对扩展不确定度 U_{95rel}。

1.7.3 数据有效位的要求

1.7.3.1 修约原则

根据《数值修约规则与极限数值的表示和判定》(GB/T 8170—2008)，一般采用"四舍六入、逢五取偶"的原则将数据修约到需要的有效数字，即：若以保留数字的末位为单位，它后面的数大于 0.5，末位进一；小于 0.5，末位不变；等于 0.5，则末位变成偶数。

例如，若 $x = 11.501$ Hz，保留两位有效数字，则 $x = 12$ Hz；若 $x = 11.500$ Hz，保留两位有效数字，则 $x = 12$ Hz；若 $x = 14.500$ Hz，保留两位有效数字，则 $x = 14$ Hz。

1.7.3.2 不确定度有效位的要求

最终报告的测量不确定度，一般按"四舍六入、逢五取偶"的原则[1]，修约到一位或两位有效数字，但如果第一位有效数字为 1 或 2 时，一般应给出两位有效数字。例如，某不确定度的数据为 0.130 2，则最终报告的不确定度应为 0.13。

1.7.3.3 被测量估计值有效位的要求

通常，在相同计量单位下，被测量的估计值应按"四舍六入、逢五取偶"的原则修约为与其不确定度的末位相一致。

---

[1] 国家计量规范《测量不确定度评定与表示》(JJF 1059.1—2012)说明，有时也可以将不确定度最末位后面的数都进位而不是舍去。如 $U = 10.47$ mΩ，取两位有效数字，为 $U = 11$ mΩ。

例如，若被测电压估计值 U 为 1 020.063 157 V，其扩展不确定度为 $U_{95} = 32$ mV，则被测电压估计值应修约为 $U = 1\ 020.063$ V。

1.8　测量不确定度评定举例

在对测量不确定度评定的各个步骤分别进行介绍后，下面给出测量不确定度评定的实例，以便大家能更好地掌握不确定度评定的整个过程。

1.8.1　数字多用表交流电流示值误差的测量不确定度评定

1.8.1.1　概　述

1）测量目的

对数字多用表（型号为 8846A）交流电流 100 mA 处的示值误差进行校准，以确定其测量质量的高低。

2）测量方法

采用标准源法校准数字多用表交流电流的示值误差。在参考条件下，将多功能校准器 5720A 与被校数字多用表 8846A 连接，连接图如图 1.9 所示。选择交流电流测量功能，对 100 mA（1 kHz）交流电流的示值误差进行校准。采用这种方法校准数字多用表，多功能校准器 5720A 的输出值为参考量值，被校表 8846A 的显示值为示值，则数字多用表交流电流的示值误差为被校数字多用表 8846A 的示值与多功能校准器 5720A 的输出值之差。

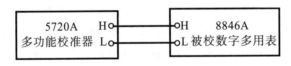

图 1.9　标准源法接线图

3）测量标准

多功能校准器，型号为 5720A，所选交流电流测量量程为 220 mA，频率范围为 40 Hz ~ 1 kHz，最大允许误差为：±（0.012% × 输出 + 2.5 μA）。该校准器检定合格，并在有效期内。

4）测量条件

温度：　　　　（20 ± 5）℃
相对湿度：　　（20 ~ 75）%

1.8.1.2　实测记录

在重复性条件下，连续独立测量 10 次，实测数据如表 1.6 所示。

表 1.6 测量数据记录表

第 k 次	读数 I / mA	第 k 次	读数 I / mA
1	99.987 7	6	99.987 5
2	99.988 4	7	99.987 2
3	99.987 1	8	99.986 9
4	99.986 7	9	99.988 9
5	99.988 1	10	99.987 4
$I_x = \bar{I}$ / mA		99.987 59	

1.8.1.3 测量模型

设多功能校准器的输出值为 I_N，被校数字多用表的示值为 I_x。在参考条件下，对于多功能校准器和被校表，环境温度及湿度、供电电源、电磁辐射变化带来的影响可忽略不计，则被校表电流示值误差的测量模型为

$$\Delta I = I_x - I_N$$

1.8.1.4 示值误差的估计值

由于是在重复性条件下进行的测量，因此被校数字多用表的示值 I_x 的估计值为 10 次测量值的算术平均值，即

$$I_x = \bar{I} = \frac{1}{10}\sum_{k=1}^{10} I_k = 99.987\ 59 \quad (\text{mA})$$

则示值误差的估计值为

$$\Delta I = I_x - I_N = 99.987\ 59 - 100 = -0.012\ 41 \quad (\text{mA})$$

1.8.1.5 测量不确定度来源分析

经分析得知，影响被校表示值 I_x 的不确定度来源主要有以下两个方面：
① 各种随机因素的影响导致被校表读数不重复。
② 被校表的分辨力。
影响多功能校准器输出值 I_N 的不确定度来源主要是多功能校准器输出的不准确。

1.8.1.6 标准不确定度的评定

1）标准不确定度 $u(I_x)$ 的评定

① 读数重复性引入的标准不确定度分量 $u_1(I_x)$ 按 A 类评定。
根据实测数据可得实验标准差

$$s(I_k) = \sqrt{\frac{\sum_{k=1}^{10}(I_k - \bar{I})^2}{10-1}} = 0.000\ 70 \quad （\text{mA}）$$

标准不确定度 $u_1(I_x)$ 为

$$u_1(I_x) = u_1(\bar{I}) = s(\bar{I}) = \frac{s(I_k)}{\sqrt{n}} = \frac{0.000\ 70}{\sqrt{10}} = 0.000\ 22 \quad （\text{mA}）$$

② 被校表的分辨力引入标准不确定度分量 $u_2(I_x)$ 按 B 类评定。

由于被校表在交流电流 100 mA（1 kHz）时的分辨力为 0.1 μA，则区间半宽为 0.05 μA，按均匀分布处理，置信因子取 $k_1 = \sqrt{3}$，被校表的分辨力引入的标准不确定度分量 $u_2(I_x)$ 为

$$u_2(I_x) = \frac{a_1}{k_1} = \frac{0.000\ 05}{\sqrt{3}} = 0.000\ 029 \quad （\text{mA}）$$

③ 由于两个标准不确定度分量 $u_1(I_x)$、$u_2(I_x)$ 互不相关，因此 I_x 的标准不确定度 $u(I_x)$ 为

$$u(I_x) = \sqrt{u_1^2(I_x) + u_2^2(I_x)} = \sqrt{0.000\ 22^2 + 0.000\ 029^2} = 0.000\ 22 \quad （\text{mA}）$$

2）标准不确定度 $u(I_N)$ 的评定

多功能校准器输出不准确引入的标准不确定度 $u(I_N)$ 按 B 类评定。

根据 5720A 多功能校准器给出的性能指标，可确定其最大允许误差的区间半宽 a_2 为

$$a_2 = 0.012\% \times \text{输出} + 0.002\ 5 = 0.012\% \times 100 + 0.002\ 5 = 0.014\ 5 \quad （\text{mA}）$$

按均匀分布处理，则置信因子 $k_2 = \sqrt{3}$，多功能校准器输出不准确引入的标准不确定度 $u(I_N)$ 为

$$u(I_N) = \frac{a_2}{k_2} = \frac{0.014\ 5}{\sqrt{3}} = 0.008\ 4 \quad （\text{mA}）$$

1.8.1.7　标准不确定度一览表

表 1.7　标准不确定度一览表

标准不确定度	不确定度来源	类型	标准不确定度/ mA
$u(I_x)$	—	—	0.000 22
$u_1(I_x)$	读数重复性	A	0.000 22
$u_2(I_x)$	被校表的分辨力	B	0.000 029
$u(I_N)$	多功能校准器输出不准确	B	0.008 4

1.8.1.8　合成标准不确定度的评定

根据测量模型 $\Delta I = I_x - I_N$，I_x 和 I_N 的灵敏系数分别为

$$c_1 = \frac{\partial \Delta I}{\partial I_x} = 1, \qquad c_2 = \frac{\partial \Delta I}{\partial I_N} = -1$$

由于输入量 I_x 和 I_N 互不相关，则示值误差的合成标准不确定度 $u_c(\Delta I)$ 为

$$u_c(\Delta I) = \sqrt{\left[c_1 u(I_x)\right]^2 + \left[c_2 u(I_N)\right]^2} = \sqrt{(0.000\ 22)^2 + (0.008\ 4)^2} = 0.008\ 4\ (\text{mA})$$

1.8.1.9 扩展不确定度的评定

通常情况下，取包含因子 $k = 2$，扩展不确定度为

$$U = k u_c(\Delta I) = 2 \times 0.008\ 4 = 0.017\ (\text{mA})$$

1.8.1.10 测量不确定度报告

用5720A型多功能校准器校准8846A型数字多用表的交流电流100 mA（1 kHz）点，其示值误差的测量结果为

$$\Delta I = (-0.012 \pm 0.017)\ \text{mA} \quad (k = 2)$$

习 题 1

1.1 什么是测量误差？测量误差按其性质和特点分为哪几类？

1.2 什么是测量不确定度？它和测量误差有何区别？

1.3 将最大允许误差为 ± 0.3 mA 的某电流表和标准电流表串联测量电路的电流。已知电流表的示值为 19.82 mA，标准表的读数为 20.06 mA，求该电流表的示值误差。若已知示值误差的扩展不确定度 U_{95} 为 0.05 mA，试判断在此测量中电流表的示值误差是否合格。

1.3 对某电压的测量数据如下：

序 号	1	2	3	4	5	6	7	8	9
电压/mV	10.32	10.28	10.21	10.41	10.25	10.52	10.31	10.32	10.04

试用格拉布斯检验法判别测量数据中是否存在异常值。

1.4 已知某被测量 X 的 10 次等精度测量值如下：52.953，52.959，52.961，52.950，52.955，52.950，52.949，52.954，52.955，52.960。求测量列的平均值、实验标准差以及测量列的 A 类标准不确定度及其自由度。

1.5 对某电阻重复测量 8 次，测得数据分别为：802.40，802.50，802.38，802.48，802.42，802.46，802.45，802.43 Ω。试分别用贝塞尔法和极差法确定电阻最佳估计值的 A 类标准不确定度。

1.6 某校准证书说明，标称值为 10 Ω 的标准电阻器的电阻 R 在 20℃ 时的测量结果为 10.000 742 Ω ± 29 μΩ（$p = 99\%$），求该电阻器的标准不确定度，并说明是属于哪一类评定的不确定度。

1.7 测量某电路的电流 $I = 22.5$ mA，电压 $U = 12.6$ V，I 和 U 的标准不确定度分别为

$u(I) = 0.5$ mA，$u(U) = 0.3$ V，求所耗功率及其合成标准不确定度。（I 和 U 互不相关）

1.8　对某电路电流 I 进行间接测量，测得电路电阻及其两端电压分别为：$R = 4.26\,\Omega$，$s(R) = 0.02\ \Omega$；$U = 16.50\,\text{V}$，$s(U) = 0.05$ V。已知相关系数 $r(U, R) = 1$，试求电流 I 的合成标准不确定度。

1.9　已知某量含 4 个不相关的合成标准不确定度分量，其值与自由度分别如下：$u_1 = 21$，$v_1 = 7$；$u_2 = 12$，$v_2 = 5$；$u_3 = 17$，$v_3 = 3$；$u_4 = 10$，$v_4 = 9$。求合成标准不确定度及有效自由度。

1.10　用数字万用表的 20 kΩ 电阻挡测量电阻 R 10 次，测量数据如下：

次数	1	2	3	4	5	6	7	8	9	10
$R\,/\,\text{k}\Omega$	13.25	13.42	13.67	13.03	13.46	13.84	13.05	13.22	13.48	13.61

已知该数字万用表 20 kΩ 电阻挡的最大允许误差为 $\pm(0.1\% \times$ 读数 $+ 0.1\% \times$ 量程$)$，求电阻 R 的测量估计值及其扩展不确定度。

1.11　已知 $y = x_1 / \sqrt{x_2 x_3^3}$，$x_1$、$x_2$、$x_3$ 的相对标准不确定度分别为：$u_{\text{rel}}(x_1) = 2.0\%$，$v(x_1) = 8$；$u_{\text{rel}}(x_2) = 1.5\%$，$v(x_2) = 6$；$u_{\text{rel}}(x_3) = 1.0\%$，$v(x_3) = 10$。输入量 x_1、x_2、x_3 之间互不相关，试计算 y 的相对扩展不确定度。

1.12　已知 $y = x_1^2 x_2 + 10 x_1 x_3$，$x_1$、$x_2$、$x_3$ 的测量数据如下：

x_1	2.1	2.3	2.5	2.6	2.7	2.9	3.0
x_2	4.8	4.8	4.9	5.1	5.3	5.2	5.4
x_3	4.9	5.0	5.1	5.1	5.1	5.2	5.3

相关系数 $r(x_1, x_2) = r(x_1, x_3) = r(x_2, x_3) = 1$，试写出 y 的测量结果。（$k = 2$）

1.13　请判断下述测量结果的表达是否正确，若不正确，请修改在右侧的括号内。

① 3.427 ± 0.193　　　　　　　　　　　　　　　　（　　　　　　　）

② 746 ± 2.45　　　　　　　　　　　　　　　　　（　　　　　　　）

③ $0.002\,654 \pm 0.013\,5$　　　　　　　　　　　　（　　　　　　　）

④ $6\,523.587 \pm 0.\,20501$　　　　　　　　　　　（　　　　　　　）

⑤ $821.53 \pm 4.6 \times 10^{-2}$　　　　　　　　　　（　　　　　　　）

注：⑤中的 4.6×10^{-2} 为相对扩展不确定度。

1.14　试利用 Excel 设计出 1.8.1 节里的数字多用表交流电流示值误差测量不确定度评定的电子表格。要求：

① 表格能显示出不确定度来源，各标准不确定度分量的评定类型及大小。

② 表格能自动计算出合成标准不确定度及扩展不确定度。

附

t 分布在不同置信概率 p 与自由度 ν 时的 $t_p(\nu)$ 值

自由度 ν	p / %					
	68.27	90	95	95.45	99	99.73
1	1.84	6.31	12.71	13.97	63.66	235.80
2	1.32	2.92	4.30	4.53	9.92	19.21
3	1.20	2.35	3.18	3.31	5.84	9.22
4	1.14	2.13	2.78	2.87	4.60	6.62
5	1.11	2.02	2.57	2.65	4.03	5.51
6	1.09	1.94	2.45	2.52	3.71	4.90
7	1.08	1.89	2.36	2.43	3.50	4.53
8	1.07	1.86	2.31	2.37	3.36	4.28
9	1.06	1.83	2.26	2.32	3.25	4.09
10	1.05	1.81	2.23	2.28	3.17	3.96
11	1.05	1.80	2.20	2.25	3.11	3.85
12	1.04	1.78	2.18	2.23	3.05	3.76
13	1.04	1.77	2.16	2.21	3.01	3.69
14	1.04	1.76	2.14	2.20	2.98	3.64
15	1.03	1.5	2.13	2.18	2.95	3.59
16	1.03	1.75	2.12	2.17	2.92	3.54
17	1.03	1.74	2.11	2.16	2.90	3.51
18	1.03	1.73	2.10	2.15	2.88	3.48
19	1.03	1.73	2.09	2.14	2.86	3.54
20	1.03	1.72	2.09	2.13	2.85	3.42
25	1.02	1.71	2.06	2.11	2.79	3.33
30	1.02	1.70	2.04	2.09	2.75	3.27
35	1.01	1.70	2.03	2.07	2.72	3.23
40	1.01	1.68	2.02	2.06	2.70	3.20
45	1.01	1.68	2.01	2.06	2.69	3.18
50	1.01	1.68	2.01	2.05	2.68	3.16
100	1.005	1.660	1.984	2.025	2.626	3.077
∞	1.000	1.645	1.960	2.000	2.576	3.000

2　电压测量技术

本章课件

2.1　概　述

电压测量是电子测量的一个重要内容。在三个表征电信号能量的基本参数（电压、电流和功率）中，电压的测量是最直接也是最普遍的。在实际工作中，许多电子设备的控制信号、反馈信号以及输出信号主要是以电压量表示的。在非电量测量中，通常也利用各种传感器将非电量转换成电压量来进行测量。可以说，电压测量是电子测量的基础。

2.1.1　对电压测量仪器的基本要求

对电压进行测量，当然希望能得到准确度较高的测量结果。在实际工作中，电压的大小、频率各不相同，为了保证测量的准确性，对电压测量仪器有一定的要求，主要包括以下几个方面：

① 测量范围宽。在实际测量中，被测电压的大小低至几个纳伏（10^{-9} V），高达几百千伏，要对电压进行测量，自然要求仪表有较宽的测量范围。例如，美国是德（KEYSIGHT）公司（原安捷伦公司）的 3458A 型数字多用表的直流电压挡能测量 100 mV~1000 V 的电压，交流电压挡能测量 10 mV~1000 V 的电压。

② 频率范围广。可以对直流、超低频、低频、高频和超高频（10^9 Hz）电压进行测量。对于不同频段电压的测量，可采用不同的测量方法以确保测量的准确性。

③ 测量精度高。测量仪表在对电压进行测量时，应保证其引入的测量不确定度较小。1990 年 1 月 1 日，国际上统一采用约瑟夫森量子电压基准，实现了从实物基准到量子化的自然基准的过渡，不确定度可达到 10^{-10} 数量级。由于在直流测量中，各种分布性参量对测量的影响较小，因此和交流电压测量相比，直流电压的测量具有更高的精度。例如，美国福禄克（FLUKE）公司的 8588A 型数字多用表在测直流电压时，1 年期准确度达到 0.00027%（95% 置信区间），测交流电压时，1 年期准确度达到 0.006%（95% 置信区间）。

④ 输入阻抗高。在进行电压测量时，测量仪器的输入阻抗相当于被测电路的外加负载，因此，为了尽量减小仪器输入阻抗对被测电路的影响，要求测量仪器具有较高的输入阻抗。数字式直流电压表的输入阻抗一般可达到 10 MΩ，在低量程时，甚至可达到 1 000 GΩ；数字式交流电压表的输入阻抗一般为 1 MΩ // 15 pF。

⑤ 抗干扰能力强。电压测量易受到外界干扰的影响，特别是当电压信号较小时，干扰往往成为影响测量精度的主要因素。因此要求高灵敏度的电压表必须具有较强的抗干扰能力，测量时也要注意采取相应的措施（如接地、屏蔽等）来减少干扰的影响。

⑥ 准确测量各种信号波形。实际工作中的电压信号通常具有各种不同的波形，除正弦波外，还包括大量非正弦波，如方波、锯齿波等。测量时，应考虑采用适当的仪器及测量方法来确保对不同的信号波形进行准确测量。

2.1.2　常用的电压测量仪器

电压测量仪器主要是指各类电压表。常用的电压表按测量技术可分为模拟式电压表和数字式电压表两大类。

2.1.2.1　模拟式电压表

模拟式电压表又称为指针式电压表，通过指针偏转的角度大小来显示被测电压的大小。模拟式电压表主要包含两类：磁电式电压表和模拟电子电压表。这两类模拟式电压表均采用磁电式表头作为指示器，但模拟电子电压表内部含有由有源器件构成的放大检波电路，用于将被测交流电压变换成直流电压，并且能放大微弱的电压信号，提高灵敏度。

磁电式电压表灵敏度高，结构简单，测量方便，而且能根据指针的指示估计被测电压的变化范围和变化趋势，缺点是输入阻抗低，测量精度不高。

模拟电子电压表具有输入阻抗高、灵敏度高及测量频率范围宽的特点，能对高频的微弱电压进行测量。它通常具有电压标尺和分贝标尺，能测量电压和电平，一般具有 1 ~ 2 个通道。图 2.1 所示为双通道的模拟电子电压表。

图 2.1　双通道的模拟
电子电压表

2.1.2.2　数字式电压表

数字式电压表是采用数字化测量技术，将模拟的被测电压通过模/数转换器变换成离散的数字量，并采用十进制数字显示的仪表。和模拟式电压表相比，数字式电压表具有测量精度高、速度快、读数准确、输入阻抗高、抗干扰能力强以及能自动测量等特点，并且其数字输出还可以送入计算机中进行数据分析和处理。目前，数字式电压表广泛用于电压的测量和校准，在电压测量中占有重要地位。

数字式电压表最常见的是直流数字式电压表，其核心部分是 A/D 转换器。直流数字式电压表是数字多用表的重要组成部分，配合 AC/DC 变换器、I/U 变换器、R/U 变换器即可实现交流电压、直流电流及电阻的测量。

2.1.3　交流电压的表征

交流电压除了用具体的函数关系表示其大小随时间变化的规律外，通常还可以用平均值、有效值、峰值等参数来表征。

2.1.3.1　平均值 $\bar{U}$

平均值是指周期信号的直流分量，其数学表达式定义为

$$\bar{U} = \frac{1}{T}\int_0^T u(t)\mathrm{d}t \tag{2.1}$$

根据该定义，不含直流分量的交流电压，其平均值 $\bar{U}$ 应等于零。因此该定义不能反映交流电压的大小，所以在电子测量中，交流电压的平均值是指交流电压经检波后的平均值。若不特别说明，通常指全波平均值，即

$$\bar{U} = \frac{1}{T}\int_0^T |u(t)|\mathrm{d}t \tag{2.2}$$

图 2.2 所示为一正弦波电压信号 $u(t)$ 及其全波平均值，其中图（a）为正弦波电压信号 $u(t)$，图（b）为全波检波后的电压信号 $u'(t)$ 及正弦波电压信号的全波平均值 $\bar{U}$ 。

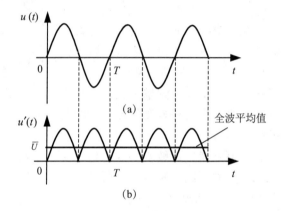

图 2.2　周期电压信号及其全波平均值

2.1.3.2　有效值 U

有效值又称为均方根值。在一个周期内，若交流电压通过某纯电阻负载产生的热量等于一个直流电压在同一个负载上产生的热量时，则该直流电压的数值就是交流电压的有效值，其数学表达式定义为

$$U = \sqrt{\frac{1}{T}\int_0^T u^2(t)\mathrm{d}t} \tag{2.3}$$

有效值能直接反映交流信号能量的大小。若无特别说明，交流电压值均指有效值。

2.1.3.3　峰值 U_P

峰值 U_P 是指交流电压在一个周期内偏离零电平的最大值。若正、负峰值不等，则分别用 U_{P+} 和 U_{P-} 来表示，如图 2.3 所示。

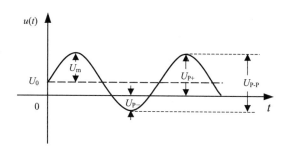

图 2.3　交流电压的峰值、峰-峰值与幅值

交流电压有时也用峰-峰值 $U_{\text{P-P}}$ 或幅值来 U_{m} 表示。

峰-峰值 $U_{\text{P-P}}$ 是指一个周期内信号最大值和最小值之间的差值，即正、负峰值点之间的距离，见图 2.3。

幅值 U_{m} 是指交流电压在一个周期内偏离直流分量 U_0 的最大值，见图 2.3。若正、负幅值不等，则分别用 $U_{\text{m+}}$ 和 $U_{\text{m-}}$ 来表示。

2.1.4　交流电压各表征量之间的关系

交流电压的表征量虽然有多种，但由于它们都是对同一被测量的表征，因此相互之间具有一定的关系。

2.1.4.1　有效值和平均值的关系

交流电压有效值和平均值的关系用波形因数 K_{F} 来反映。

波形因数 K_{F} 定义为交流电压的有效值 U 与平均值 $\bar{U}$ 之比，即

$$K_{\text{F}} = \frac{U}{\bar{U}} \qquad (2.4)$$

信号的波形不同，相应的波形因数 K_{F} 也不同，如正弦波的波形因数为 1.11，而方波的波形因数为 1。几种常见的交流电压波形的波形因数 K_{F} 列于表 2.1 中。

2.1.4.2　有效值和峰值的关系

交流电压的有效值和峰值的关系用波峰因数 K_{P} 来反映。

波峰因数 K_{P} 定义为交流电压的峰值 U_{P} 与有效值 U 之比，即

$$K_{\text{P}} = \frac{U_{\text{P}}}{U} \qquad (2.5)$$

信号的波形不同，相应的波峰因数 K_{P} 也不同，如正弦波的波峰因数为 $\sqrt{2}$；三角波的波峰因数为 $\sqrt{3}$。几种常见的交流电压波形的波峰因数 K_{P} 列于表 2.1 中。

从表 2.1 中可以看出，利用波形因数 K_{F} 和波峰因数 K_{P}，交流电压的峰值、有效值和平均值可以相互进行转换。

表 2.1　几种常见的交流电压波形的波形参数

序号	名称	波形	K_F	K_P	峰值 / V	有效值 / V	平均值 / V
1	正弦波		1.11	$\sqrt{2}$	U_P	$U_P / \sqrt{2}$	$2U_P / \pi$
2	正弦波 （半波整流）		1.57	2	U_P	$U_P / 2$	U_P / π
3	正弦波 （全波整流）		1.11	$\sqrt{2}$	U_P	$U_P / \sqrt{2}$	$2U_P / \pi$
4	三角波		1.15	$\sqrt{3}$	U_P	$U_P / \sqrt{3}$	$U_P / 2$
5	锯齿波		1.15	$\sqrt{3}$	U_P	$U_P / \sqrt{3}$	$U_P / 2$
6	方波		1	1	U_P	U_P	U_P
7	脉冲波		$\sqrt{T/\tau}$	$\sqrt{T/\tau}$	U_P	$\sqrt{\tau/T}\,U_P$	$\tau U_P / T$
8	梯形波		$\dfrac{\sqrt{1-4\phi/3\pi}}{1-\phi/\pi}$	$\dfrac{1}{\sqrt{1-4\phi/3\pi}}$	U_P	$\sqrt{1-4\phi/3\pi}\,U_P$	$(1-\phi/\pi)U_P$
9	白噪声		1.25	3	U_P	$U_P / 3$	$U_P / 3.75$

2.2　磁电式电压表

2.2.1　磁电式直流电压表

磁电式直流电压表测量电压的原理是：先将被测直流电压量变换成直流电流量，再利用测量机构（磁电式表头）来进行测量，并利用表头指针显示电压测量值。

2.2.1.1 磁电式表头

1）结构

磁电式表头（外磁式）由固定部分和活动部分构成，如图 2.4 所示。固定部分由永久磁铁、极靴和铁心构成，形成固定磁路；活动部分由带铝框架的线圈、固定在转轴上的指针以及游丝等构成，活动部分在磁场力产生的转动力矩作用下转动并显示测量值。

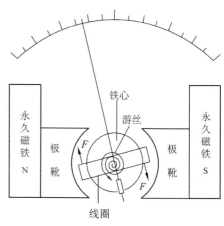

2）工作原理

当有直流电流流过线圈时，线圈就会产生磁场，与永久磁铁磁场作用产生转动力矩，这个转动力矩使线圈转动，并稳定在与反作用力矩（游丝变形产生）相平衡的位置上，此时指针的偏转角 α 与通过线圈的直流电流 I 的大小成正比，相应的数学表达式为

图 2.4   磁电式表头的结构

$$\alpha = \frac{\psi_0}{N} I = S_I I \tag{2.6}$$

式中，ψ_0 为线圈转动单位角度时穿过它的磁链；N 为游丝的反作用力矩系数；S_I 是 ψ_0 与 N 的比值，称为表头灵敏度，是由内部结构决定的常数。

此外，线圈的铝框架在磁场中运动会产生阻尼力矩，该力矩的大小与线圈转动速度成正比，方向与转动力矩相反，能保证指针较快地稳定在平衡位置。

2.2.1.2 单量程电压表

1）结构及工作原理

单量程磁电式电压表由磁电式表头串联分压电阻 R_V 构成，如图 2.5 所示。图中 U 为被测电压，I'_g 为通过表头的电流，U'_g 为表头两端的电压，R_g 为表头的内阻。

根据图 2.5 可得

$$I'_g = \frac{U'_g}{R_g} = \frac{U}{R_g + R_V} \tag{2.7}$$

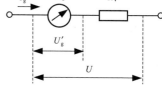

图 2.5   单量程电压表的结构

则表头指针的偏转角为

$$\alpha = S_I I'_g = \frac{S_I}{R_g} U'_g = \frac{S_I}{R_g + R_V} U \tag{2.8}$$

式（2.8）说明了电压表测量电压的原理，当 R_g 和 R_V 一定时，电压表指针的偏转与被测电压成正比，因此指针的指示值能反映被测电压的大小。

当被测电压 U 达到电压表的量程 U_m 时，通过表头的电流 I'_g 为满偏电流 I_g，而表头两端的电压 U'_g 即为满偏电压 U_g，此时有

$$U_{\mathrm{g}} = \frac{R_{\mathrm{g}}}{R_{\mathrm{g}} + R_{\mathrm{V}}} U_{\mathrm{m}} \qquad (2.9)$$

则电压量程的扩大倍数 m 为

$$m = \frac{U_{\mathrm{m}}}{U_{\mathrm{g}}} = \frac{R_{\mathrm{g}} + R_{\mathrm{V}}}{R_{\mathrm{g}}} \qquad (2.10)$$

根据式（2.10），可得分压电阻为

$$R_{\mathrm{V}} = (m-1) R_{\mathrm{g}} \qquad (2.11)$$

从式（2.11）可以看出，量程越大的电压表，其分压电阻也越大，因此可通过增大分压电阻的阻值来扩大电压表的量程。

2）电压灵敏度

电压表的电压灵敏度通常定义为电压表的内阻与量程之比，单位为"Ω / V"，即

$$S_{\mathrm{U}} = \frac{R_{\mathrm{g}} + R_{\mathrm{V}}}{U_{\mathrm{m}}} = \frac{1}{I_{\mathrm{g}}} \qquad (2.12)$$

式中，R_{g} 与 R_{V} 的和为电压表的内阻，U_{m} 为电压表的量程，I_{g} 为表头的满偏电流。式（2.12）表明，电压灵敏度越大，使指针偏转相同角度所需的电流越小。

对于磁电式电压表，通常在其表盘上标有电压灵敏度。利用电压灵敏度可确定电压表的内阻。例如，某电压表的表盘上标有 $50\,\mathrm{k\Omega / V}$，其量程为 $10\,\mathrm{V}$，则可确定其内阻为 $500\,\mathrm{k\Omega}$。

3）刻度

由于电压表指针的偏转与被测直流电压成正比关系，因此电压表的标尺刻度是均匀的。

2.2.1.3　多量程电压表

多量程直流电压表采用多个分压电阻和表头串联构成。图 2.6 所示为三量程的直流电压表的电路结构，图中 R_{V1}、R_{V2} 和 R_{V3} 分别为不同量程的分压电阻。

根据图 2.6，要得到图中所示的三个量程，各分压电阻可由下式计算

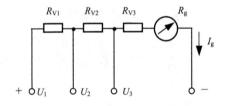

图 2.6　三量程电压表的电路结构

$$R_{\mathrm{V1}} = \frac{U_1 - U_2}{I_{\mathrm{g}}} \qquad (2.13)$$

$$R_{\mathrm{V2}} = \frac{U_2 - U_3}{I_{\mathrm{g}}} \qquad (2.14)$$

$$R_{\mathrm{V3}} = \frac{U_3}{I_{\mathrm{g}}} - R_{\mathrm{g}} \qquad (2.15)$$

2.2.2 磁电式交流电压表

磁电式交流电压表由磁电式表头和整流电路构成。整流电路将被测的交流电压转变为直流信号或脉动直流信号，再由磁电式表头进行测量。

磁电式交流电压表常采用两种整流电路：半波整流电路和全波整流电路，如图 2.7 所示。

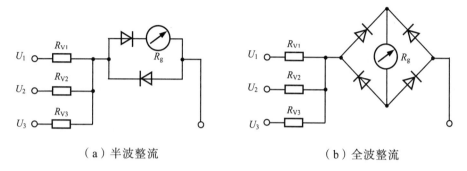

（a）半波整流　　　　　　　　（b）全波整流

图 2.7　模拟交流电压表的电路结构

2.3　模拟电子电压表

模拟电子电压表具有较高的输入阻抗和灵敏度，可用于高频电压信号及微弱电压信号的测量。

2.3.1　模拟电子电压表的结构

模拟电子电压表通常由分压器、检波器、放大器、磁电式表头和整机电源五部分组成。对于斩波式电子电压表，还有调制器和解调器。

模拟电子电压表按其电路结构不同，主要可分为三种，即放大-检波式电子电压表、检波-放大式电子电压表和外差式电子电压表。

2.3.1.1　放大-检波式电子电压表

放大-检波式电子电压表的原理框图如图 2.8 所示。

图 2.8　放大-检波式电子电压表的原理框图

放大-检波式电子电压表是一种交流的高灵敏度电压表，其原理是：将输入信号先进行交流放大，然后由检波器对放大信号进行检波，再由磁电式表头进行测量。其中阻抗变换电路用于提高电压表的输入阻抗；分压器用于将被测高电压降为低电压来进行测量，通常做成多挡步进式，以适应不同的被测电压；宽带放大器用于将微弱的被测电压放大到较大的数值，经检波器检波后能在电表上有一个明显的指示。由于宽带放大器存在一定的频带宽度，会对被测信号的频率范围进行限制，因此放大-检波式电子电压表通常用于低频电压（2 Hz ~ 10 MHz）的测量，并且测量的最小幅值一般为几百微伏或几毫伏，所以这种电压表也称为低频毫伏表。例如，日本德士（TEXIO）公司的 VT-181 型电子电压表就是这种电压表，其基本技术特性如下所示：

测量范围　　　　1 mV ~ 300 V（分 12 挡量程）
精度　　　　　　± 3%
频率响应　　　　5 Hz ~ 1 MHz
输入阻抗　　　　10 mΩ // 40 pF
电平指示　　　　– 80 dB ~ + 50 dB（0 dB = 1 V）
　　　　　　　　– 80 dBm ~ + 52 dBm（0 dBm = 1 mW，600 Ω）

2.3.1.2　检波–放大式电子电压表

检波-放大式电子电压表的原理框图如图 2.9 所示。

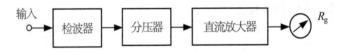

图 2.9　检波–放大式电子电压表的原理框图

检波-放大式电子电压表是一种整流型电压表，它的原理是：先将输入交流电压进行检波，变成直流信号，然后将检波后的直流信号通过直流放大器进行放大，再由磁电式表头进行测量。

在这种电子电压表中，由于直流放大器不可避免地存在零点漂移，会影响灵敏度的提高。为克服这一缺陷，在灵敏度极高、频率范围很宽的电子电压表中采用了斩波式放大器来进行直流放大。该类放大器先将直流信号变换成交流信号，经交流放大器放大后，再还原为直流信号。这种放大器具有放大倍数很高但零点漂移却极小的特点，其工作原理如图 2.10 所示。

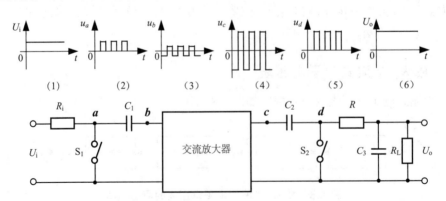

图 2.10　斩波式放大器的工作原理示意图

在图 2.10 所示的斩波式放大器中，开关 S₁ 作为斩波器（调制器），将输入的直流电压

U_i 变换为交流电压 u_a。当开关 S_1 闭合时，a 点的电位为零；当开关 S_1 断开时，a 点的电位接近输入信号 U_i 的幅值。如果开关 S_1 不停地断开和闭合，则在 a 点会产生如图 2.10（2）所示的矩形脉冲波 u_a。隔直电容 C_1 将交流电压 u_a 中的直流分量隔除后，在交流放大器的输入端 b 便得到如图 2.10（3）所示的双向脉冲波 u_b，该脉冲波经交流放大器放大后，在交流放大器的输出端 c 产生一幅值放大的双向脉冲波 u_c［见图 2.10（4）］。隔直电容 C_2 用于消除 u_c 中由于零点漂移产生的直流成分。开关 S_2 作为解调器，将双向脉冲波 u_c 变换为单向脉冲波 u_d。由于在斩波式放大器中，开关 S_1 和 S_2 是连动的，当开关 S_2 闭合时，S_1 也闭合，d 点的电位为零；而当开关 S_2 断开时，S_1 也断开，d 点的电位等于放大器输出信号 u_c 的幅值。这样，开关 S_1 和 S_2 不断打开、闭合，在 d 点就得到如图 2.10（5）所示的正向脉冲波 u_d，该正向脉冲波经过由 R 和 C_3 构成的时间常数很大的平滑滤波器，最后在输出端得到比输入信号大很多的直流电压 U_o［见图 2.10（6）］。

由于检波-放大式电子电压表的带宽主要取决于检波器，上限频率较高，并且测量的最小量程一般为毫伏级，所以也称它为超高频毫伏表。例如，国产 HFJ-8D 型超高频毫伏表就是此类电压表，其基本技术参数如下所示：

测量范围	0.8 mV ~ 10 V（分 8 挡量程）
精度	± 3%
频率响应	1 kHz ~ 1 GHz
输入阻抗	15 kΩ / 2 pF
电平指示	− 48 dBm ~ + 33 dBm（0 dBm = 50 Ω，1 mW）

2.3.1.3　外差式电子电压表

外差式电子电压表通常用于测量频率范围宽、频率高而幅值较小的电压信号，其原理框图如图 2.11 所示。

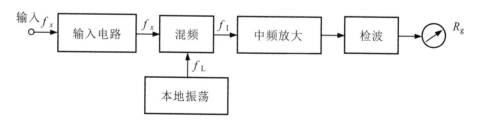

图 2.11　外差式电子电压表的原理框图

频率为 f_x 的被测信号通过输入电路衰减或放大后，与本地振荡器产生的振荡信号（频率为 f_L）在混频器中进行混频，输出频率固定的中频信号。通过改变连续可调的本地振荡器频率可以保证本振信号与被测信号频率之差等于固定的中频频率 f_I。中频信号送入中频放大器进行放大，并通过检波器检波变成直流信号，送入磁电式表头进行测量。由于中频放大器具有极窄的带通滤波特性，频率选择性良好，因此放大时不受增益带宽积的影响，可进行高增益放大。此外，还能对中频附近以外的频率起滤波作用，有效地削弱干扰和噪声，提高测量灵敏度，所以也称为"高频微伏表"。

2.3.2   模拟电子电压表的检波器

对于模拟电子电压表来说，检波器是一个重要的组成部分，其作用是将被测的交流信号转换为直流信号。常用的检波器主要有三种：均值检波器、有效值检波器和峰值检波器。

2.3.2.1   均值检波器

均值检波器常用于放大-检波式电子电压表中，对放大后的交流电压进行检波，使检波后的直流电流正比于输入交流电压的平均值。

实现均值检波的基本电路如图 2.12 所示，图中并联在表头两端的电容用于平滑检波后的脉动电流，防止表头指针抖动，并避免脉动电流在表头内阻上的热损耗。

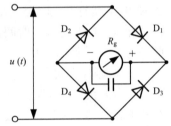

图 2.12   均值检波电路

放大后的交流电压 $u(t)$ 加到检波电路的输入端，在电压信号的正半周，二极管 D_1 和 D_4 导通，D_2 和 D_3 截止（二极管的反向电阻很大，反向电流可忽略），正半周通过表头的平均电流为

$$\bar{I}_{正} = \frac{1}{T}\int_0^{\frac{T}{2}} \frac{|u(t)|}{2R_d + R_g}\,dt = \frac{\bar{U}}{4R_d + 2R_g} \qquad (2.16)$$

式中，R_d 为二极管的正向电阻，R_g 为磁电式表头的内阻。

在电压信号的负半周，二极管 D_2 和 D_3 导通，D_1 和 D_4 截止（忽略反向电流），负半周通过表头的平均电流为

$$\bar{I}_{负} = \frac{1}{T}\int_0^{\frac{T}{2}} \frac{|u(t)|}{2R_d + R_g}\,dt = \frac{\bar{U}}{4R_d + 2R_g} \qquad (2.17)$$

则一个周期通过表头的平均电流为

$$\bar{I} = \bar{I}_{正} + \bar{I}_{负} = \frac{\bar{U}}{2R_d + R_g} \qquad (2.18)$$

由式（2.18）可知，采用均值检波器进行检波，通过表头的平均电流与输入电压的平均值成正比。而由于磁电式表头指针的偏转与平均电流是成正比的，因此表头指针的偏转大小能反映输入电压平均值的大小，它与输入电压的平均值成正比关系。

均值检波器的输入阻抗不高，因此采用均值检波器的电子电压表一般都是放大-检波式，即在电路中有阻抗变换部分，用于提高电压表的输入阻抗。

2.3.2.2   有效值检波器

有效值检波器根据获取有效值的方法不同，可分为分段逼近式检波器、热电偶检波器和电子真有效值检波器。

1）分段逼近式检波器

分段逼近式检波器采用二极管链式电路，通过适当选择直流电源和分压电阻值，使二极

管轮流导通，用分段的折线来逼近平方律的伏安特性。

2）热电偶检波器

热电偶检波器是根据热电变换的原理来实现交流电压有效值到直流电流之间的转换，其完成热偶转换的基本原理如图 2.13 所示。

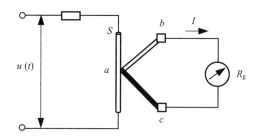

图 2.13　热电偶检波器的原理示意图

当加入交流电压 $u(t)$ 时，加热丝 S 发热，热电偶两端由于存在温差而产生热电势，热电势与被测电压有效值的平方成正比。由于热电势的作用，在热电偶电路中将产生一个正比于热电势的直流电流使磁电式表头偏转。这样，利用热电偶实现了交流电压有效值到直流电压之间的转换，使指针通过偏转来反映交流电压有效值的大小。

但由于表头指针的偏转是与交流电压有效值的平方成正比的，因此这种交、直流变换是非线性的。对于采用热电偶检波器的有效值电压表，在实际应用中采用了一些特殊电路来保证表头指针的偏转与有效值大小成正比。

3）电子真有效值检波器

电子真有效值检波器是电子电压表中应用最为广泛的一种检波器。它利用模拟计算电路来实现电压有效值的测量，其原理示意图如图 2.14 所示。

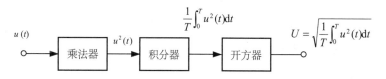

图 2.14　电子真有效值检波器的原理示意图

输入交流电压 $u(t)$ 经集成乘法器变换为 $u^2(t)$，再经积分器实现积分平均的功能，即 $U' = \dfrac{1}{T} \displaystyle\int_0^T u^2(t)\,\mathrm{d}t$，最后利用开方器实现开方运算得到交流电压的有效值，即 $U = \sqrt{\dfrac{1}{T} \displaystyle\int_0^T u^2(t)\,\mathrm{d}t}$。

电子真有效值检波器已有单片式的产品，比较典型的是美国模拟器件公司(ADI)的 AD637 和 AD736。

电子真有效值检波器的输入阻抗也不高，因此采用电子真有效值检波器的电子电压表通常也是放大-检波式。

2.3.2.3　峰值检波器

峰值检波器利用峰值检波电路对交流电压进行检波，检波后的直流电压与输入交流电压的峰值成正比。

实现峰值检波的基本电路如图 2.15 所示。经峰值检波后的波形图如图 2.16 所示。

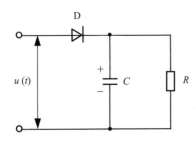

图 2.15　串联式峰值检波电路

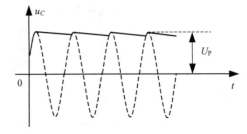

图 2.16　峰值检波后的波形图

要使峰值检波器实现峰值检波，使检波后的直流电压与交流电压的峰值成正比，必须做到充电快而放电慢，即应满足

$$R_d C \leqslant T \leqslant RC \tag{2.19}$$

式中，T 为输入交流电压的周期，$R_d C$ 为充电时间常数，RC 为放电时间常数，R_d 为二极管 D 的正向电阻。

当交流电压 $u(t)$ 为正半周时，二极管 D 导通，交流电压通过二极管对电容 C 充电，由于充电时间常数 $R_d C$ 小，电容电压 u_C 迅速上升，达到电压 $u(t)$ 的峰值 U_P（见图 2.16）；当交流电压 $u(t)$ 为负半周时，二极管 D 截止，电容电压 u_C 通过电阻 R 进行放电，由于放电时间常数 RC 很大，因此放电很慢，电容电压 u_C 下降很小（见图 2.16），可认为其基本维持在输入交流电压的峰值 U_P 处，即

$$U_R = \bar{U}_C \approx U_P \tag{2.20}$$

峰值检波器放电时间常数 RC 很大，因此其输入阻抗很高，可直接作为电压表的输入级，所以采用峰值检波器的电子电压表一般为检波-放大式。

2.3.3　三种不同检波方式的电子电压表

电子电压表根据所使用的检波器不同，可分为均值电压表、有效值电压表和峰值电压表。

2.3.3.1　均值电压表

均值电压表采用均值检波器进行检波，表头指针的偏转大小与交流电压的平均值成正比，但其标尺是按照正弦波有效值进行刻度的。当用均值电压表测量正弦波电压信号时，指针指示的读数为该正弦信号的有效值；而当测量的是非正弦波电压信号时，读数本身无直接的物理意义，但可利用如下变换获取被测非正弦波电压信号的平均值

$$\bar{U}_x = \frac{A}{K_{F\sim}} \approx 0.9A \qquad (2.21)$$

式中，A 为均值电压表指针指示的读数，$K_{F\sim}$ 为正弦波的波形因数。

要注意的是，均值电压表在测量非正弦波电压信号时，若直接将指针指示的读数作为信号的有效值，则会由于波形不是正弦波而产生测量不确定度；此外，在测量低频电压信号时，表头指针的抖动也会产生测量不确定度；在测量高频电压信号时，二极管的结电容以及电路的分布参数会产生测量不确定度；在测量微弱电压信号时，检波器的固有噪声也会产生测量不确定度。

2.3.3.2 有效值电压表

有效值电压表采用有效值检波器进行检波，表头指针的偏转大小反映交流电压的有效值大小。利用有效值电压表测量交流电压，不管是正弦波电压信号还是非正弦波电压信号，表头指针指示的读数就是信号的有效值。

2.3.3.3 峰值电压表

峰值电压表采用峰值检波器进行检波，虽然其表头指针偏转的大小与交流电压的峰值成正比，但也是按正弦波有效值进行刻度的。当用峰值电压表测量正弦波电压信号时，读数为该正弦信号的有效值；而当测量非正弦波电压信号时，读数本身同样无直接的物理意义，但可利用如下变换求得非正弦波电压信号的峰值

$$U_P = K_{P\sim}A = \sqrt{2}A \qquad (2.22)$$

式中，$K_{P\sim}$ 为正弦波的波峰因数。

要注意的是，峰值电压表在测量非正弦波电压信号时，若直接将表头读数作为信号的有效值，则同样会由于波形不是正弦波而产生测量不确定度。和均值电压表比较，峰值电压表由于波形原因产生的测量不确定度更大。此外，峰值电压表在测量低频电压信号时，由于放电时间常数 $RC \gg T$ 的条件难以满足而造成测量不确定度；在测量高频电压信号时，电路中分布参数的影响会产生测量不确定度；峰值检波器的非线性也会导致测量不确定度。

利用这三种不同检波方式的电压表对交流电压信号进行测量，只要测得信号的有效值、平均值、峰值三者之一，就可通过信号的波形因数 K_F 和波峰因数 K_P 计算出信号的其余电压表征量。

例 2.1 用均值电压表测方波电压，表头读数为 20 V，试求被测电压的平均值、有效值和峰值。

解 利用均值电压表测量方波电压，根据表头读数可得方波的平均值为

$$\bar{U}_\diamond \approx 0.9A = 0.9 \times 20 = 18 \quad (V)$$

利用方波的波形因数（$K_{F\diamond} = 1$），可得方波的有效值为

$$U_\diamond = K_{F\diamond}\bar{U}_\diamond = 1 \times 18 = 18 \quad (V)$$

利用方波的波峰因数（$K_{P\diamond}=1$），可得方波的峰值为

$$U_{P\diamond}=K_{P\diamond}U_\diamond=1\times18=18\quad（\text{V}）$$

例 2.2　用峰值电压表测三角波电压，表头读数为 100 V，试求被测电压的峰值、有效值和平均值。

解　利用峰值电压表测量三角波电压，根据表头读数可得三角波的峰值为

$$U_{P\triangle}=\sqrt{2}A=\sqrt{2}\times100=141.4\quad（\text{V}）$$

利用三角波的波峰因数（$K_{P\triangle}=\sqrt{3}$），可得三角波的有效值为

$$U_\triangle=U_{P\triangle}/K_{P\triangle}=141.4/\sqrt{3}=81.6\quad（\text{V}）$$

利用三角波的波形因数（$K_{F\triangle}=1.15$），可得三角波的平均值为

$$\overline{U}_\triangle=U_\triangle/K_{F\triangle}=81.6/1.15=71.0\quad（\text{V}）$$

2.4　数字式电压表

数字式电压表（简称 DVM）用于电压的数字测量，是数字化仪表的基础与核心。由于其精度高、可靠性好以及显示清晰、直观，在实际测量中已逐渐取代了模拟式电压表，成为电子测量领域中应用最广泛的一种仪表。智能化的数字式电压表以微处理器为核心，通常采用 GP-IB 或 RS-232 标准接口，能与计算机交换信息，是自动化测量系统的一个重要组成部分。

2.4.1　数字式电压表的主要技术指标

数字式电压表（也称为数字电压表）的主要技术指标有以下几项。

2.4.1.1　精　度

数字式电压表的精度用其最大允许误差来表示，包括基本误差和附加误差。在规定的正常工作条件下，数字式电压表只考虑基本误差。基本误差表示数字式电压表在标准条件下测量的误差，通常以绝对误差形式表示。

对于数字式电压表，常用的基本误差的表示方法有两种[①]，即

$$\left.\begin{array}{l}\Delta U=\pm(\alpha\%\,U_x+\beta\%\,U_m)\\\Delta U=\pm(\alpha\%\,U_x+n\text{个字})\end{array}\right\}\qquad（2.23）$$

式中，α、β 为系数，U_x 为被测电压值，U_m 为测量所选取量程的满度值，$\alpha\%\,U_x$ 为读数误差，$\beta\%\,U_m$ 为满度误差。

---

① 在精度高的数字电压表或数字多用表的电压挡中，基本误差也采用 $\Delta U=\pm(\alpha\,\text{ppm}读数+\beta\,\text{ppm}量程)$ 形式表示，其中 ppm 表示百万分之一，即 10^{-6}。

从上面基本误差的表示方法可以看出，数字式电压表的基本误差由读数误差和满度误差两部分构成。读数误差与被测电压值有关，主要包括刻度系数误差和非线性误差；满度误差与被测电压值无关，只与所选取的量程有关，主要由 A/D 转换器的量化误差、数字电压表的零点漂移及内部噪声引起。

在测量时，一旦量程选定，显示结果的末位跳变 1 个数字（即 1 个字）所代表的电压值也就确定，因此也可以采用第二种表示方法，即用 $\pm n$ 个字来表示满度误差的大小。

利用数字电压表进行电压测量时，根据其精度（即最大允许误差），可以确定出引入的 B 类标准不确定度。

例 2.3　分别用某 4 位数字电压表的 2 V 挡和 200 V 挡测量 1.5 V 电压。已知 2 V 挡和 200 V 挡的精度均为 $\Delta U = \pm(0.03\%U_x + 2\text{个字})$，若两种情况下测量结果分别为 1.512 V 和 1.5 V，求该数字电压表进行测量引入的 B 类标准不确定度各为多少？

解　① 用该数字电压表 2 V 挡测量 1.5 V 电压时，1 个字代表的电压值为 0.001 V，则该数字电压表的最大允许误差为：

$$\Delta U_{x1} = \pm(0.03\%U_{x1} + 2\text{个字}) = \pm(0.03\%\times1.512 + 2\times0.001) = \pm0.002\ 453\ 6\quad(\text{V})$$

数字电压表最大允许误差引入的 B 类标准不确定度为：

$$u(U_{x1}) = \frac{|\Delta U_{x1}|}{\sqrt{3}} = \frac{0.002\ 453\ 6}{\sqrt{3}} = 0.001\ 4\quad(\text{V})$$

$$u_{\text{rel}}(U_{x1}) = \frac{u(U_{x1})}{U_{x1}} = \frac{0.001\ 4}{1.512} = 0.093\%$$

② 用该数字电压表 200 V 挡测量 1.5 V 电压时，1 个字代表的电压值为 0.1 V，则该数字电压表的最大允许误差为：

$$\Delta U_{x2} = \pm(0.03\%U_{x2} + 2\text{个字}) = \pm(0.03\%\times1.5 + 2\times0.1) = \pm0.200\ 45\quad(\text{V})$$

数字电压表最大允许误差引入的 B 类标准不确定度为：

$$u(U_{x2}) = \frac{|\Delta U_{x2}|}{\sqrt{3}} = \frac{0.200\ 45}{\sqrt{3}} = 0.12\quad(\text{V})$$

$$u_{\text{rel}}(U_{x2}) = \frac{u(U_{x2})}{U_{x2}} = \frac{0.12}{1.5} = 8.0\%$$

从上例可以看出，数字电压表在不同量程时，同样的 n 个字代表的满度误差不一样。因此，为保证测量不确定度较小，应注意选择合适的量程，使被测电压值接近满量程值。

2.4.1.2　测量范围

对于模拟式电压表，利用其量程就可以表征电压的测量范围。但是，对数字式电压表来说，需要用量程、显示位数和超量程能力三项指标才能较全面地反映它的测量范围。

1）量程

数字式电压表的量程包括基本量程和扩展量程。基本量程是指所采用的模/数转换器 A/D 的电压范围。扩展量程是以基本量程为基础，借助于步进分压器和前置放大器向两端扩展而得到的多个量程。例如，DS-14 型数字电压表有 0.5 V、5 V、50 V 和 500 V 四个量程，其中 5 V 为基本量程。除手动转换量程外，有的数字式电压表还能自动转换量程。

2）显示位数

数字式电压表的测量结果以多位十进制数直接进行显示，因此，数字式电压表的显示位数可用整数或带分数表示。其中整数或带分数的整数部分是指数字电压表完整显示位（能显示 0~9 所有数字的位）的位数；带分数的分数位说明在数字电压表的首位还存在一个非完整显示位，其中分子表示首位能显示的最大十进制数。例如，3 位的数字电压表表明其完整显示位有 3 位，最大显示值为 999；$3\frac{1}{2}$ 位数字电压表表明其除了有 3 位完整显示位外，在首位还有一位非完整显示位（$\frac{1}{2}$ 位），首位最大显示为 1，因此该数字电压表的最大显示值为 1 999；$3\frac{3}{4}$ 位的数字电压表的最大显示值为 3 999，其中 $\frac{3}{4}$ 位表示该数字电压表的首位最大显示为 3。

3）超量程能力

超量程能力是数字电压表的一个重要特性指标，它反映了数字电压表的基本量程和最大显示值之间的关系。若在基本量程挡，数字电压表的最大显示值大于其量程，则称该数字电压表具有超量程能力。

例如，某 $3\frac{1}{2}$ 位数字电压表的基本量程为 1 V，则可断定该电压表具有超量程能力。因为在基本量程 1 V 挡上，它的最大显示值为 1.999 V，大于量程 1 V。而对于基本量程为 2 V 的 $3\frac{1}{2}$ 位数字电压表，它就不具备超量程能力，因为在基本量程 2 V 挡上，它的最大显示是 1.999 V，没有超过量程。

具有超量程能力的数字电压表，当被测电压超过其量程满度值时，显示的测量结果的精度和分辨力不会降低。

2.4.1.3　分辨力

数字电压表的分辨力是指数字电压表能够显示的被测电压的最小变化值，即在最小量程时，数字电压表显示值的末位跳变 1 个字所需的最小输入电压值。例如，SX1842 型 $4\frac{1}{2}$ 位数字电压表，最小量程为 20 mV，在该量程挡电压最大显示值为 19.999 mV，所以其分辨力为 0.001 mV。

数字电压表的分辨力随显示位数的增加而提高，反映出仪表灵敏度的高低。

2.4.1.4 输入阻抗

数字电压表的输入阻抗通常很高，在进行测量时从被测系统吸取的电流极小，可大大减小对被测系统工作状态的影响。

在直流测量时，数字电压表的输入阻抗用输入电阻 R_i 表示。量程不同，其 R_i 也不同，一般在 $10 \sim 10\,000$ MΩ 之间，最高可达 10^6 MΩ。

在交流测量时，数字电压表的输入阻抗用输入电阻 R_i 和输入电容 C_i 的并联值表示，电容 C_i 通常在几十至几百皮法之间。

2.4.1.5 测量速率

测量速率是指数字电压表每秒钟对被测电压测量的次数。测量速率的快慢主要取决于数字电压表所使用的 A / D 转换器的转换速率。积分型数字电压表的测量速率较低，一般为几次/s ~ 几百次/s，而逐次逼近型数字电压表的测量速率较高，最高可达 10^6 次/s。

2.4.1.6 抗干扰能力

数字电压表在实际测量中，常常会受到内部元器件的噪声、电源以及外部电磁感应的影响，而且由于其输入阻抗高，即便是微弱的干扰也会对测量造成较大的影响，因此，抗干扰能力也是数字电压表的一个重要性能指标。

数字电压表的抗干扰能力可用串模抑制比（SMRR）和共模抑制比（CMRR）来表示。串模抑制比反映了对串模干扰[①]的抑制能力，SMRR 越大，表明数字电压表抗串模干扰的能力越强；共模抑制比反映了对共模干扰[②]的抑制能力，CMRR 越大，表明数字电压表抗共模干扰的能力越强。

串模抑制比定义为

$$\text{SMRR} = 20\lg \frac{U_{smP}}{\Delta U_{s\max}} \tag{2.24}$$

式中，U_{smP} 为串模干扰电压的峰值，$\Delta U_{s\max}$ 为串模干扰所引起的最大示值误差。

共模抑制比定义为

$$\text{CMRR} = 20\lg \frac{U_{cmP}}{U_{smP}} \tag{2.25}$$

式中，U_{cmP} 为共模干扰电压的峰值；U_{smP} 为由共模干扰电压 U_{cmP} 转化成的串模干扰电压的峰值。

通常，直流数字电压表的 SMRR 为 $20 \sim 60$ dB，CMRR 为 $120 \sim 160$ dB。

2.4.2 直流数字电压表

直流数字电压表是数字电压表以及数字多用表的重要组成部分，用于直流电压的数字

---

① 串模干扰——干扰电压与被测信号串联后加至仪表的输入端。
② 共模干扰——干扰电压同时加于仪表的两个输入端。

测量，具有精度高、输入电阻大、可靠性好、抗干扰能力强的特点。

2.4.2.1　组　成

直流数字电压表主要由输入电路、A/D 转换器、计数器、逻辑控制电路、译码器和显示器组成，其组成示意图如图 2.17 所示。

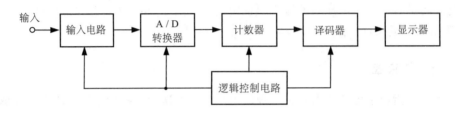

图 2.17　直流数字电压表的组成示意图

图 2.17 中，A/D 转换器是直流数字电压表的核心，完成模拟量到数字量的转换。直流数字电压表的输入电路主要用于进行阻抗变换，对信号进行放大以及进行量程的扩展；逻辑控制电路用于对整个直流数字电压表系统进行控制，保证正常有序地工作；计数器主要对A/D 转换器的转换结果进行计数，并经过译码器将计数值变换为笔段码，驱动显示器显示出被测信号的电压值。

2.4.2.2　分　类

由于直流数字电压表的核心是 A/D 转换器，因此直流数字电压表通常是根据 A/D 转换器的转换方法不同，即按工作原理的不同来进行分类，主要分为非积分式、积分式和复合式三大类。

1）非积分式直流数字电压表

非积分式直流数字电压表又分为比较式和斜坡电压式。比较式直流数字电压表直接将模拟电压与标准电压进行比较来实现模拟量到数字量的转换，采用的是直接转换形式。其中具有闭环负反馈系统的逐次逼近比较式数字电压表和余数循环比较式数字电压表是比较式中常用的类型。斜坡电压式直流数字电压表又分为线性斜坡式和阶梯斜坡式。

2）积分式直流数字电压表

积分式直流数字电压表采用间接的形式来实现模拟量到数字量的转换，可分为 V-F 变换式和 V-T 变换式。V-F 变换式直流数字电压表是将模拟电压通过积分器变换为与之成正比的频率量，再将频率量转换为数字量；而 V-T 变换式直流数字电压表则是将模拟电压通过积分器变换为与之成正比的时间量，再将时间量转换为数字量。在 V-F 变换式直流数字电压表中，常用的是电压反馈型数字电压表；在 V-T 变换式直流数字电压表中，常用的是双斜或多斜积分式数字电压表。

3）复合式直流数字电压表

复合式直流数字电压表是在综合非积分式和积分式优点的基础上发展起来的一类测量

速率高且抗干扰能力强的直流数字电压表。它主要又分为积分斜坡式、两次取样式和多次取样式。

2.4.2.3 逐次逼近比较式数字电压表

逐次逼近比较式数字电压表是比较式直流数字电压表中最常用的类型。这种数字电压表采用逐次逼近比较式 A/D 转换器将电压由模拟量转化为数字量。

1）组成

逐次逼近比较式数字电压表由 D/A 转换器、比较器、逐次逼近寄存器（SAR）、控制逻辑及时序脉冲发生器、译码器和显示器等部分组成，其组成框图如图 2.18 所示，其中 D/A 转换器、比较器和 SAR 寄存器构成了逐次逼近比较式数字电压表的核心——A/D 转换器。

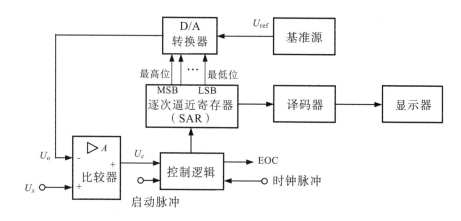

图 2.18　逐次逼近比较式数字电压表的组成框图

a. D/A 转换器

D/A 转换器用于将 SAR 寄存器输出的数字量转换为标准参考电压，该标准参考电压作为反馈信号送入比较器的输入端，与被测电压进行比较。D/A 转换器主要由基准电压、电阻解码网络和求和放大器三部分组成。常用的电阻解码网络有权电阻网络、倒 T 型电阻网络及二/十进制电阻网络等。

对于 n 位的 D/A 转换器，若输入的数字量为二进制码 $a_{n-1}a_{n-2}\cdots a_1 a_0$，则在基准电压为 U_{ref} 时，其输出电压为

$$U_{\text{o}} = \frac{U_{\text{ref}}}{2^n} \sum_{i=0}^{n-1} a_i \cdot 2^i \qquad (2.26)$$

例如，对于某 8 位的 D/A 转换器，若 $U_{\text{ref}} = 2.8$ V，当输入二进制码为 10000000 时，则该 D/A 转换器的输出电压为

$$U_{\text{o}} = \frac{U_{\text{ref}}}{2^n} \sum_{i=0}^{n-1} a_i \cdot 2^i = \frac{2.8}{2^8} \times (1 \times 2^7) = \frac{2.8 \times 128}{256} = 1.4 \ (\text{V})$$

这样，该 8 位 D/A 转换器将二进制码 10000000 转换成了 1.4 V 的模拟电压。

b. 比较器

比较器实际上是高灵敏度的差值放大器，完成被测电压 U_x 和标准参考电压 U_0 的比较运算。若输入电压 $U_x > U_0$，则差值电压 $\Delta U = U_x - U_0 > 0$，比较器输出高电平；反之，ΔU 为负，输出低电平。

对于逐次逼近比较式数字电压表的其余组成部分，这里不再一一介绍。

2）工作原理

逐次逼近比较式数字电压表的工作原理非常类似于天平称量过程，利用增减标准电压的方法改变标准参考电压，来实现与被测电压相平衡，即使得 U_0 逐次逼近 U_x，则被测电压 U_x 就转换为逐次逼近寄存器输出的数字量，该数字量经译码后，以十进制数字显示出测量结果。

这里以一个能进行 8 位模/数转换的逐次逼近比较式数字电压表来说明该类数字电压表的工作原理。如图 2.19 所示，设该数字电压表的基准电压 U_{ref} 为 2.56 V，被测电压 U_x 为 1.504 V，其工作过程如下：

① 启动脉冲 P_0 作用，在其上升沿，将逐次逼近寄存器清零；在其下降沿，电压 A/D 转换过程开始。

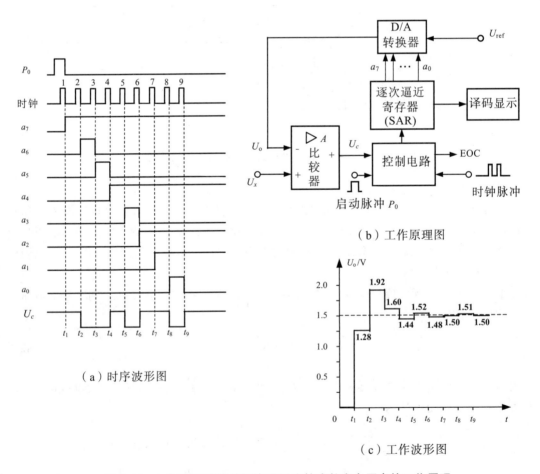

（a）时序波形图

（b）工作原理图

（c）工作波形图

图 2.19 8 位模/数转换的逐次逼近比较式数字电压表的工作原理

② 在 t_1 时刻（时钟脉冲 1 的下降沿），控制逻辑使 SAR 寄存器的最高位（a_7）置"1"，即 SAR 寄存器的输出为 10000000，则 D/A 转换器输出的标准参考电压 $U_o = U_{ref} / 2 = 1.28$ (V)。U_o 送到比较器的输入端，与被测电压 U_x 进行比较。由于 $U_o < U_x$ (1.504 V)，$\Delta U > 0$，比较器输出 U_c 为高电平，如表 2.2 所示。

③ 在 t_2 时刻（时钟脉冲 2 的下降沿），控制逻辑根据比较器输出的高电平，使 SAR 寄存器的最高位（a_7）保持"1"的输出状态（即保持所加标准电压），同时将 SAR 寄存器的下一位（a_6）置"1"，即 SAR 寄存器的输出变为 11000000，则 D/A 转换器输出的标准参考电压 $U_o = \dfrac{U_{ref}}{2} + \dfrac{U_{ref}}{4} = 1.92$ (V)。由于 $U_o > U_x$ (1.504 V)，$\Delta U < 0$，比较器输出 U_c 为低电平，如表 2.2 所示。

④ 在 t_3 时刻（时钟脉冲 3 的下降沿），控制逻辑根据比较器输出的低电平，使数码寄存器的 a_6 位由"1"的输出状态回到"0"的输出状态（即撤销所加标准电压），同时数码寄存器的再下一位（a_5）置"1"。这样，在各时钟脉冲的作用下，逐位使 a_i 置"1"，并根据 U_o 与 U_x 的比较结果，决定 a_i 是一直保持为"1"还是返回为"0"。最后，在第 9 个时钟脉冲结束后，转换结束标志 EOC 变为高电平，表明转换结束，SAR 寄存器输出二进制码 10010110，如表 2.2 所示。该二进制码即为被测电压 U_x (1.504 V)转换后的数字量，经译码后进行显示。

表 2.2 逐次逼近比较式数字电压表的工作过程

时钟脉冲	被测电压 U_x / V	数码寄存器输出								D/A 输出 U_o / V	比较器输出 U_c
		D_7	D_6	D_5	D_4	D_3	D_2	D_1	D_0		
1	1.504	1	0	0	0	0	0	0	0	1.28	1
2	1.504	1	1	0	0	0	0	0	0	1.92	0
3	1.504	1	0	1	0	0	0	0	0	1.60	0
4	1.504	1	0	0	1	0	0	0	0	1.44	1
5	1.504	1	0	0	1	1	0	0	0	1.52	0
6	1.504	1	0	0	1	0	1	0	0	1.48	1
7	1.504	1	0	0	1	0	1	1	0	1.50	1
8	1.504	1	0	0	1	0	1	1	1	1.51	0
9	1.504	1	0	0	1	0	1	1	0	1.50	—

从上述工作过程可以看出，通过逐次逼近，电压 U_x (1.504 V) 最后转化为数字量 10010110。该数字量经过译码后，由显示器显示出电压测量值为 1.500 V。该测量值比被测电压 U_x 低 0.004 V，这是由于信号量化而引起的测量误差。

3）特点

逐次逼近比较式数字电压表的测量精度高，速度快；但抗干扰性能差。其测量精度与基准电压、D/A 转换器以及比较器的漂移有关；测量速度与输出数字量的位数及时钟频率有关，而与被测电压的大小无关。

2.4.2.4　双斜积分式数字电压表

双斜积分式数字电压表是 V-T 变换式直流数字电压表中常用的类型。这种类型的数字电压表利用间接模/数转换技术，在一个测量周期内用同一个积分器进行两次积分，先将被测电压 U_x 转换成与其成正比的时间间隔，再在此间隔内利用计数器对时钟脉冲进行计数，以时钟脉冲的个数来反映被测电压 U_x 的数值。

1）组成

双斜积分式数字电压表由积分器、比较器、逻辑控制、闸门、计数器、译码器、电子开关以及显示器等部分组成，其原理框图如图 2.20 所示。

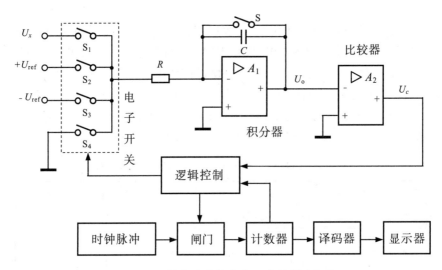

图 2.20　双斜积分式数字电压表的原理框图

a. 积分器

积分器由电阻 R、电容 C 和集成运算放大器构成，如图 2.21 所示。积分器用于对输入信号进行积分，以获得线性的充、放电电压。

由图 2.21 可得积分器的输入-输出关系为

$$U_o = -\frac{1}{RC}\int_{t_0}^{t} U_i \mathrm{d}t \qquad (2.27)$$

式中，U_i 为输入电压信号，t_0、t 分别为积分的起始和终止时刻。

若输入信号 U_i 为直流电压，则积分器的输出为

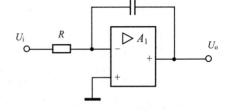

图 2.21　积分器

$$U_o = -\frac{(t-t_0)}{RC}U_i \qquad (2.28)$$

若输入信号 U_i 为交流电压，则积分器的输出为

$$U_o = -\frac{T}{RC}\overline{U_i} \qquad (2.29)$$

式中，$\overline{U_i}$ 为输入电压信号在周期 T 内的平均值。

b. 比较器

比较器实际上是一个由集成运算放大器构成的过零比较器，在数字电压表中，它用于将积分器的输出电压 U_o 和零电位进行比较，其电路及传输特性如图 2.22 所示。

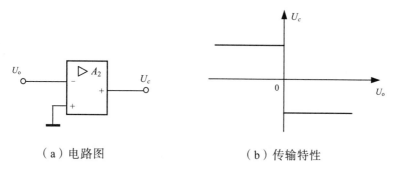

（a）电路图　　　　　　（b）传输特性

图 2.22　比较器

当积分器的输出电压（即比较器的输入电压）$U_o \geqslant 0$ 时，比较器的输出电压 U_c 为低电平 "0"；当积分器的输出电压 $U_o < 0$ 时，比较器的输出电压 U_c 为高电平 "1"。

对于双斜积分式数字电压表的其余组成部分，这里不再一一介绍。

2）工作过程

双斜积分式数字电压表利用两次积分来实现被测电压由模拟量到数字量的转换。在该转换过程中，先利用积分器对被测电压进行定时积分，再利用同一积分器对基准电压进行定值积分，通过两次积分的比较，被测电压转换为与其大小成正比的时间间隔。在该时间间隔内，利用计数器对时钟脉冲进行计数，则被测电压的大小最终转换为时钟脉冲的计数值。

双斜积分式数字电压表的工作过程分为三个阶段，即准备阶段、采样阶段和比较阶段，其工作波形如图 2.23 所示，其中 U_x 为被测直流正电压。

a. 准备阶段（$t_0 \sim t_1$）

t_0 时刻，工作开始。逻辑控制发送指令，控制电子开关 S_4 和 S 接通，其余开关断开，使积分器的输入电压 $U_i = 0$，积分电容 C 短接，积分器的输出电压 $U_o = 0$。根据比较器的传输特性，比较器输出低电平 "0"，控制闸门关闭，计数器处于零初

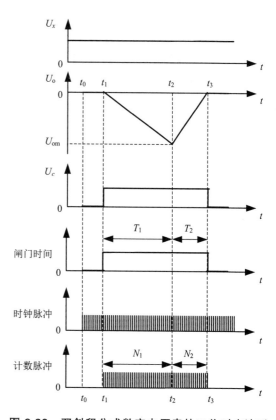

图 2.23　双斜积分式数字电压表的工作时序波形

始计数状态。在该阶段，整个系统对被测电压的测量做好准备。

b. 采样阶段（ $t_1 \sim t_2$ ）

t_1 时刻，采样阶段开始。逻辑控制发出采样指令，控制电子开关 S_1 接通（见图 2.20），其余开关断开，被测电压 U_x 送入积分器进行积分。设被测电压为正，积分器对 U_x 进行负向积分，输出电压 U_o 从 0 开始线性下降。一旦积分开始，U_o 小于零，过零比较器的输出就由初始时的低电平"0"跳变为高电平"1"，控制闸门打开，计数器开始计数。当经过一定的时间 T_1，到达 t_2 时刻，计数值达到计数器的模 N_1，计数器溢出，计数值回复到零，此时，采样阶段结束。

在采样阶段结束时（ t_2 时刻），积分器输出达到负向的最大，即为

$$U_o = U_{om} = -\frac{1}{RC}\int_{t_1}^{t_2}U_x\,\mathrm{d}t = -\frac{T_1}{RC}U_x \tag{2.30}$$

式中，时间 T_1 为定值，由所选择的计数器的模 N_1 决定；RC 为积分时间常数。因此，最大反向输出电压 U_{om} 与被测电压 U_x 成比例关系。

c. 比较阶段（ $t_2 \sim t_3$ ）

t_2 时刻，在采样阶段结束的同时，比较阶段开始。逻辑控制接收到计数器送来的溢出脉冲，判断被测电压 U_x 极性为正后，控制电子开关 S_3 接通（见图 2.20），其余开关断开，负极性基准电压 $-U_{ref}$ 接入积分器中进行反向积分。这里需注意的是：接入的基准电压的选择与被测电压有关，若被测电压 $U_x > 0$，则基准电压选择为 $-U_{ref}$；若被测电压 $U_x \leqslant 0$，则基准电压选择为 U_{ref}。此时，虽然积分器的输出 U_o 开始上升，但仍然为负值，比较器的输出依然为高电平"1"，闸门继续打开，计数器继续计数（实际上是从零开始重新计数）。经过时间 T_2 到达 t_3 时刻，积分器的输出 U_o 上升至零，比较器的输出 U_c 由高电平"1"跳变为低电平"0"，闸门关闭，计数器停止计数，此时计数值为 N_2，经译码后送入显示器进行显示，比较阶段结束。

在 t_3 时刻，$U_o = 0$，则有

$$U_o = U_{om} - \frac{1}{RC}\int_{t_2}^{t_3}(-U_{ref})\mathrm{d}t = 0 - \frac{T_1}{RC}U_x + \frac{T_2}{RC}U_{ref} = 0$$

所以

$$T_2 = T_1 \cdot \frac{U_x}{U_{ref}} \tag{2.31}$$

式（2.31）定量地反映了时间间隔 T_2 和被测电压的正比关系。

在 T_1 时间内，计数器的计数值为 N_1，有

$$T_1 = \frac{N_1}{f_c} \tag{2.32}$$

在 T_2 时间内，计数器的计数值为 N_2，有

$$T_2 = \frac{N_2}{f_c} \tag{2.33}$$

式（2.32）和式（2.33）中，f_c 为时钟频率。

将式（2.32）和式（2.33）代入式（2.31）中，得

$$U_x = \frac{U_{ref}}{N_1} \cdot N_2 \tag{2.34}$$

式（2.34）中，由于 N_1 与 U_{ref} 是定值，所以计数值 N_2 和被测电压 U_x 成正比，因此对计

数值 N_2 进行译码后，能显示出被测电压 U_x 的测量值。

3）特点

① 抗干扰能力强。由于积分器具有对输入电压信号取平均的特点［参见公式（2.29）］，如果双斜积分式数字电压表在采样阶段选取积分时间 T_1 为干扰信号周期的整数倍，则可以通过平均有效地抑制被测电压中的干扰信号。例如，对于 50 Hz 工频干扰，可选取积分时间 T_1 为工频周期 20 ms 的整数倍来进行抑制，即

$$T_1 = n \cdot 20 \text{ ms} \qquad (n = 1, 2, 3\cdots) \tag{2.35}$$

② 对积分元件和时钟信号要求低。双斜积分式数字电压表由于两次积分都采用同一个积分器，积分器的不稳定性可以得到补偿，而且计数器是对同一时钟脉冲进行计数。因此，即便是在积分元件和时钟信号精度不太高的条件下，也能得到较高的测量精度。

③ 测量速度慢。双斜积分式数字电压表测量速度慢，通常为每秒几次。实际上，该类电压表是以低的测量速度去换取高抗干扰能力。为了抑制工频干扰，积分时间 T_1 通常选取为工频周期的整数倍（最小为 20 ms），这大大影响了测量速度。此外，为了保证所要求的分辨力，积分时间也不能太短。

2.4.2.5　三斜积分式数字电压表

三斜积分式数字电压表是在双斜积分式数字电压表的基础上发展起来的，对于减小计数误差，提高分辨力有明显改进。

三斜积分式数字电压表的工作原理框图如图 2.24 所示，其测量正电压 U_x 的工作波形如图 2.25 所示。与双斜积分式数字电压表相比，三斜积分式数字电压表的比较阶段分为快速积分和慢速积分两个阶段。快速积分阶段对基准电压 $-U_{\text{ref}}$ 进行积分，慢速积分阶段对较小的基准电压 $-U_{\text{ref}}/k$ 进行积分。

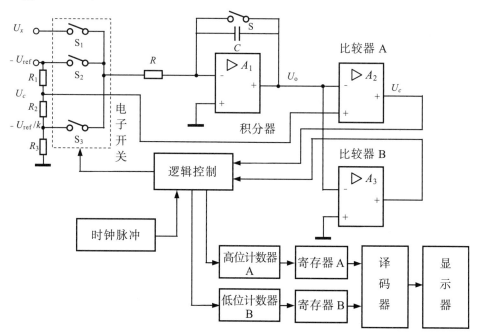

图 2.24　三斜积分式数字电压表的工作原理框图

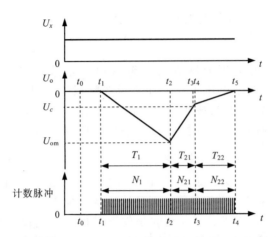

图 2.25 三斜积分式数字电压表的工作波形

1）快速积分阶段（$t_2 \sim t_4$）

t_2 时刻，电子开关 S_2 接通，S_1 和 S_3 断开。此时基准电压 $-U_{\text{ref}}$ 接入积分器中进行反向积分，积分器输出电压以较快斜率（$-U_{\text{ref}}/RC$）上升，同时，高位计数器 A 从零开始计数。当积分器的输出电压上升到电压值较小的比较电压 U_c 时，比较器输出低电平。为了保证计数的准确，逻辑控制并不是在比较器输出低电平时（即 t_3 时刻）就立即使高位计数器 A 停止计数，而是在下一个时钟脉冲到来时（即 t_4 时刻）才发出控制信号，控制电子开关 S_3 接通，S_2 断开，使高位计数器 A 停止计数。快速积分阶段时间 T_{21} 对应的高位计数器 A 的计数值为 N_{21}。

2）慢速积分阶段（$t_4 \sim t_5$）

t_4 时刻，电子开关 S_3 接通，S_1 和 S_2 断开，较小的基准电压 $-U_{\text{ref}}/k$ 接入积分器中进行积分，低位计数器 B 开始计数。由于此时积分斜率较低 $[-U_{\text{ref}}/(kRC)]$，因此积分器对基准电压 $-U_{\text{ref}}/k$ 进行慢速积分。当积分器的输出电压上升到 0 V 时，比较器 B 输出低电平，逻辑控制使电子开关 S_3 断开，低位计数器 B 停止计数。慢速积分阶段时间 T_{22} 对应的低位计数器 B 的计数值为 N_{22}。

在 t_5 时刻，$U_{\text{o}} = 0$，有

$$U_{\text{o}} = -\frac{1}{RC}\int_{t_1}^{t_2} U_x \mathrm{d}t - \frac{1}{RC}\int_{t_2}^{t_4}(-U_{\text{ref}})\mathrm{d}t - \frac{1}{RC}\int_{t_4}^{t_5}(-U_{\text{ref}}/k)\mathrm{d}t = 0 \tag{2.36}$$

则

$$\frac{U_x}{RC}T_1 = \frac{U_{\text{ref}}}{RC}T_{21} + \frac{U_{\text{ref}}/k}{RC}T_{22} \tag{2.37}$$

$$U_x = \frac{U_{\text{ref}}}{kT_1}(kT_{21} + T_{22}) \tag{2.38}$$

由于在时间 T_1、T_{21} 和 T_{22} 内对同一时钟脉冲的计数值分别为 N_1、N_{21} 和 N_{22}，则

$$U_x = \frac{U_{\text{ref}}}{kN_1}(kN_{21} + N_{22}) \tag{2.39}$$

由上式可见，计数值 N_{21} 和 N_1 对被测电压的影响比 N_{22} 大 k 倍，因此计数值 N_{22} 引入的计数误差可明显减小。此外，在比较阶段，计数器的计数值 $N_2 = kN_{21} + N_{22}$，和双斜积分式数字电压表相比，计数值 N_2 大大增加，因此三斜积分式数字电压表的分辨力得到较大提高。

2.4.3 单片直流数字电压表

随着大规模集成电路的运用和发展，利用单片专用集成芯片构成的数字电压表已广泛应用于电子测量、工业自动化和自动测试等领域。单片直流数字电压表具有集成度高、功耗低、体积小、测量准确度高以及外围电路简单等特点。

2.4.3.1 单片 A/D 转换器

单片 A/D 转换器是采用 CMOS 工艺，将模拟电路和数字电路集成在同一块芯片上，并配接数显器件来显示 A/D 转换结果的专用集成电路。

由于该类芯片能以最简单的方式构成数字仪表或测试系统，并具有集成度高、价格较低的特点，因此被广泛用于数字电压表以及数字多用表中。

目前，国内外生产的单片 A/D 转换器种类繁多，型号各不相同。按 A/D 转换的原理划分，主要可分为双斜积分型（典型产品有 ICL7106、MC14433）、逐次逼近型（典型产品有 ADC0809、ADC1210）、$\Sigma-\Delta$ 型（典型产品有 ADS1256、AD7731）、流水线型（典型产品有 ADS5500、MAX1205）和 Flash 型（典型产品有 HI1276、MAX108）。这里主要介绍目前应用较广的一种 $3\frac{1}{2}$ 位的单片 A/D 转换器 ——ICL7106。

ICL7106 单片 A/D 转换器芯片采用双斜积分的原理来实现信号从模拟量到数字量的转换，主要用于低挡袖珍式数字电压表中。ICL7106 芯片采用双列直插的塑料或陶瓷封装，有40 个管脚，其管脚图如图 2.26 所示。

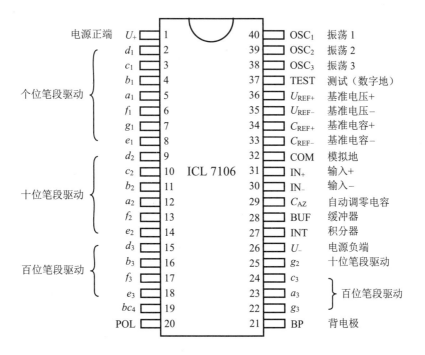

图 2.26 ICL7106 的管脚图

在图 2.26 中，U_+ 和 U_-（1 脚和 26 脚）为电源的正、负接入端；IN_+ 和 IN_-（31 脚和 30 脚）为被测直流电压的正、负接入端；COM（32 脚）为模拟"地"，使用时应与被测信号的负端和基准电压的负端（35 脚）短接；$OSC_1 \sim OSC_3$（40 脚 ~ 38 脚）为时钟振荡器的引出端，通常是通过外接阻容元件来构成反相式阻容振荡器；BUF（28 脚）为缓冲放大器的输出端，接积分电阻 R；INT（27 脚）为积分器的输出端，接积分电容 C；C_{AZ}（29 脚）为外接自动调零电容端，该端在芯片内部与积分器和比较器的反相输入端连接在一起。

此外，图 2.26 中的 $a_1 \sim g_1$、$a_2 \sim g_2$、$a_3 \sim g_3$ 分别为个位、十位、百位的笔段驱动端，依次接至液晶显示器的个位、十位、百位数字笔段的相应笔段电极上，如图 2.27（a）所示；bc_4（19 脚）为千位笔段驱动端，接液晶显示器千位笔段的 b、c 两个笔段电极，如图 2.27（b）所示；POL（20 脚）为负极性指示的输出端，接图 2.27（b）中千位笔段的 g 段，以显示负号"–"；BP（21 脚）为液晶显示器背面公共电极的驱动端。

ICL7106 芯片采用单电源供电，电压范围较宽（规定为 7 ~ 15 V），并且内部集成有"异或"门驱动电路，能直接驱动 $3\frac{1}{2}$ 位液晶显示器；此外，它还具有功耗低、输入阻抗极高以及外围电路简单的特点，因此，它成为目前应用非常广泛的模/数转换芯片。

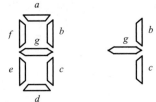

（a）七段数字笔段　（b）千位笔段

图 2.27　液晶显示器的数字笔段

2.4.3.2　由单片专用集成芯片构成的数字电压表

单片集成 A/D 转换器种类繁多，利用它们构成的数字电压表的位数及性能也各不相同，这里主要介绍由 ICL7106 构成的 $3\frac{1}{2}$ 位直流数字电压表。

由 ICL7106 构成的 $3\frac{1}{2}$ 位直流数字电压表的典型电路如图 2.28 所示，该直流数字电压表的量程为 200 mV，测量速率为 2.5 次/s。在图 2.28 所示的 ICL7106 芯片的外围电路中，R_1、C_1 构成阻容振荡器，产生 40 kHz 的时钟脉冲；R_2 和 R_P 组成基准电压的分压电路，调节 R_P 以保证基准电压为 100.0 mV；R_3、C_3 构成高频阻容式滤波器，以提高电压表的抗干扰能力；C_2、C_4 分别为基准电容和自动调零电容；R_4、C_5 分别是积分电阻和积分电容。

从图 2.28 中可以看到，利用 ICL7106 芯片构成的直流数字电压表，外围电路简单，不需外加有源器件，只需要 5 只电阻器、5 只电容器和液晶显示器即可构成，非常方便。

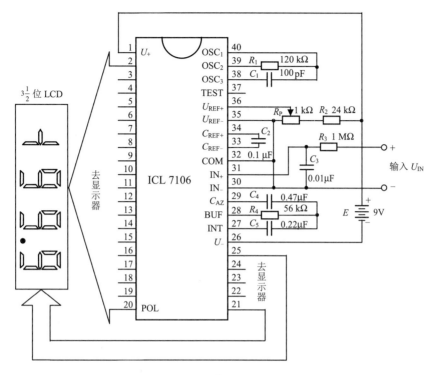

图 2.28 由 ICL7106 构成的 $3\frac{1}{2}$ 位直流数字电压表的典型电路

2.4.4 数字电压表的自动测量技术

2.4.4.1 自动校零技术

数字电压表中采用了自动校零技术来减小放大器、积分器等内部器件的零点漂移对测量的影响。自动校零分为硬件校零和软件校零。

1）硬件校零

图 2.29 所示为具有零点漂移 U_{os} 的运算放大器及其自动校零电路。

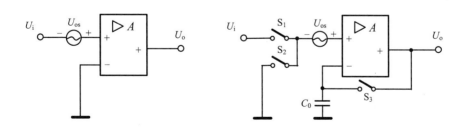

（a）具有零点漂移的运放   （b）自动校零电路（并联式）

图 2.29 运算放大器的零点漂移及自动校零电路

对于图 2.29（a）所示的运算放大器，其输出电压为

$$U_o = A(U_i + U_{os}) = AU_i + AU_{os} \tag{2.40}$$

由式（2.40）可见，不仅输入信号被放大了 A 倍，零点漂移也被放大了 A 倍，零点漂移对测量产生了很大的影响。

图 2.29（b）所示为其并联式自动校零电路，该电路在放大器的反向端接入了一个保持电容 C_0，通过存储一个与零点漂移大小相等的补偿电压，来减小零点漂移的影响。

自动校零电路的工作过程包括零采样期和工作期。在零采样期，开关 S_1 断开，开关 S_2、S_3 接通，此时，同向端 $U_+ = U_{os}$，反向端 $U_- = U_o$，根据 $U_o = A(U_{os} - U_o)$，可得

$$U_o = \frac{A}{1+A} U_{os} \tag{2.41}$$

零采样期结束时，该电压将存储于电容器 C_0 中。

在工作期，开关 S_1 接通，开关 S_2、S_3 断开。放大器的输出为

$$U_o = A\left(U_i + U_{os} - \frac{A}{1+A} U_{os}\right) = AU_i + \frac{A}{1+A} U_{os} \tag{2.42}$$

比较式（2.40）和式（2.42）可以看出，零点漂移对被测电压的影响已经下降了 $1/(1+A)$ 倍，零点漂移的影响基本上得到了消除。

2）软件校零

软件校零是利用程序来消除测量过程中的零点漂移，其原理如图 2.30 所示，其中 U_{os} 为折算到输入端的等效零点漂移。

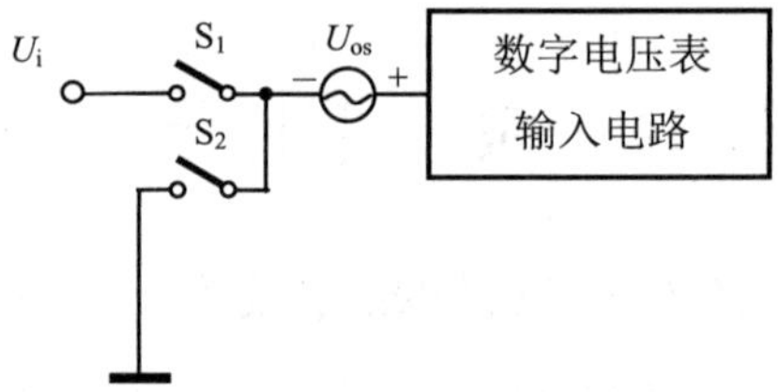

软件校零分为两步：第一步，开关 S_1 断开，S_2 接通，此时输入为零，则可测出零点漂移 U_{os}；第二步，开关 S_1 接通，S_2 断开，输入电压 U_i 接入，则测量值为 $U_x = U_i + U_{os}$。利用数字电压表微处理器中的自动校零程序，可得被测电压为

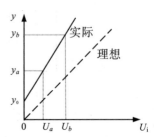

图 2.30　软件校零原理示意图

$$U_o = U_x - U_{os} = U_i \tag{2.43}$$

这样，利用软件就消除了零点漂移的影响。

2.4.4.2　自动校准技术

在实际测量中，由于存在零点偏移和传递系数，使得数字电压表的测量结果不能准确反映被测电压的大小（图 2.31 中的实线为实际测量，虚线为理想测量），因此需要对测量结果进行校准。

在理想情况下（图 2.31 中虚线所示），测量结果 y 能真实反映被测电压 U_i 的大小，即

图 2.31　理想和实际的测量结果

$$y = U_i \tag{2.44}$$

在实际情况下（图 2.31 中实线所示），由于存在零点偏移 y_0 和传递系数 k，则测量结果为

$$y = kU_i + y_0 \qquad （2.45）$$

对数字电压表进行校准，就是要确定 k 和 y_0 的数值。设 U_a 和 U_b 为设定的被测电压，y_a 和 y_b 为 U_a 和 U_b 的读数值，则

$$k = \frac{y_b - y_a}{U_b - U_a} \qquad （2.46）$$

根据 $y_a = kU_a + y_0$，可得

$$y_0 = y_a - kU_a \qquad （2.47）$$

确定出 k 和 y_0 的数值后，根据式（2.45）即可对测量结果 y 进行校准，即

$$U_i = \frac{y - y_0}{k} \qquad （2.48）$$

2.4.4.3 自动量程转换技术

数字电压表的自动量程转换，可以自动且快速地选择合适量程，不仅可以防止电压表长时间过载，还能保证测量精度。

自动量程转换系统通常由高精度程控放大电路、超/欠量程识别电路、换程控制部分及显示器小数点切换电路部分组成，如图 2.32 所示。

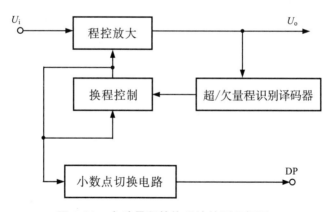

图 2.32 自动量程转换系统的原理框图

程控放大电路根据被测电压 U_i 的大小，选择适当的量程挡位，保证电压 U_o 位于 A/D 转换器要求的输入电压范围内。超/欠量程识别电路用于对程控放大后电压 U_o 进行判别，如果电压 U_o 大于当前量程的满度值，则判定为超量程；如果小于当前量程满度值的 9%，则判定为欠量程。若为超量程，则换程控制部分控制量程由低向高变化，直至合适的量程；若为欠量程，则换程控制部分控制量程由高到低自动变化，直至合适的量程。如果已在最高量程仍然过量程，则维持最高量程不变；如果已在最低量程仍然欠量程，则维持最低量程不变。小数点切换电路与量程切换同步，将显示器的小数点切换至相应的位置，以实现直读的目的。

2.5　数字式多用表

数字式多用表（简称 DMM）实际上是以电压为基本测量对象的仪表。它利用不同的变换器将电流、电阻以及交流电压等多种基本电参数变换为直流电压，然后用直流数字电压表进行测量。智能型数字式多用表还具有存储功能和输出接口，能将测量的数据送入计算机，因而在自动测试系统中得到了广泛应用。

2.5.1　组　成

数字式多用表通常具有测量交、直流电流和电压以及测量电阻的功能，其基本组成如图 2.33 所示。

在图 2.33 中，AC/DC 变换器用于实现交流电压到直流电压的变换；I/U 变换器用于实现直流电流到直流电压的变换；R/U 变换器用于实现电阻到直流电压的变换。当输入信号经过变换器变换为直流电压后，就能由直流数字电压表进行测量。

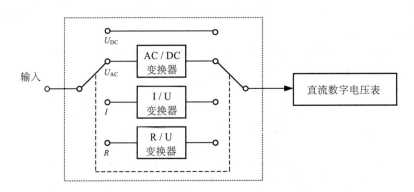

图 2.33　数字式多用表的基本组成

2.5.2　变换器

在数字式多用表中，存在多种变换器，用于实现各种电量到直流电压的转换。这里主要介绍 AC/DC 变换器、I/U 变换器和 R/U 变换器。

2.5.2.1　交流、直流变换器

AC/DC 变换器用于实现交流电压到直流电压的变换，是数字多用表的一个重要组成部分。在前面介绍电子电压表时，曾介绍过利用二极管构成的平均值、有效值和峰值检波器来实现电压信号的交、直流变换，但二极管的伏安特性的非线性会对测量结果产生较大的影响。因此，在数字多用表中，为了保证测量的精度，采用了由集成运算放大器组成的线性交流、直流变换器来实现精确的变换。在数字多用表中，主要的 AC/DC 变换器有平均值变换器及

电子真有效值变换器。

1）平均值 AC/DC 变换器

常用的平均值 AC/DC 变换器是由运算放大器和二极管组成的全波线性整流电路，这种电路具有线性度好、准确度高、电路简单、成本低等优点，其原理电路如图 2.34 所示。

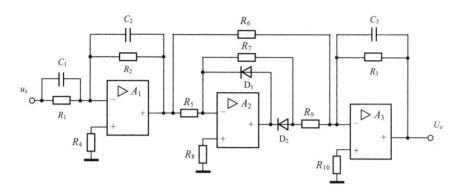

图 2.34 平均值 AC/DC 变换器的原理电路

该电路由三级电路构成。第一级电路为输入级，由运算放大器 A_1、电阻 R_1、R_2、R_4 和电容 C_1、C_2 构成，用于变换量程和提高灵敏度；第二级电路由运算放大器 A_2、二极管 D_1、二极管 D_2 和电阻 R_5、R_6、R_7、R_8 构成并联负反馈的线性全波检波电路，该级电路实际上是利用运算放大器负反馈的作用来缩小二极管的非线性区域，改善二极管的非线性，从而实现线性检波；第三级电路是由运算放大器 A_3 和电阻 R_3、R_9、R_{10}、电容 C_3 构成的低通滤波电路，用于抑制纹波。信号经第三级电路滤波后，输出直流电压 U_o，该电压即为被测信号的全波平均值。

2）电子真有效值 AC/DC 变换器

电子真有效值 AC/DC 变换器由于在实际工作中其电路易于实现并具有较强的抗波形畸变能力而得到广泛应用，其原理电路如图 2.35 所示。

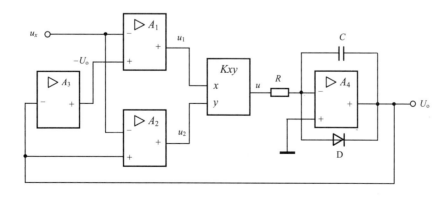

图 2.35 电子真有效值 AC/DC 变换器的原理电路

图 2.35 中，A_1、A_2 为加法器，A_3 为倒相器，A_4 和电阻 R 及电容 C 构成积分器。由于 A_1 的输出为 $u_1 = -u_x - U_o$，A_2 的输出为 $u_2 = -u_x + U_o$，因此乘法器的输出为

$$u = K u_1 u_2 = K(u_x^2 - U_o^2) \tag{2.49}$$

式中，K 为乘法器的传输系数。

乘法器输出的电压经积分器积分后，有

$$U_o = -\frac{1}{T}\int_0^T K(u_x^2 - U_o^2)\,\mathrm{d}t = -\frac{K}{T}\int_0^T u_x^2\,\mathrm{d}t + K U_o^2 \tag{2.50}$$

由于 $\dfrac{1}{T}\displaystyle\int_0^T u_x^2\,\mathrm{d}t$ 即为被测电压有效值的平方（U_x^2），因此由式（2.50）可得

$$U_o = -K U_x^2 + K U_o^2 = K(U_o^2 - U_x^2) \tag{2.51}$$

由于该有效值变换器系统是闭环负反馈系统，只有在 $U_o^2 - U_x^2 \to 0$ 时，系统才达到平衡，积分器输出稳定电压 U_o，因此 $U_o = U_x$，即输出电压为被测电压的有效值。

但要注意的是，当 $U_o < 0$ 时，系统无法平衡，因此在电路中加入二极管 D，以保证系统收敛而正常工作。

2.5.2.2　I/U 变换器

常用的 I/U 变换的方法是将被测电流通过取样电阻，在取样电阻的两端产生与被测电流成正比的电压，这样，就实现了电流到电压的转换，其原理如图 2.36 所示。

若被测电流为交流电流，则电压 U 还需要进行交/直流变换后，才能被直流数字电压表测量。

在数字式多用表中，常用的两个 I/U 变换器如图 2.37 所示。

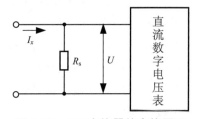

图 2.36　I/U 变换器的变换原理

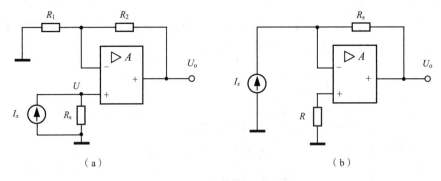

（a）　　　　　　　　　　　　　　（b）

图 2.37　常用的 I/U 变换器

图 2.37（a）所示电路适合于测量大电流，其输出电压为

$$U_o = \frac{(R_1 + R_2)R_s}{R_1} I_x \tag{2.52}$$

图 2.37（b）所示电路适合于测量小电流，其输出电压为

$$U_o = -R_s I_x \tag{2.53}$$

2.5.2.3 R/U 变换器

R/U 变换器是将被测电阻转换成直流电压后，再进行数字化测量。R/U 转换的方法很多，最常用的是恒流法。恒流法的基本原理是利用恒流源电流通过被测电阻，并测量电阻两端的电压来实现，即 $R_x = U_x / I$。在实际工作中，电阻测量有两种模式：两端电阻测量和四端电阻测量，如图 2.38 所示。

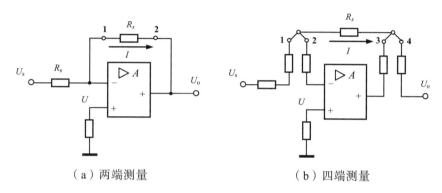

（a）两端测量　　　　　　　　　（b）四端测量

图 2.38　两种模式的 R/U 变换器

图 2.38（a）所示为两端测量电路，适合于大电阻的测量，其输出电压为

$$U_o = -\frac{U_s}{R_s} R_x \qquad (2.54)$$

式中，U_s 为标准电源，R_s 为标准电阻，R_x 为被测电阻。

图 2.38（b）所示为四端测量电路，具有较高的测量精度，能消除接线电阻的影响，适合于小电阻的测量，其输出电压为

$$U_o \approx -U_{R_x} \approx -\frac{U_s}{R_s} R_x \qquad (2.55)$$

数字式多用表除了具有上述基本的变换器来实现电压、电流和电阻的测量外，有的还具有其他转换器来实现对电容、温度、频率及相位等电参数的测量，这里就不一一介绍了。

2.6　电压测量的应用

2.6.1　电平测量

随着通信系统的迅速发展，作为电压测量的应用 ——电平测量已发挥着越来越重要的作用，成为通信系统测试的重要方法之一。

2.6.1.1　电平的概念

电平是指两功率或电压比值的对数，单位为贝尔（Bel）。由于在实际应用中，以贝尔为单位的测量值太大，因此常采用分贝（dB）为单位，1 分贝 = 1/10 贝尔。

电平通常分为功率电平和电压电平两大类，它们各自又可分为绝对电平和相对电平。对于绝对电平，其单位主要有两种：一种是毫瓦分贝（dBm），它是按零电平标准进行定义的；另一种是伏分贝（dBV），它是以 1 V 电压为标准进行定义的。注意，在下面的介绍中，是以 dBm 为单位来对绝对电平进行定义的。

1）功率电平

a. 绝对功率电平

系统中某处的绝对功率电平定义为该处的功率 P_x 与零电平标准功率 P_0 之比的对数值，即

$$L_P = 10\lg\frac{P_x}{P_0} = 10\lg\frac{P_x}{0.001} \quad (\text{dBm}) \tag{2.56}$$

式中，零电平标准功率 P_0 是指在 600 Ω 负载上消耗的 1 mW（0.001 W）功率，单位 dBm 称为毫瓦分贝。

b. 相对功率电平

相对功率电平定义为系统中任意两处的功率 P_1 与 P_2 之比的对数值，即

$$L_{rP} = 10\lg\frac{P_1}{P_2} \quad (\text{dB}) \tag{2.57}$$

相对功率电平实际上反映了信号在系统中传输时功率的增益和衰减。若 $L_{rP} > 0$，则表明功率在传输时是衰减的，即 $P_2 < P_1$；反之，则表明功率在传输时是增加的。

2）电压电平

由于在实际测量时大多是测量电压，因此利用电压来计算电平是最简便的方法。

a. 绝对电压电平

绝对电压电平定义为被测电压 U_x（有效值）与零电平标准电压 U_0 之比的对数值，即

$$L_U = 20\lg\frac{U_x}{U_0} = 20\lg\frac{U_x}{0.775} \quad (\text{dBm}) \tag{2.58}$$

式中，零电平标准电压 U_0 是指在 600 Ω 负载上消耗 1 mW 功率时的电压，即 $U_0 = \sqrt{P_0 R_0} = \sqrt{1\times10^{-3}\times600} = 0.775$ （V）。

b. 相对电压电平

相对电压电平定义为系统中任意两处的电压 U_1 与 U_2 之比的对数值，即

$$L_{rU} = 20\lg\frac{U_1}{U_2} \quad (\text{dB}) \tag{2.59}$$

相对电压电平实际上反映了信号在系统中传输时电压的变化情况。若 $L_{rU} < 0$，则表明信号在传输后电压增加了，即 $U_2 > U_1$；反之，则表明信号在传输后电压减小了。

利用电平值来反映信号在传输中功率或电压的变化情况，在数值表示上可以得到大大简化，例如，若在传输中，信号功率由 1 kW 衰减为 1 mW，即功率比值为 1 000 000 : 1，而采用相对电平表示则为 60 dB。此外，利用电平表示，在计算上也得到简化。当系统中各部分的增益或衰减用电平表示时，采用加法运算即可获得系统的总增益或总衰减。

2.6.1.2　几个重要的相对电平值

① 0 dB：反映电压或功率的比值为 1。若系统的增益或衰减为 0 dB，则表明该系统的输入等于输出。

② 3 dB：对应功率的比值为 2。相对功率电平为 3 dB，表明功率衰减为原来的 1/2；相对功率电平为 – 3 dB，表明功率增加为原来的 2 倍。

③ 6 dB：对应电压的比值为 2。相对电压电平为 6 dB，表明电压降为原来的 1/2；相对电压电平为 – 6 dB，表明电压增加为原来的 2 倍。

2.6.1.3　电平的刻度

由于电平的测量实际上是交流电压的测量，因此在电子电压表或是多用表中，电平的刻度是以交流电压最低量限作为标定基准来进行刻度的，并且通常是按单位 dBm 来进行刻度的，即假设测量处的阻抗为标准阻抗 $600\ \Omega$，标定交流电压最低量程挡 0.775 V 的位置为 0 dBm 标度点。实际应用中，也有按 dBV 来进行刻度的电子电压表或多用表，它们的分贝标尺是以交流电压最低量程挡的 1 V 作为基准电平 0 dBV。

2.6.1.4　电平的测量

测量电平，实际上利用的是交流电压挡来进行测量，只是读数按电平刻度进行。

1）绝对电平的测量

① 当选用电平基准挡（交流电压最低挡）进行测量时，测量点处的绝对电压电平值为电平的读数值 A，即

$$L_U = A \tag{2.60}$$

若测量点处的负载 R 为 $600\ \Omega$，则其绝对功率电平值 L_P 为

$$L_P = L_U = A \tag{2.61}$$

若测量点处的负载 R 不为 $600\ \Omega$，则其绝对功率电平值 L_P 为

$$L_P = L_U + 10\lg\frac{600}{R} = A + 10\lg\frac{600}{R} \tag{2.62}$$

式中，A 为电平读数值。

② 当选用非电平基准挡（其他交流电压挡）进行测量时，测量点处的绝对电压电平值为

$$L_U = A + 20\lg\frac{U_m}{U_{0m}} \tag{2.63}$$

式中，U_m 为所选量程的量限，U_{0m} 为基准挡量限。

若测量点处的负载 R 为 $600\ \Omega$，则其绝对功率电平值 L_P 为

$$L_P = L_U = A + 20\lg\frac{U_m}{U_{0m}} \tag{2.64}$$

若测量点处的负载 R 不为 $600\ \Omega$，则其绝对功率电平值 L_P 为

$$L_P = L_U + 10\lg\frac{600}{R} = A + 20\lg\frac{U_m}{U_{0m}} + 10\lg\frac{600}{R} \tag{2.65}$$

2）系统相对电平的测量

相对电平能反映出信号在经过系统后的增益或衰减情况。要测量相对电平，可用电子电压表或多用表的交流挡测得输入与输出绝对电压电平的读数值 A_1 和 A_2，再根据所选用的交流电压挡，利用式（2.60）或式（2.63）确定这两处的绝对电压电平 L_{U1} 和 L_{U2}，求其差值即可获得系统的相对电压电平 L_{rU}，即

$$L_{rU} = L_{U1} - L_{U2} \tag{2.66}$$

确定出 L_{U1} 和 L_{U2} 后，再根据负载电阻是否为 600 Ω，确定出绝对功率电平 L_{P1} 和 L_{P2}，则相对功率电平 L_{rP} 为

$$L_{rP} = L_{P1} - L_{P2} \tag{2.67}$$

3）利用电平的测量来确定功率或电压

若用电子电压表或多用表测得测量点处的电平读数值为 A，则先根据电平读数值 A 确定出该处的绝对电压电平 L_U，再由公式 $L_U = 20\lg(U_x/0.775)$ 可得测量点处的电压为

$$U_x = 0.775 \times 10^{\frac{L_U}{20}} \tag{2.68}$$

测量点处的功率为

$$P_x = \frac{U_x^2}{R} = \frac{0.775^2}{R} \times 10^{\frac{L_U}{10}} = \frac{0.6 \times 10^{\frac{L_U}{10}}}{R} \tag{2.69}$$

例 2.4　用 MF-20 电子式多用表测量被测电压，得 $U_x = 27.5$ V，求其相应的电平值。若采用该表的 30 V 交流电压挡对另一处的电压进行测量，得电平读数值为 –10 dBm，求该处的电压值。（设被测点处的负载均为 600 Ω。MF-20 型电子式多用表的电平基准挡为交流 1.5 V 挡）

解

① 由绝对电压电平的定义式，可得被测电压 U_x 对应的电平值为

$$L_U = 20\lg\frac{U_x}{0.775} = 20\lg\frac{27.5}{0.775} = 31 \quad (\text{dBm})$$

② 由于采用的是 30 V 交流电压挡（非电平基准挡）进行的测量，因此该处的实际电压电平为

$$L_U = A + 20\lg\frac{U_m}{U_{0m}} = -10 + 20\lg\frac{30}{1.5} = 16.02 \quad (\text{dBm})$$

该处的电压为

$$U_x = 0.775 \times 10^{\frac{L_U}{20}} = 0.775 \times 10^{\frac{16.02}{20}} = 4.9 \quad (\text{V})$$

2.6.2　噪声测量

在科研及实际工程中，噪声是一个重要的问题，它和有用信号同时存在，相互混淆，严重地影响了系统传输微弱信号的能力，限制了处理信号的大小及测量的准确度，因此对噪声的研究非常必要，而且对噪声电压的测量也成为电压测量的重要应用之一。

2.6.2.1 噪声

在电子测量中，习惯上把被测信号电压以外的电压称为噪声。从这个意义上说，噪声包括外界干扰和内部噪声两大部分。由于外界干扰在技术上可以消除，所以对噪声的测量主要是对电路内部产生的噪声的测量。

电路中固有噪声主要有热噪声、散粒噪声和闪烁噪声。

1）热噪声

热噪声是导电材料中载流子不规则热运动在材料两端产生的随机起伏的电压，是电阻性电路器件的共性噪声。即使在没有加电压偏置的情况下，热噪声也存在。热噪声电压 U_n 的大小和材料的温度有关，它的表达式为

$$U_n = \sqrt{4kTR(f)\Delta f} \tag{2.70}$$

式中，k 为玻尔兹曼常数（1.38×10^{-23} J/K），T 是导电材料的绝对温度，$R(f)$ 表示电阻随频率的变化关系，$\Delta f = f_2 - f_1$ 为热噪声的频带宽度。

在纯电阻的情况下，R 与频率无关，热噪声电压取决于测量电路的实际通频带 Δf，即

$$U_n = \sqrt{4kTR\Delta f} \tag{2.71}$$

2）散粒噪声

散粒噪声是因载流子通过垫垒区不均匀造成电流的微小起伏而引起的。它通常与二极管和双极晶体管有关。和热噪声不同，散粒噪声必须在非平衡系统（如加偏置电压）中才能观察到，而且散粒噪声的量值与温度无关，而由流过器件的平均电流决定。若器件的通频带为 Δf，则该器件的散粒噪声电流有效值 I_n 为

$$I_n = \sqrt{2qI_d\Delta f} \tag{2.72}$$

式中，q 为电子电荷（1.6×10^{-19} C），I_d 为通过器件的正向结电流。

散粒噪声电流在负载电阻 R 上引起的散粒噪声电压为

$$U_n = I_nR = \sqrt{2qI_dR^2\Delta f} \tag{2.73}$$

3）闪烁噪声

闪烁噪声又称为 $1/f$ 噪声，是电子器件中普遍存在的一种低频噪声。闪烁噪声电流与直流偏置电流 I 有关，其噪声电流的大小为

$$I_n = \sqrt{mI^a\frac{\Delta f}{f^b}} \tag{2.74}$$

式中，m 是一个与器件有关的因子，a 是一个数值为 $0.5 \sim 2$ 的常数，b 是一个数值为 $0.8 \sim 1.2$ 的常数。

闪烁噪声具体的形成机制还不是很明确，但一般认为它是由于器件中的电子被激发随机跃迁到电荷陷阱中心而引起的，而器件中的缺陷、损伤和杂质都会形成电荷陷阱中心。

在这三种主要类型的噪声中，闪烁噪声主要对低频信号有影响，又称为低频噪声；而热噪声和散粒噪声在线性频率范围内部能量分布是均匀的，因而被称为白噪声。白噪声是一种随机信号，其波形是非周期性的，变化是无规律的，电压瞬时值服从高斯正态分布规律。

2.6.2.2　噪声电压的测量

对于一个系统，要测量其噪声电压，可采用图 2.39 所示的电路。首先将输入端进行短路，即使输入信号为零，然后利用交流电压表在输出端测得交流电压，该电压就是噪声电压。测量噪声电压的交流电压表主要是有效值电压表和平均值电压表。

1）利用有效值电压表测量

由于噪声电压一般指的是噪声电压的有效值，因此，若采用有效值电压表进行测量，则电压表的读数值 A 就是噪声电压的有效值。

利用有效值电压表进行噪声电压的测量非常方便，是测量噪声电压最理想的仪表。

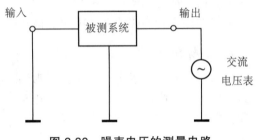

图 2.39　噪声电压的测量电路

2）利用平均值电压表测量

由于平均值电压表在价格上较低，因此，实际应用中也多采用平均值电压表来测量噪声电压。但需要注意是，利用平均值电压表来测量时，测得的电压读数 A 并不是噪声电压的有效值。要得到噪声电压的有效值，可先根据读数 A 得到噪声电压的平均值 $\bar{U}_n = A/1.11$，然后再利用 $\bar{U}_n$ 与噪声波形因数的乘积得到噪声电压的有效值。对于白噪声来说，由于其波形因数为 1.25，因此其噪声电压的有效值为

$$U_n = K_{Fn}\bar{U}_n = 1.25 \times \frac{A}{1.11} = 1.13A \qquad (2.75)$$

在利用电压表测量噪声电压时，要注意所选用的电压表的频带宽度一定要远大于被测系统的噪声带宽，否则会导致测量值偏低。

习　题　2

2.1　用正弦波电压有效值刻度的均值电压表测量正弦波、方波和三角波，读数都为 1 V，三种信号波形的有效值各为多少？

2.2　对于图 2.40 中所示的信号波形，分别用有效值电压表、峰值电压表和均值电压表来测量其电压，求各电压表的读数值。

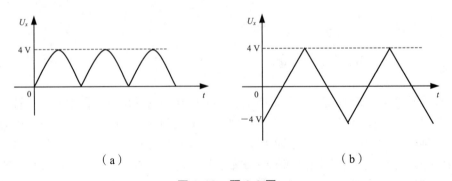

（a）　　　　　　　　　　　　　　　　（b）

图 2.40　题 2.2 图

2.3　欲测量失真的正弦波，若手头没有有效值电压表，只有峰值电压表和均值电压表可以选用，问选用哪种电压表更合适些？为什么？

2.4　逐次逼近比较式数字电压表和双斜积分式数字电压表各有哪些特点？各适合于哪些场合？

2.5　模拟式电压表和数字式电压表的分辨力各与什么因素有关？

2.6　数字电压表的主要技术指标有哪些？它们是如何定义的？

2.7　甲、乙两台数字电压表，甲的显示屏显示的最大值为 9999，乙为 19999，问：

① 它们各是几位的数字电压表，是否有超量程能力？

② 若乙的最小量程为 200 mV，其分辨力为多少？

③ 若乙的基本误差为 $\Delta U = \pm(0.05\% \, U_x + 0.02\% \, U_m)$，分别用 2 V 和 20 V 挡测量 $U_x = 1.56$ V 电压时，该表引入的标准不确定度各为多大？

2.8　双斜积分式数字电压表的基准电压 $U_{ref} = 10$ V，积分时间 $T_1 = 1$ ms，时钟频率 $f_c = 10$ MHz，数字电压表显示经过 T_2 时间的计数值 $N_2 = 5\,600$，求被测电压 U_x。

2.9　图 2.41 所示为某三斜积分式数字电压表积分器的输出波形。设基准电压 $U_{ref} = 10$ V，试求被测电压的大小和极性。

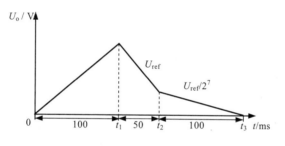

图 2.41　题 2.9 图

2.10　用 U-201 型万用表（600 Ω，1 mW 零电平）测量一通信线路的功率衰减，现测得输入端电平 $A_1 = 30$ dBm，输入端阻抗为 1 000 Ω，输出端电平 $A_2 = 14$ dBm，输出端阻抗为 500 Ω，求功率衰减的分贝值。

2.11　用 MF-10 型万用表（600 Ω，1 mW 零电平）测量一放大器的电平放大，先用交流 25 V 挡读得输入端电平 $A_1 = 8$ dBm，输出端电平 $A_2 = 44$ dBm，求放大器的相对电压电平值。（注：MF-10 型万用表的电平基准为交流 10 V 挡。假设放大器输入、输出端负载均为 600 Ω）

2.12　用万用表的电平基准挡（600 Ω，1 mW 零电平）测量电路某处（负载为 500 Ω）的电平为 20 dBm，求该处的功率和电压。

2.13　试计算温度为 290 K、带宽为 6 MHz 时，一个 300 Ω 的电阻的热噪声电压的有效值。

2.14　已知直流电流为 0.1 A，带宽为 30 kHz，试计算流过二极管的噪声电流有效值的平方。

2.15　若用平均值电压表对某放大器的噪声电压进行测量，电压表读数值为 80 μV，求放大器噪声电压的有效值。

3　时间与频率测量技术

本章课件

3.1　概　述

时间和频率是电子技术中两个重要的基本参数，其他许多电参量的测量方案、测量结果都与频率有着十分密切的关系。并且，在所有的物理量中，时间和频率具有最高的精度和稳定度，故在实际工作中，常常把一些非电量或其他电量转换成频率(或时间)进行测量，以提高测量的准确度。因此，时间和频率的测量是相当重要的。

3.1.1　时间和频率的基本概念

时间是国际单位制中七个基本的物理量之一，基本单位是秒，用 s 表示。时间有两种概念：时刻和时间间隔。时刻是描述连续流逝的时间中的一个时点，表示某事件或现象于何时发生。为了确定时刻，必须设定"历元"，即时间坐标的起点。由此可以确定某一瞬间在时间坐标上的位置。例如，图 3.1 中，矩形脉冲信号在 t_1 时刻开始出现，在 t_2 时刻消失。时间间隔是指两个时刻之间的间隔，表示某一事件或现象持续了多久。例如，图 3.1 中，$\Delta t = t_2 - t_1$，表示矩形脉冲持续的时间长度。

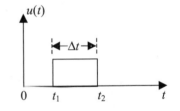

图 3.1　时刻和时间间隔示意图

以相等的时间间隔重复发生的任何现象都称为周期现象。周期现象出现一次所经历的时间称为周期，以 T 表示。

单位时间内周期现象重复出现的次数称为频率，记为 f，频率的单位是赫兹（Hz）。

可见，频率与周期密切相关，它们用来描述周期现象的两个不同的侧面，在数学上互为倒数关系，即

$$f = \frac{1}{T} \qquad (3.1)$$

因此，只要测出 f 和 T 其中一个，便可取倒数得到另一个。

3.1.2　时间和频率基准

时间的单位（秒）的确定经过了世界时、历书时和原子时的过程。

3.1.2.1 世界时

世界时是根据地球的自转来确定的。地球自转一周的时间，即太阳两次相继通过同一条子午线的时间间隔为 1 昼夜，1 秒就是一昼夜的 1/86400。由于地球绕太阳公转的轨道是椭圆的，且与地球自转轨道平面呈斜交，所以各昼夜的长短并不相同。在一年内求其平均值，即以地球绕太阳公转一周（地球两次通过春分点）的时间间隔为 1 回归年，称 1 回归年的 1/365.442 为 1 平太阳日，1 平太阳日的 1/86400 为 1 平太阳秒，这样定义的时间标准称为平太阳时。以太阳通过伦敦格林威治天文台的本初子午线为参考测量得到的平太阳时，称为零类世界时（UT_0），而在某地测量得到的平太阳时则称为地方时。通过多个天文台观测的数据修正地轴运动对 UT_0 的影响后，得到的时间标准称为第一世界时（UT_1）。在 UT_1 的基础上，改正了逐年以及季节性变化的影响之后，得到的时间标准称为第二世界时（UT_2）。只有时间单位和计时系统还不能完全决定时间，即只能得到时间间隔，而不能得到时刻，故将 1858 年 11 月 17 日 0 时 0 分 0 秒定义为第二世界时（UT_2）时刻的起点。

3.1.2.2 历书时

由于科学技术的进步，人们发现地球的自转是不均匀的，在不同的年度得到的世界时秒长并不一致。经过 50 年的观测，世界时 UT_2 的稳定度为 3×10^{-8}。这样，以 UT_2 为标准计时的准确度很难优于 3×10^{-8}。

为了得到更准确的均匀不变的时间标准，从 1960 年起采用历书时（ET）。历书时是以地球绕太阳公转为标准的计时系统，以 1900 年 1 月 0 日 12 时起算的回归年的 1/31556925.9747 作为历书秒。

由于历书时是以特定的 1900 年的平太阳日来确定的，因此在理论上，历书时是一种完全稳定的计时系统，但是观测比较困难，而且需要长年累月地进行，利用对太阳和月亮综合观测三年的资料才能得到 $\pm 1 \times 10^{-9}$ 的准确度。

目前，世界时还常应用在大地观测、航海、天文等领域。农耕等所用的节气则是以历书时为基础确定的。世界时和历书时宏观计时标准统称为天文时，需要通过精密的天文观测才能得到，手续繁杂，准确度有限。

3.1.2.3 原子时

随着量子电子学的发展，人们发现，原子、分子在能级跃迁中所辐射出来的电磁波，其频率稳定度远远超过了天文标准，于是将铯（Cs^{133}）原子基态在两个超精细结构能级之间跃迁所对应的 9192631770 个周期的持续时间定义为 1 秒（s）。从 1972 年 1 月 1 日零时起，时间单位秒由天文秒改为原子秒，这就使时间、频率标准由实物基准转变成自然基准。以原子秒为标准定出的时间标准称为原子时（记作 AT），其准确度已经达到 $\pm 5 \times 10^{-14}$ 量级。原子时的时刻起始点规定为世界时（UT_2）1958 年 1 月 1 日 0 时 0 分 0 秒。

除了铯原子频标（或称铯原子钟）外，作为时间、频率标准，还常用到铷、氢等原子和某些氧化物分子构成类似原理的标准。它们的准确度和稳定度都较高，例如有的准确度达到或超过 10^{-12} 量级，日稳定度达到 10^{-13} 量级。

3.1.2.4   协调世界时

原子时间基准的准确度和稳定度都是当前最高的，被用于定义两时间点间的间隔。但是考虑到世界时在大地测量等领域的应用以及人类习惯于太阳离头顶最近时为正午，因此在讨论漫长时间轴上的某一时刻时，普遍采用协调世界时（UTC）的计时方法。协调世界时是基于原子时又参考世界时确定的，它的时间间隔由原子时确定，但当世界时由于地球自转速度的变化而与国际原子时不一致时，则在适当的时刻增加 1 秒（闰秒）或减少 1 秒（负闰秒），使两者的时刻基本一致，这就是协调世界时。协调世界时与世界时之间的差异不会积累，两者报出的时间相差很小。协调世界时的起点是 1960 年 1 月 1 日世界时 0 时，其准确度优于 $\pm 2 \times 10^{-11}$。1974 年国际上确定把协调世界时作为国际的法定时间。

由于频率是周期的倒数，而周期就是时间间隔，有了时间标准也就有了频率标准，所以一般情况下不区分时间、频率标准，统称为时频标准。

时频标准仍在不断地改进提高，例如，德国物理技术研究所（PTB）的磁选态铯束基准频标以及法国 LPTF 的光抽运铯束基准，都宣布达到 10^{-15} 的准确度，我国研制成功的铯原子喷泉钟，其准确度也达到 10^{-15} 量级，相当于 600 万年不差 1 秒。美国国家标准技术研究院（NIST）的激光冷却与捕陷的铯原子喷泉频标（钟）的准确度已经达到了 7×10^{-16} 量级。

研究表明，脉冲星（快速自转并具有强磁场的中子星）的自转频率具有极高稳定度，其稳定度极高的脉冲星时间（PT）比原子时（AT）更优良，有望成为一种新的时间尺度，但仍有许多难题需要解决。

3.1.3   石英晶体振荡器

无论是时间的标准还是时间的测量，都是以自然界的运动规律作为基准，长期以来都是依据天体的运动规律，周期很长。为了满足物理学上测量的需要而发展起来的石英频率标准，是一种次级标准，它不是原基准。由于石英晶体具有很高的机械稳定性和热稳定性，它的振荡频率受外界因素的影响较小，性能比较稳定，其频率稳定度可以达到 10^{-10} 量级；而且石英晶体振荡器结构简单，制造、维护、使用方便，其准确度也能满足大多数测量的需要，因而成为目前最常用的频率标准。例如，伺服振荡器、电子计数器、频率合成器、发射机、接收机等电子设备中都采用了石英晶体振荡器作为其工作频率标准。

3.1.4   时间频率测量的特点

时间和频率测量具有以下的特点：

① 测量精度高。在时频的计量中，由于采用了以"原子秒"定义的量子基准，使得频率测量精度远远高于其他物理量的测量精度。对于不同场合的频率测量，测量的精度要求不同，可以找到相应的各种等级的时频标准。利用时频测量精度高的特点，还可将其他物理量转换为频率进行测量。例如，把电压、长度等转换成时间、频率来测量，可以大大提高它们的测量精度。

② 具有动态性质。在时刻和时间间隔的测量中，时刻始终在变化，如上一次和下一次的时间间隔是不同时刻的时间间隔，频率也是如此，因此在时频的测量中，必须重视信号源和时钟的稳定性及其他一些反映频率和相位随时间变化的技术指标。

③ 测量范围广。时间是一个无始无终的量，大到无限，小到无穷，时间和频率的数值测量范围非常广。标准频率和时间信号可通过电磁波传播，极大地扩大了时间频率的比对和测量范围。例如 GPS 卫星导航系统可以实现全球范围的时频比对和测量。

④ 频率信息的传输和处理比较容易。通过倍频、分频、混频和扫频等技术，可以对各种不同频段的频率实施灵活机动的测量。

3.2 频率和时间测量技术简述

频率和时间是描述周期现象的两个方面，其测量原理是一样的。频率和时间测量技术按工作原理可分为直读法、比较法和计数法。

3.2.1 直读法

直接利用电路的某种频率响应特性来测量频率值，这种测频的方法称为直读法。直读法简单，但精度低，谐振法和电桥法为其典型代表。谐振法测频是利用电感、电容和电阻串联或并联谐振回路的谐振特性来实现频率的测量。谐振法测频的误差大约在 0.25% ~ 1% 的范围内，常用于频率粗测。电桥法测频是利用电桥的平衡条件与被测信号频率有关这一特性来测频的。电桥法测频的准确度大约为 0.5% ~ 1%，高频时测量准确度下降，故仅适用于 10 kHz 以下的音频范围。另外，还有一种频率-电压转换法，即把频率转换为电压或电流，然后采用以频率刻度的电压表或电流表进行测量，得到被测频率。频率-电压转换法最高可测量几兆赫兹的频率，测量误差一般小于 10%，其突出的优点是可以连续地监视频率的变化。

3.2.2 比较法

比较法是将被测频率与标准频率进行比较来测量频率的方法。这种测量方法准确度比较高。拍频法、差频法、示波法是这种测量法的典型代表。

拍频法是将被测正弦信号与标准频率的正弦信号经线性元件直接进行叠加，然后把叠加的结果输出到示波器观察其波形，或者送入耳机进行监听。当标准信号频率与被测信号频率逐渐接近时，耳机中可以听到两个高低不同的音调，当这两个信号的频率值之差不到 4 ~ 6 Hz 时，就只能听到一个近似于单一音调的声音，这时声音的响度（幅度）做周期性的变化，在示波器上可观察到波形幅度随着两个频率逐渐接近而趋于一条直线。拍频法通常只用于音频的测量，而不宜用于高频测量。拍频法测量频率的绝对误差约为 0.1 ~ 1 Hz。

高频段测频常常采用差频法进行测量。差频法是利用非线性器件和标准信号对被测信号进行差频变换来实现频率测量的方法。被测信号和标准信号经混频器混频和滤波器滤波后输出二者的差频信号（频率在音频范围内），调节标准信号频率，当耳机中听不到声音时，表明两个信号的频率近似相等，此时，被测频率等于标准信号频率。差频法测量频率的误差很小，一般可优于 10^{-5} 量级，并且灵敏度也非常高，适合于测量微弱信号的频率，目前一般用于微波测频的变频器。

用示波器测量频率的方法很多，比较简单、方便的是李沙育图形法，也可用示波器内扫描法测量被测信号的周期，再计算出频率。

3.2.3　计数法

计数法在本质上属于比较法，包括电容充放电法和电子计数器法。电容充放电法是利用电子电路控制电容器充、放电的次数，再用磁电式仪表测量充、放电的电流大小，从而指示出被测信号频率值的方法。该方法误差较大，只适用于测量低频。电子计数器法是根据频率的定义来进行测量的一种方法，它是用电子计数器显示单位时间内通过被测信号的周期个数来实现频率的测量。利用电子计数器测量频率，精度高，快速方便，并且易于实现自动测量，是目前测量频率最好的方法，因此该方法得到广泛应用。本章重点介绍电子计数器的组成及其在频率、时间等方面的测量原理。

3.3　电子计数器

3.3.1　电子计数器的发展概况

电子计数器的发展大体上可以分成三个阶段：外差式和谐振式阶段、数字式阶段、智能仪阶段。早在 20 世纪 30 年代初期，电子计数器就应用于原子结构的研究中，用来测量微观粒子的数目，40 年代有了外差式和谐振式频率计。数字式电子计数器在 50 年代开始出现，60 年代末开始研制智能化的电子计数器。1985 年，我国研制出了带 GPIB 接口的智能化自动快速测量的微波计数器。1987 年，美国 HP 公司推出了可进行动态及瞬时信号测量与分析的时间和频率测量仪器。1989 年，美国 EIP 公司又推出了采用 VXI 总线的微波计数器，使电子计数器的测频上限提高到 110～170 GHz。目前，电子计数器不断采用新技术和新工艺，向着多功能、智能化、小型化的方向发展。

3.3.2　电子计数器的分类

电子计数器按测量功能可以分为通用计数器、频率计数器、时间计数器和特种计数器等几类。

通用计数器是一种具有多种测量功能、多种用途的电子计数器，可以测量频率、频率比、周期、时间间隔、累加计数、计时等，如配以适当的插件，还可以测量相位、电压等电量。

频率计数器主要用于测频和计数，其测频范围很广。例如，用于测量高频和微波频率的计数器即属于此类。

时间计数器主要用于测量时间,其测时分辨力和准确度都很高,可达到纳秒的量级。

特种计数器是具有特种功能的计数器,如可逆计数器、序列计数器、预置计数器和差值计数器。

3.3.3 电子计数器的主要技术性能指标

电子计数器的主要技术性能指标有以下几个方面:

① 测试性能,是指仪器所具备的测试功能,如仪器是否具有测量频率、周期、频率比等功能。

② 测量范围。测频率和测周期时,电子计数器的测量范围并不相同。测频率时的测量范围是指频率的上限和下限,测周期时的测量范围是指周期的最大值和最小值。

③ 输入特性。电子计数器一般有 2 ~ 3 个输入通道,需要分别指出每个通道的特性,包括:

• 输入耦合方式。有 AC 和 DC 两种,在低频和脉冲信号计数时应采用 DC 耦合方式。

• 触发电平及其可调范围。

• 输入灵敏度,是指仪器正常工作时输入的最小电压,如通用计数器的 A 输入通道的灵敏度一般为 10 ~ 100 mV。

• 最大输入电压。电子计数器的输入电压超过最大输入电压后,仪器不能正常工作,甚至会损坏。

• 输入阻抗。电子计数器的输入阻抗由等效的并联输入电阻和并联输入电容表示。输入通道的输入阻抗分为高阻和低阻两种。在中低频测量领域,一般检测电压信号的频率采用高阻输入;在高频测量领域,要求输入阻抗与信号源相匹配,常采用低阻输入。

④ 晶体振荡器的频率稳定度和准确度。

⑤ 闸门时间和时标。根据测频率和测周期的范围不同,电子计数器可以提供多种闸门时间和时标信号。

⑥ 显示及工作方式。包括:

• 显示位数,是指电子计数器可以显示的数字的位数。

• 显示时间,是指电子计数器两次测量之间显示测量结果的时间,一般可调。

• 显示方式。电子计数器的显示方式有记忆和不记忆两种显示方式。记忆显示方式只显示最终计数的结果,不显示正在计数的过程,实际上其显示的数字是刚结束的一次测量的结果,显示的数字保留至下一次计数过程结束时再刷新。不记忆显示方式可以显示正在计数的过程。

⑦ 输出特性,是指电子计数器可输出的时标信号种类、输出数码的编码方式以及输出电平。

3.3.4 电子计数器的组成

顾名思义,电子计数器就是计数,电子计数器的计数主要工作于两种模式:测频模式和测周模式。测频模式是在某确定的时间内计算被测信号出现的个数，如可以测量信号的频率；测周模式是在某未知时间内对已知周期的信号计数，进而确定该未知的时间，如测量信号的周期、脉冲宽度、信号间的时间间隔等。因而电子计数器的基本测量功能就是测量频率和测量时间（周期）。尽管电子计数器的构成和功能不断丰富，性能日益提高，但是掌握了这两种基本模式，对电子计数器的其他推广应用也就轻而易举了。

下面以通用电子计数器为例，介绍电子计数器的基本组成。通用电子计数器一般由输入通道、时基信号产生电路、主门电路、控制电路、计数及显示电路等组成，如图 3.2 所示。

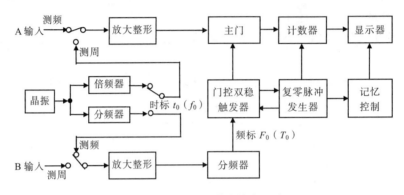

图 3.2 电子计数器的基本组成

3.3.4.1 输入通道

输入通道通常包括 A、B 两个通道，有的计数器为了测量时间间隔，增加了一个 C 通道。输入通道的作用是将输入的信号进行放大、整形，使其变为标准脉冲。A 通道脉冲在门控信号的作用时间内通过闸门进行计数，这个闸门常被称为"主门"；B 通道脉冲用来控制主门的作用时间。

A 输入端为测频输入端，通常，测频通道要求整形的频率范围较宽，一般采用施密特触发器整形，测频上限较高时则常常采用电流开关作为整形电路。当测量频率时，计数脉冲是输入的被测信号经过整形而得到的；当测量时间时，该信号是仪器内部的晶振信号经倍频或分频后再经整形而得到的。

B 输入端为测周输入端，测周通道是闸门时间信号的通道，用于控制主门是否开通。该信号经整形后用来触发双稳态触发器，使其翻转。以一个脉冲开启主门，以随后的一个脉冲关门，两个脉冲之间的时间间隔为开门时间。在主门的开门时间内，计数器对经过测频通道的计数脉冲进行计数。

3.3.4.2 主门电路

在门控电路的控制下，主门允许或禁止整形后的信号进入计数器，其电路可由二输入"与非"门或者其他电路组成。主门有两个输入信号，其中一个输入信号是来自门控双稳触发器的门控信号；另一个输入信号是用于计数的脉冲信号。在门控信号作用的有效期间，计数脉冲被允许通过主门进入计数器计数。

3.3.4.3 时基信号产生电路

时基信号产生电路用于产生各种时标信号和门控信号，它通常由石英晶体振荡器、倍频器和分频器组成的时标产生器，分频器构成的主门时间周期倍乘器以及时基选择电路组成。晶振只能产生一个固定频率的标准信号，该信号经分频或倍频后可提供不同的时标信号（用于计数或用作门控信号）。测量时，可以由时基选择电路（通过面板控制按键）选择所需的时基信号。

3.3.4.4 控制电路

控制电路包括门控脉冲形成双稳态电路、显示寄存、计数复零等时序逻辑电路。控制电路能产生各种控制信号去控制和协调计数器的各单元工作，使整机按一定工作程序自动完成测量任务。控制电路产生的门控信号可以控制主门在规定的时间内打开，使被计数的脉冲通过主门；控制电路还可以产生复零信号，使所有电路在计数完毕或需要时复原到初始状态；此外，控制电路还产生记忆指令信号和显示时间信号，控制记忆显示、测量的重复周期等。总之，控制电路使仪器的各部分电路按照准备—测量—显示这一流程有条不紊地自动进行测量工作，其工作流程如图 3.3 所示。

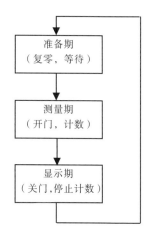

图 3.3 电子计数器的工作流程

3.3.4.5 计数及显示电路

计数及显示电路用于对主门输出的脉冲信号计数并且显示十进制脉冲数。计数显示电路由多级十进制计数器、寄存器、译码器、数字显示器等构成。其中由计数器累计脉冲个数，由译码器译成相应的十进制数码，最后由控制电位的方式点亮显示数码管的相应字码。显示方式通常有记忆显示和不记忆显示两种。显示器可以是荧光数码管、半导体数码管（LED）或液晶显示器（LCD）等。

3.4 电子计数器测量频率

3.4.1 电子计数器的测频原理

频率就是周期性信号在单位时间内变化的次数。若信号在时间间隔 T 内重复变化的次数为 N，则其频率 f_x 为

$$f_x = \frac{N}{T} \tag{3.2}$$

电子计数器就是根据这个定义来测量信号的频率。实际上，测量频率就是把被测频率 f_x 作为计数用脉冲，对标准时间 T 进行量化。电子计数器测量频率的原理及各工作点的波形分别如图 3.4（a）、（b）所示。

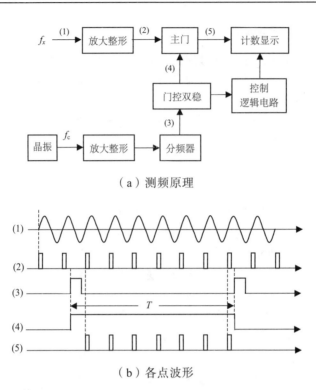

（a）测频原理

（b）各点波形

图 3.4   电子计数器测量频率的原理及各点波形

被测的周期信号 f_x（设为正弦信号）接入 A 通道，经放大、整形后，形成频率等于被测信号频率 f_x 的可计数脉冲，加至主门的一个输入端；石英晶体振荡器输出的信号（频率为 f_c，周期为 T_c）接入 B 通道，经过 K 次分频、整形后，得到周期为 $T_0 = KT_c$ 的窄脉冲，此窄脉冲触发门控双稳电路，从门控双稳电路的输出端得到宽度为基准时间 T_0 的脉冲（即主门时间脉冲），门控双稳的输出接至主门的另一个输入端，这时主门的开通时间 T 由主门时间脉冲 T_0 决定；在主门开通时间 T（T_0）内，计数显示电路对主门输出的计数脉冲实施计数，其输出经译码器转换为十进制数，输出到数码管或显示器进行显示。设主门开启时间 T 内的计数值为 N，则被测频率 f_x 为

$$f_x = \frac{N}{T} = \frac{N}{T_0} = \frac{N}{KT_c} \tag{3.3}$$

式中，K 为分频系数；T 为门控信号（门控信号由晶振 f_c 分频而来，$T = T_0$）；T_c 为晶振频率的周期。

由式（3.3）可知，即使是同一被测信号，如果选择不同的门控时间 T（即选择不同的分频系数 K），所得的计数值 N 是不同的。为便于读数，分频器一般按十进制分频的办法，即时基 T 都是 10 的整次幂倍秒，所以显示的十进制数就是被测信号的频率，显示器会自动定位小数点。所以，主门时间的选择很重要，若选择不合理，会影响所测得频率的有效数字的位数。例如，有一台可显示 6 位数的电子计数器，单位为 kHz，设被测信号频率 $f_x = 100$ kHz。若选主门时间 T 为 1 s，仪器的显示值为 100.000 kHz；若选主门时间 T 为 0.1 s，则仪器的显示值为 0100.00 kHz,有效数字少一位;若选主门时间 T 为 10 ms,仪器的显示值为 00100.0 kHz,有效数字又少一位。

因此，选择主门时间应遵循这样的原则：在不使计数器产生溢出的前提下，主门时间应尽可能选得大一些，以使测量的准确度更高。

3.4.2 电子计数器测频的误差分析

利用电子计数器测量频率有许多优点，但也难免会产生测量误差。

由式（3.3）得

$$\frac{\Delta f_x}{f_x} = \frac{\Delta N}{N} - \frac{\Delta T}{T} \tag{3.4}$$

式中，$\frac{\Delta N}{N}$ 为量化相对误差；$\frac{\Delta T}{T}$ 为主门时间的相对误差。

从式（3.4）中可以看出，用电子计数器测量频率引起的频率测量相对误差，由量化相对误差和主门时间相对误差两部分组成。因此，对这两种相对误差可以分别加以讨论，然后合成得到总的频率测量相对误差。

3.4.2.1 量化误差（±1 误差）

在测量频率时，主门的开启时刻与输入被测计数脉冲之间的关系是随机的，这样在相同的主门开启时间 T 内，计数器所计得的数却并不一定相同，这种误差就称为量化误差。量化误差是利用计数原理进行测量的仪器所固有的，是不可避免的。当主门开启时间 T 接近甚至等于被测信号 T_x 的整数倍时，量化误差最大，如图 3.5 所示。

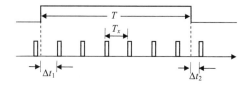

图 3.5 脉冲计数误差示意图

图 3.5 中，主门开启时间为 T，T_x 为被测信号周期，Δt_1 为主门开启时刻至第一个计数脉冲前沿的时间（假设计数脉冲前沿使计数器翻转计数），Δt_2 为主门关闭时刻至下一个计数脉冲前沿的时间。设 T 时间内的计数值为 N，则

$$T = NT_x + \Delta t_1 - \Delta t_2 = \left(N + \frac{\Delta t_1 - \Delta t_2}{T_x} \right) \cdot T_x \tag{3.5}$$

$$\Delta N = \frac{\Delta t_1 - \Delta t_2}{T_x} \tag{3.6}$$

因为 $0 \leqslant \Delta t_1 \leqslant T_x$，$0 \leqslant \Delta t_2 \leqslant T_x$，$\Delta t_1 + \Delta t_2 \leqslant T_x$，所以 $|\Delta t_1 - \Delta t_2| \leqslant T_x$，即 $|\Delta N| \leqslant 1$。由于 ΔN 只能为整数，因此可以看出，不论计数值 N 有多大，脉冲计数的最大绝对误差（即量化误差）为

$$\Delta N = \pm 1 \tag{3.7}$$

故量化误差又称为 ±1 误差，其引起的最大量化相对误差为

$$\frac{\Delta N}{N} = \pm\frac{1}{N} = \pm\frac{1}{Tf_x} \qquad (3.8)$$

由式（3.8）可知，为了减少测量误差对测量结果的影响，要适当选择主门时间，以减小相对误差 $\Delta N/N$。

例 3.1　被测信号 $f_x = 1\ \text{MHz}$，选主门时间 $T = 1\ \text{s}$，求由 ±1 误差产生的测频误差。

解　由量化误差产生的测频误差为

$$\frac{\Delta f_x}{f_x} = \pm\frac{1}{Tf_x} = \pm\frac{1}{1\times 1\times 10^6} = \pm 1\times 10^{-6}$$

若 T 增加为 10 s，则测频误差降为 $\pm 1\times 10^{-7}$，测量精度可提高一个数量级。

3.4.2.2　主门时间误差（标准频率误差）

由于主门时间不准造成主门的启、闭时间或长或短，从而引起的测频误差称为主门时间误差。影响主门时间的因素较多，通常由整形电路、分频电路和主门的开关速度及其稳定性所引起的误差可设法减小，因此主门时间的相对误差主要由石英晶体振荡器的输出频率的准确度决定。设晶振频率为 f_c（周期为 T_c），分频系数为 K，那么主门时间为

$$T = K\cdot T_c = \frac{K}{f_c} \qquad (3.9)$$

由此可得

$$\Delta T = -\frac{K}{f_c^2}\cdot \Delta f_c \qquad (3.10)$$

由式（3.9）、式（3.10）可知

$$\frac{\Delta T}{T} = -\frac{\Delta f_c}{f_c} \qquad (3.11)$$

式（3.11）表明：主门时间相对误差在数值上等于晶振输出标准频率的相对误差，只是符号相反。

实际上 ΔT、Δf_c 均在某个正负范围内变化，上式中的负号只不过是表示其变化方向相反而已。该项误差在计数器预热一定时间之后基本恒定，与被测信号无关。

3.4.2.3　测频相对误差

将式（3.8）和式（3.11）代入式（3.4），可得测频的相对误差

$$\frac{\Delta f_x}{f_x} = \pm\frac{1}{f_x T} + \frac{\Delta f_c}{f_c} \qquad (3.12)$$

若考虑最坏情况，则测量频率的最大相对误差为

$$\frac{\Delta f_x}{f_x} = \pm\left(\frac{1}{f_x T} + \left|\frac{\Delta f_c}{f_c}\right|\right) \qquad (3.13)$$

从式（3.13）可以看出，要提高电子计数器测频的准确度，应注意以下几个方面：
① 提高晶振频率的准确度和稳定度，减小主门时间误差。电子计数器中的石英晶体振

荡器采取了恒温等稳频措施，其输出信号的频率稳定度很高。若石英晶振输出信号的频率相对误差 $\Delta f_{\rm c}/f_{\rm c}$ 比量化误差引起的测频误差小一个数量级时，可以认为标准频率误差不对测量结果产生影响。

② 扩大主门时间 T 来减小 ±1（量化）误差。随着量化误差的影响减小，主门时间误差对测量结果的影响不可忽略，可以认为 $|\Delta f_{\rm c}/f_{\rm c}|$ 是测频准确度的极限。

③ 当被测信号的频率较低时，量化误差非常大，不宜采用直接测频法，应采用测周期的方法进行测量。例如，被测信号频率 $f_x = 1\,{\rm Hz}$，主门时间 $T = 1\,{\rm s}$，则由量化误差产生的测量误差为 ±100%，即使 T 增大为 10 s，而测频误差也为 ±10%。所以，测量低频时不宜采用直接测频法。

3.4.3　频率比的测量

电子计数器还可以用来测量加于 A、B 通道的两个信号的频率比 $f_{\rm A}/f_{\rm B}$，其原理如图 3.6 所示。

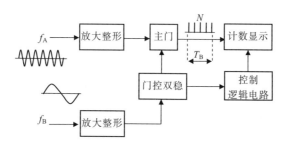

图 3.6　测频率比的原理示意图

为了正确地测量频率比，应使 $f_{\rm A} > f_{\rm B}$，即将频率较低的信号 $f_{\rm B}$ 送入 B 通道，频率较低的信号 $f_{\rm B}$ 相当于时基信号，经放大、整形后作为门控双稳的触发信号控制主门，频率较高的信号 $f_{\rm A}$ 送入 A 通道，经整形变换后作为主门的计数脉冲，在主门开通时间内（$T_{\rm B} = 1/f_{\rm B}$）对信号 $f_{\rm A}$ 进行计数。假设信号 $f_{\rm A}$ 通过主门的脉冲数为 N，则两个信号的频率比为

$$\frac{f_{\rm A}}{f_{\rm B}} = \frac{T_{\rm B}}{T_{\rm A}} = N \tag{3.14}$$

从式（3.14）可知，计数值 N 就是两个信号的频率比。

为了提高测量的准确度，可将信号 $f_{\rm B}$ 进行分频，扩展被测信号 $f_{\rm B}$ 的周期个数，使得主门的导通时间加长，计数值增大，但由于小数点自动移位，显示的比值 N 不变，仍是两个信号频率的比值。

应用电子计数器的频率比测量功能，可以方便地测量电路的分频或者倍频系数。

3.5　电子计数器测量时间

电子计数器测量时间简称为电子计数器测周。

3.5.1　电子计数器的测周原理

图 3.7 所示是电子计数器测量周期的原理示意图。被测周期信号 T_x 从 B 通道输入，经放大、整形后作为门控电路的触发信号去控制主门的开、闭，使主门脉冲信号的宽度等于被测信号的周期 T_x；石英晶振输出 f_c 接入 A 通道，经倍频或分频后产生时标信号 f_0（$t_0 = 1/f_0$，为讨论方便起见，设晶振信号 f_c 经 K 次分频后得到时标信号 f_0），f_0 经放大、整形后被送入主门；在主门开启时间内，时标信号进入计数器进行计数。设计数器的计数值为 N，则被测信号的周期为

$$T_x = N t_0 = N K T_c \tag{3.15}$$

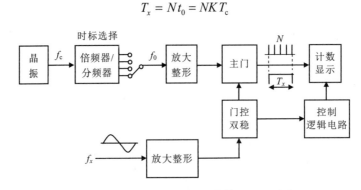

图 3.7　电子计数器测量周期的原理示意图

从测周法的原理图中我们可以看出，测周法的原理和测频法的原理正好相反，测频法是用石英晶振产生的频标信号 $T_0(F_0)$ 作为主门的控制信号，使计数器对被测信号进行计数；而测周法是用被测信号作为主门的控制信号，使计数器对晶振产生的时标信号 $t_0(f_0)$ 进行计数。

采用测频法直接测量频率较低的信号时，会引起较大的量化误差；如果采用测周法先间接测量该信号的周期，然后根据频率与周期的关系，计算出这个低频信号的频率，就会大大降低测量误差。

式（3.15）表示的是单个周期测量，若使用周期倍乘（B 通道和门控双稳电路之间插入分频器），将主门时间扩展 m 倍，则多周期测量的结果实际上是 m 个被测周期的平均值。

3.5.2　电子计数器测周的误差分析

由式（3.15）得

$$\frac{\Delta T_x}{T_x} = \frac{\Delta N}{N} + \frac{\Delta t_0}{t_0} = \frac{\Delta N}{N} + \frac{\Delta T_c}{T_c} \tag{3.16}$$

由此可见，电子计数器测周法的测量误差也由两部分组成：量化误差和标准频率误差。

3.5.2.1　量化误差（±1 误差）

测周法的量化误差分析类似于电子计数器测频法的量化误差分析，此处不再赘述，量化误差引起的最大量化相对误差为

$$\frac{\Delta N}{N} = \pm \frac{1}{N} = \pm \frac{t_0}{T_x} = \pm \frac{K}{T_x f_c} \quad (3.17)$$

3.5.2.2 时标信号误差（标准频率误差）

时标信号 t_0（f_0）是由石英晶振输出的信号经过分频器/倍频器产生的，因此时标信号的相对误差主要由石英晶振的输出频率的准确度决定。设石英晶振的频率为 f_c（周期为 T_c），分频/倍频系数为 K，那么时标信号相对误差为

$$\frac{\Delta t_0}{t_0} = \frac{-\frac{K}{f_c^2} \cdot \Delta f_c}{\frac{K}{f_c}} = -\frac{\Delta f_c}{f_c} \quad (3.18)$$

式（3.18）表明：时标信号相对误差在数值上等于石英晶振输出标准频率的相对误差，只是符号相反。

由式（3.17）和式（3.18）可得电子计数器的测周误差为

$$\frac{\Delta T_x}{T_x} = \pm \frac{K}{T_x f_c} \pm \left| \frac{\Delta T_c}{T_c} \right| = \pm \left(\frac{K}{T_x f_c} + \left| \frac{\Delta f_c}{f_c} \right| \right) \quad (3.19)$$

从式（3.19）可以看出，被测信号的周期 T_x 越大，量化误差对测周误差的影响越小。例如，被测信号的频率 $f_x = 1$ Hz，若采用测频法，设主门时间 $T = 1$ s，则由 ± 1 误差产生的测量误差为 $\pm 100\%$；而采用测周法，若时标信号 f_0 为 1×10^6 Hz，则测量误差降为 $\pm 1 \times 10^{-6}$。因此，被测信号周期较长（即频率较低）时，应采用测周期的方法进行测量。

3.5.2.3 触发误差

在测周法中，由于主门时间信号是由被测信号经整形产生的，它的宽度不仅取决于被测信号的周期 T_x，还与被测信号的幅度、波形陡直程度以及叠加噪声情况有关。因此，当被测信号波形为非矩形波或测量时存在噪声干扰时，会影响主门时间的准确性，造成触发误差，这时，在总误差中还应加上一项误差，即触发误差。

触发误差的原理示意图如图 3.8 所示，图中 U_B 与 U_B' 分别是施密特电路的上、下触发电平。

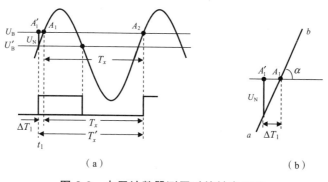

(a)　　　　　　　　　　　　　(b)

图 3.8　电子计数器测周时的触发误差

测周时，门控信号由被测信号所控制，通过施密特电路把被测信号变成方波，并触发门控电路产生控制主门开启的门控信号。当无噪声干扰时，主门开启时间刚好等于被测信号的一个周期 T_x；当被测信号受干扰时，图 3.8（a）给出了一个简单的情况，即干扰为一尖峰脉冲 U_N，施密特电路将提前在 A_1' 触发，于是形成的方波周期变为 T_x'，将产生 ΔT_1 的误差。利用图 3.8（b）做近似分析，可以计算出 ΔT_1。图 3.8（b）中直线 ab 为 A_1 点的正弦波切线，设接通电平处正弦波曲线斜率为 $\tan\alpha$，则

$$\Delta T_1 = \frac{U_N}{\tan\alpha} \qquad (3.20)$$

式中，U_N 为被测信号上叠加的噪声幅值。

设被测信号为

$$U_x = U_m \sin\omega_x t$$

则

$$\tan\alpha = \frac{\mathrm{d}U_x}{\mathrm{d}t}\bigg|_{U_x = U_B,\, t = t_1} = \omega_x U_m \cos\omega_x t_B$$

$$= 2\pi f_x U_m \sqrt{1 - \sin^2\omega_x t_B} = \frac{2\pi}{T_x} U_m \sqrt{1 - \left(\frac{U_B}{U_m}\right)^2} \qquad (3.21)$$

将此式代入式（3.20），由于通常情况下，$U_B \ll U_m$，则

$$\Delta T_1 = \frac{T_x}{2\pi} \cdot \frac{U_N}{U_m} \qquad (3.22)$$

同样，在正弦信号的下一个上升沿上［图 3.8（a）中 A_2 点附近］也可能存在干扰，产生触发误差 ΔT_2，即

$$\Delta T_2 = \frac{T_x}{2\pi} \cdot \frac{U_N}{U_m} \qquad (3.23)$$

在极限情况下，开门起点将提前 ΔT_1，关门的终点将延迟 ΔT_2，或者相反。根据随机误差的合成，总的触发误差为

$$\Delta T_N = \pm\sqrt{\Delta T_1^2 + \Delta T_2^2} = \pm\frac{U_N T_x}{\sqrt{2}\pi U_m} \qquad (3.24)$$

由式（3.24）可见，信噪比 U_m / U_N 越大，则触发误差越小。在极端情况下，若噪声的影响可以忽略，则可不考虑触发误差。

3.5.2.4　测周相对误差

综合上面的讨论，若考虑触发误差，测周法的总误差一共有三项：量化误差、标准频率误差和触发误差。因此，测周法总误差（采用绝对值合成法，按最坏的情况考虑）为

$$\frac{\Delta T_x}{T_x} = \pm\left(\frac{K}{T_x f_c} + \left|\frac{\Delta f_c}{f_c}\right| + \frac{1}{\sqrt{2}\pi} \cdot \frac{U_N}{U_m}\right) \qquad (3.25)$$

为了进一步减小测量误差，在信号放大整形后还可以对信号进行 m 倍周期倍乘，即把主

门时间从被测信号的周期 T_x 扩大为 mT_x，通常 m 为 10^n（$n = 1$，2，$\cdots$）。该方法实际上是用电子计数器测量时标信号 $t_0(f_0)$ 在 mT_x 内的计数值，然后计算得到一个周期的数值，从而可以减少量化误差及触发误差。

使用周期倍乘法后，电子计数器测周法的总误差为

$$\frac{\Delta T_x}{T_x} = \pm\left(\frac{K}{mT_x f_c} + \left|\frac{\Delta f_c}{f_c}\right| + \frac{1}{\sqrt{2}m\pi} \cdot \frac{U_N}{U_m}\right) \qquad (3.26)$$

式中，m 为周期倍乘数。

周期倍乘数大小的选择受仪器显示位数及测量时间的限制。

由式（3.26）可以看出，为了减小测量误差，提高测周的准确度，应注意以下几点：

① 在条件允许的情况下，尽量提高时标信号（计数脉冲）的频率 f_0，减少量化误差。

② 提高晶振频率的准确度和稳定度，通常要求标准频率误差小于量化误差一个数量级以上。

③ 可以使用周期倍乘法减少量化误差和触发误差。

例 3.2 被测信号 $f_x = 10\ \text{Hz}$，采用测周法，已知信噪比为 20 dB，当周期倍乘开关分别置 ×1 和 ×1000 时，由触发误差引入的测周误差为多少？

解 已知信噪比为 20 dB，即 $20\lg\dfrac{U_m}{U_N} = 20\ \text{dB}$，则

$$\frac{U_m}{U_N} = 10 \quad 即 \quad \frac{U_N}{U_m} = \frac{1}{10}$$

周期倍乘开关置 ×1 时，有

$$\frac{\Delta T_x}{T_x} = \pm\frac{1}{\sqrt{2}m\pi} \cdot \frac{U_N}{U_m} = \pm\frac{1}{\sqrt{2}\pi} \times \frac{1}{10} = \pm 2.3 \times 10^{-2}$$

周期倍乘开关置 ×1000 时，有

$$\frac{\Delta T_x}{T_x} = \pm\frac{1}{\sqrt{2}m\pi} \cdot \frac{U_N}{U_m} = \pm\frac{1}{\sqrt{2}\times1\,000\times\pi} \times\frac{1}{10} = \pm 2.3 \times 10^{-5}$$

从这个例子可以看出，增大周期倍乘可以减少测量误差。

3.5.3 中界频率

通过分析测量误差的来源可知，量化误差、标准频率误差和触发误差都会对测周产生影响，一般情况下可忽略触发误差。而用电子计数器测频和测周时，标准频率误差相同，量化误差是主要的测量误差。直接测频时，若被测信号的频率越高，量化相对误差就越小，直接测频法的相对误差也就越小；测周法测频时，若被测频率越低，量化相对误差就越小，测周法测频的相对误差也就越小。这样就存在一个频率，使得测频法和测周法的测量频率的相对误差相等，如下式所示

$$\frac{\Delta f_x}{f_x} = \frac{\Delta T_x}{T_x} \qquad (3.27)$$

即
$$\frac{1}{f_x T_0} = \frac{t_0}{T_x}$$
（3.28）

满足式（3.28）的频率称为中界频率，记为 f_M，即

$$f_M = \sqrt{\frac{1}{t_0 T_0}} = \sqrt{f_0 \cdot F_0}$$
（3.29）

式中，F_0 是测频时电子计数器产生的频率最低的频标信号的频率（即对应主门的最大开启时间 T_0）；f_0 是测周时电子计数器产生的频率最高的时标信号的频率（即对应计数脉冲的最高频率）。

可见，当被测频率高于中界频率时，应采用直接测频法测量频率；当被测频率低于中界频率时，应采用测周法测量频率。

例 3.3　某电子计数器测频时主门的最大开启时间为 1 s，测周时时标信号的最高频率为 10 MHz，若被测信号 $f_x = 1\ 000$ Hz，问应采用何种测量方法？

解　中界频率为　　　　$f_M = \sqrt{f_0 \cdot F_0} = \sqrt{10 \times 10^6 \times \frac{1}{1}} = 3\ 160$　（Hz）

由于被测信号的频率（1 000 Hz）低于中界频率，故应采用测周法以减小测量误差。

3.5.4　时间间隔的测量

时间间隔的测量和周期的测量都属于对时间长度的测量，因此测量方法基本相同。电子计数器测量时间间隔的原理如图 3.9 所示。测量时间间隔除了测频（或测周）所需要的 A 和 B 两个通道外，还需要第三个通道——C 通道，B 和 C 两个通道的电路结构完全相同。B 通道用作门控双稳的"启动"通道，产生打开时间闸门的触发脉冲，使双稳电路翻转；C 通道用作门控双稳的"停止"通道，产生关闭时间闸门的触发脉冲，使其复原。启动信号和停止信号之间的时间间隔 T 形成了闸门的开门时间，在这段时间内对 A 通道的时标信号 $f_0(t_0)$ 进行计数。

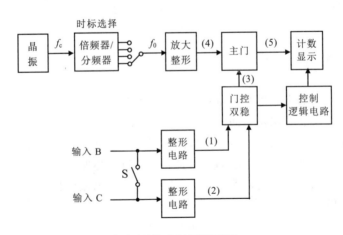

（a）测量时间间隔原理

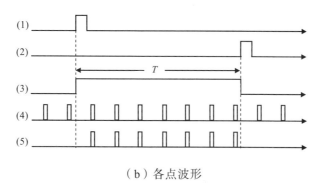

（b）各点波形

图 3.9 电子计数器测量时间间隔的原理及各点波形图

被测时间间隔 T 与计数器的计数 N 及时标信号周期 t_0 之间有如下关系

$$T = Nt_0 \tag{3.30}$$

通过对 B 和 C 两个通道触发极性和触发电平的选择，可选取两通道中的信号波形上的任意点分别作为时间间隔的起点和终点，从而实现两输入信号任意两点的时间间隔的测量。开关 S 用于选择两个通道输入信号的种类。当 S 闭合时，两个通道输入同一个信号，可以测量同一个信号波形中两点间的时间间隔；当 S 断开时，两通道输入不同的信号，可以测量两个信号间的时间间隔。

图 3.10（a）所示为测量两信号上升沿的两点之间的时间间隔 t，其中开关 S 断开，B 和 C 两通道触发极性均设置为正，触发电平设置为该通道输入信号幅度的 50%；图 3.10（b）所示为测量某一个信号的脉冲上升时间 t_r，开关 S 应闭合，B 和 C 两通道触发极性均设置为正，触发电平分别设置为输入信号幅度的 10% 和 90%；图 3.10（c）所示为测量一个信号的脉冲宽度 t_w，开关 S 也应闭合，B 和 C 两通道触发电平设置为输入信号幅度的 50%，触发极性分别设置为正和负。

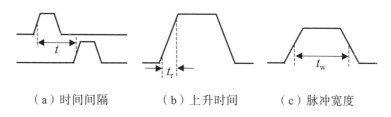

（a）时间间隔　　　（b）上升时间　　　（c）脉冲宽度

图 3.10 电子计数器测量时间间隔

有的计数器只有 A、B 两个输入通道，没有 C 通道。当测量时间间隔时，需要配置一个专门的时间间隔测量插件。时间间隔测量插件有两个通道，启动和停止信号分别从两个通道输入。

3.6　提高电子计数器测频、测周准确度的方法

电子计数器的测量误差主要包括标准频率误差和量化误差。标准频率误差通常容易减小到符合要求，因此，减小量化误差成了减小测量误差、提高测频分辨力的关键。

前面已经介绍，减小测频量化误差可采用增加测量时间（主门时间）的办法，减小测周量化误差可采用多周期测量法。此外，为了提高测量的准确度，还可以采用具有较高准确度的多周期同步测量法、相检宽带测频技术、游标计数法、内插法以及平均测量技术等措施。

3.6.1 多周期同步测量法

由前面分析可知，在低频时，采用测频法测量频率的量化误差较大，在高频时，采用测周法测量周期的量化误差也较大。但采用多周期同步测量法则不论频率高低都能得到相等的测量精度。

图 3.11（a）所示为多周期同步测量法的原理示意图。定时电路在时钟脉冲的作用下产生定时脉冲 P，P 经 D 触发器产生一个开门时间 T，同步电路的作用是：使开门时间与被测信号同步，并且准确地等于被测信号的整数倍，即

$$T = N_1 T_x = \frac{N_1}{f_x} \tag{3.31}$$

式中，T_x 为被测信号的周期，$T_x = 1/f_x$；N_1 是计数器I的计数值。

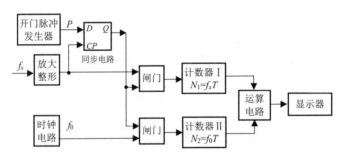

（a）原理示意图

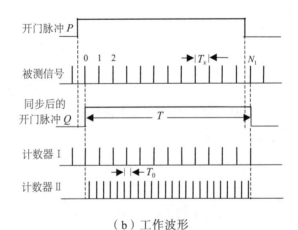

（b）工作波形

图 3.11 多周期同步测量法的原理示意图和工作波形

由图 3.11（b）可知，若在开门时间 T 内时钟脉冲计数器Ⅱ所计得的脉冲数为 N_2，则有如下关系

$$T = N_2 T_0 = \frac{N_2}{f_0} \tag{3.32}$$

式中，f_0 是时钟脉冲的频率，T_0 为周期。因此，可求得

$$f_x = \frac{N_1}{N_2} f_0 \tag{3.33}$$

式中，$\frac{N_1}{N_2} f_0$ 由图 3.11（a）中的运算电路来实现。

从式（3.33）中可以看出，由于开门信号与被测信号严格同步，它准确地等于被测信号周期的 N_1（整数）倍，所以计数器Ⅰ无 ±1 误差。由式（3.32）可知，计数器Ⅱ会产生 ±1 个字误差，但由于 f_0 很高，N_2 很大，相对误差 $\pm 1/N_2$ 很小。因此，采用多周期同步测量法时的相对误差为

$$\frac{\Delta f_x}{f_x} = \pm \frac{1}{N_2} \pm \frac{\Delta f_0}{f_0} \tag{3.34}$$

式中，$\Delta f_0 / f_0$ 为标准频率误差。可见，测量误差与被测信号频率无关。

由式（3.31）和式（3.32）也可求得

$$T_x = \frac{N_2}{N_1} f_0 \tag{3.35}$$

$$\frac{\Delta T_x}{T_x} = \pm \frac{1}{N_2} \pm \frac{\Delta f_0}{f_0} \tag{3.36}$$

由此可见，在测周时，也只存在相对误差 $\pm 1/N_2$ 和标准频率误差 $\Delta f_0 / f_0$，而与被测信号周期无关。

因此，只要采用足够高的标准频率，相对误差 $1/N_2$ 就很小。这种测量法的相对误差的极限为 $\Delta f_0 / f_0$。

多周期同步测量法实际上是对信号周期进行测量，信号的频率是经过倒数运算求出来的。因此，从测频的角度来讲，上述测量方法也称为倒数计数器法。目前，较为典型和先进的多周期同步计数器是美国 HP 公司的 5345A 型计数器。

3.6.2 相检宽带测频技术

相检宽带测频技术是近年来发展起来的一种高分辨率的频率测量技术。这种技术利用了周期信号之间的规律性相位差变化的特性实现对被测信号的频率进行高精度测量。

两频率信号（标准频率信号 f_0 与被测信号 f_x）存在有最大公因子频率 f_{maxc} [①]（其倒数为最小公倍数周期 T_{minc}），因此两频率信号之间的相位差变化也就是周期性的，这个变化的周期

[①] 最大公因子频率 f_{maxc}：任意两个频率信号 f_1 和 f_2，若 $f_1 = Af_0$，$f_2 = Bf_0$，其中 A 和 B 为正整数且互素，则 f_0 就是 f_1 和 f_2 的最大公因子频率。

就等于 T_{minc}。在每一个最小公倍数周期 T_{minc} 中，两信号间的量化相位差中有一些值，它们分别等于信号间的相对相位差加 0、ΔT、$2\Delta T$、…等。这些值均远小于两个信号的周期值。这样一些相位差点叫做两周期信号间的相位重合点。其中相位差（时间间隔）变化的步进值 ΔT 为

$$\Delta T = \frac{f_{\max c}}{f_0 f_x} \qquad (3.37)$$

ΔT 又称为两信号间的量化相移分辨率。

　　由式（3.37）可知，相位重合点并非绝对重合。对于绝大多数中、高频频率信号，相位重合点所代表的两个信号间的相位差的重合情况在几皮秒到零点几纳秒左右。在信号间的若干个相位重合点之间的时间间隔中分别容纳有这两个频率信号的若干个周期，它们均相当接近整数倍周期值。如果以这样的若干个相位重合点间的时间间隔作为主门时间，就能够使这个主门与被测及标准频率信号的相位都基本同步的情况下完成频率与周期的测量，从而大大克服了一般频率测量中的量化误差，使得测量精度大大提高（约提高 1 000 倍左右）。

　　当选用特定的标准频率信号来测量任意被测频率时，由式（3.37）可知，有一些典型的频率值和标准频率信号之间的量化相移分辨率可能会比较大，故在测量中，为了在宽频率范围内都能够完成高精度频率测量，防止因为一些特殊频率关系的出现而影响测量精度或难以获得相位重合点，常常要用简单的频率合成器或借助于中介振荡器进行辅助。图 3.12 给出了用简单的频率合成器和标准频率信号配合进行测量的原理示意图。

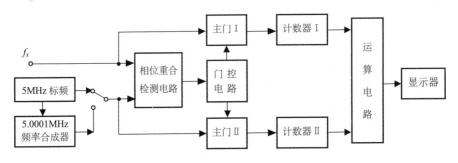

图 3.12　相检宽带测频的原理示意图

　　图 3.12 中，相位重合检测电路捕捉两频率信号间的相位重合点，得到与被测信号及标准频率信号的相位都基本同步的主门信号，在主门时间内分别同时对被测信号及标准频率信号进行计数，把计数结果通过计算得到被测信号的频率值，即

$$f_x = f_0 \frac{N_x}{N_0} \qquad (3.38)$$

式中，N_0 和 N_x 分别为主门时间内对标准频率（或频率合成器信号）和被测信号的计数结果，f_0 为标准频率或频率合成器信号的频率值。

　　式（3.38）从形式上看，和多周期同步测量技术一样，但是在分母的数据中已经不存在 ±1 个字误差。目前，用这种原理所设计、生产的频率计的测量分辨率可以达到 1～3×10^{-10} s。

3.6.3　游 标 计 数 法

游标计数法是用来提高周期和时间间隔测量准确度的另一种方法。它的测量原理与游标卡尺测量长度的原理相同，它的主要特点是能测出整周期数外的尾数。

图 3.13 所示是游标计数法的原理示意图和工作波形图。从图 3.13（b）的波形图中可知，若用粗测计数器的读数 T_N 代表被测时间间隔 T_x，则分别多计了时间 T_1 和少计了时间 T_2。被测时间 T_x 的精确值应为

$$T_x = T_N - T_1 + T_2 \tag{3.39}$$

式中，$T_N = NT_0$，$T_0 = 1/f_0$ 为主时标脉冲周期；T_1 为起始部分多计时间；T_2 为结束部分少计时间。

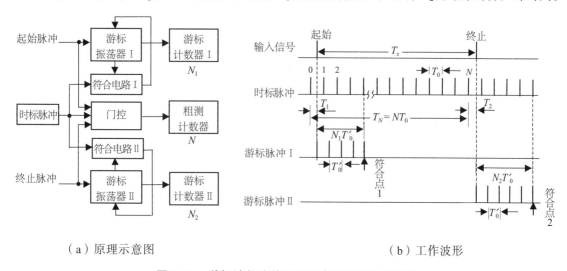

（a）原理示意图　　　　　　　　　　　　　（b）工作波形

图 3.13　游标计数法的原理示意图和工作波形图

游标计数法使用了两种频率的时标信号，除了主时标频率 $f_0 = 1/T_0$ 外，还有游标时钟频率 $f_0' = 1/T_0'$。若使 $f_0' > f_0$，且 f_0' 非常接近 f_0，则两时钟信号的周期差为

$$\Delta T = T_0 - T_0' \tag{3.40}$$

下面分析图 3.13（a）所示电路的工作过程：

首先从被测信号中提取起始脉冲和终止脉冲。在起始脉冲作用下使游标振荡器 I 输出游标脉冲 I，并由游标计数器 I 计数，当计到游标脉冲恰好赶上主时标脉冲时（符合点 1），符合电路 I 输出一个脉冲使游标振荡器停止发送游标脉冲 I，此时若游标计数器 I 的计数值为 N_1，则有

$$T_1 = N_1(T_0 - T_0') \tag{3.41}$$

同样，在终止脉冲作用下，当游标计数器 II 记录的游标脉冲恰好赶上主时标脉冲时（符合点 2），符合电路 II 输出一个脉冲使游标振荡器停止发送游标脉冲 II，若游标计数器 II 的计数值为 N_2，则

$$T_2 = N_2(T_0 - T_0') \tag{3.42}$$

将式（3.40）、式（3.41）和式（3.42）代入式（3.39），可得到

$$T_x = NT_0 - N_1(T_0 - T_0') + N_2(T_0 - T_0')$$
$$= NT_0 - (N_1 - N_2)(T_0 - T_0') \quad\quad\quad (3.43)$$

由此可见，游标计数法的计数分辨力为 $\Delta T = T_0 - T_0'$，它比粗测计数器的分辨力 T_0 和游标计数器的分辨力 T_0' 都要高得多。T_0' 越接近 T_0，其分辨力越高。例如，$T_0 = 10$ ns，$T_0' = 9$ ns，则本方案分辨力为 $\Delta T = 1$ ns，即用 111 MHz 的计数器可测量到 1 000 MHz 的频率；又如，$T_0 = 10$ ns，$T_0' = 9.9$ ns，则分辨力为 $\Delta T = 0.1$ ns。目前，HP 公司生产的 HP5370A 型时间间隔计数器采用了游标计数法，其分辨力高达 20×10^{-12} s（即 20 ps）。

3.6.4　内插法

内插法也是以测量时间间隔为基础的计数方法。内插法的工作波形示意图如图 3.14 所示，被测时间 $T_x = NT_0 + T_1 - T_2$。在未采用内插法前，只能得到 $T_x \approx NT_0$，NT_0 和被测时间间隔 T_x 的区别仅在于多计了 T_2 而少计了 T_1。为了提高测量的准确度，就需要测出 T_1 和 T_2 的值。内插法实际上要进行三次测量，即分别测出 T_N、T_1、T_2。

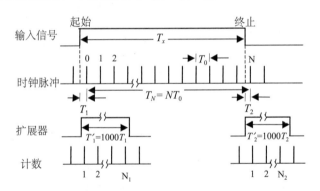

图 3.14　内插法的工作波形示意图

时间 T_N 的测量和通用电子计数器测量时间间隔的方法没有区别，都是简单地积累被测时间间隔内计数的 N 个时钟脉冲的时间，即 $T_N = NT_0$；T_1 和 T_2 的测量是采用内插时间扩展器将它们扩大 1 000 倍后再测量。用"起始"扩展器测量 T_1，在 T_1 时间内，用一个恒流源将一个电容器充电，随后以充电时间 T_1 的 999 倍的时间放电至电容器的原电平。内插扩展器控制门由起始脉冲开启，在电容器 C 恢复至原电平时关闭。图 3.15 所示是内插时间扩展器的原理示意图。扩展器控制的开门时间为 T_1 的 1 000 倍，即 $T_1' = T_1 + 999T_1$ $= 1\,000T_1$；在 T_1' 时间内计得时钟脉冲数为 N_1，得 $T_1' = N_1T_0$，故

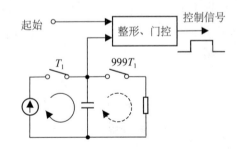

图 3.15　内插时间扩展器的原理示意图

$$T_1 = \frac{N_1 T_0}{1\,000} \tag{3.44}$$

类似地，用终止内插器将实际测量时间 T_2 扩展 1 000 倍，这时 $T_2' = N_2 T_0$ ，故

$$T_2 = \frac{N_2 T_0}{1\,000} \tag{3.45}$$

则被测时间
$$T_x = \left(N + \frac{N_1 - N_2}{1\,000} \right) T_0 \tag{3.46}$$

由此可见，采用模拟内插技术后，虽然测 T_1、T_2 时量化误差依然存在，但相对来说其大小缩小了 1 000 倍，从而使计数器的分辨力提高了三个量级。例如，$T_0 = 100$ ns，则普通计数器的分辨力不会超过 100 ns，而采用内插法后其分辨力提高到 0.1 ns，这相当于把 10 MHz 的计数器变成 10 GHz 的计数器。所以采用内插法可使分辨力大大提高。例如，国产 EE3301 型电子计数器运用多周期同步计数法和内插法技术，在 0.01 ~ 640 MHz 范围内，主门时间为 1 s 时，相对误差达到 10^{-9}，大大降低了测量误差。

利用上述原理，同样可以测量周期和频率。这时，计数器计得的仍然是时间间隔。除了测量 T_N、T_1、T_2 之外，还要确定在这个时间间隔内被测信号有多少个周期 N_x，这样，就可以通过如下计算得到周期 T_x 和频率 f_x

$$T_x = \frac{\left(N + \dfrac{N_1 - N_2}{1\,000} \right) T_0}{N_x} \tag{3.47}$$

$$f_x = \frac{1\,000 N_x}{\left(1\,000 N + N_1 - N_2 \right) T_0} \tag{3.48}$$

3.6.5　平均测量技术

在普通的计数器中，无论是测频率还是测时间，单次测量时，误差绝对值为 ±1 量化单位。如果读数为 N，则相对误差的范围为 $-1/N \sim +1/N$。由于闸门开启时刻与被测信号脉冲时间之间关系的随机性，单次测量结果的相对误差在 $-1/N \sim +1/N$ 范围内出现，其值可大可小、可正可负。但某一个误差值的出现，对于所有的单次测量来说，机会相等，即其分布是均匀的。显然，由于这种误差单次出现的随机性，在多次测量的情况下，其平均值必然随着测量次数的无限增多而趋于零，即这种误差的总和具有抵偿性。原则上说，若随机误差 δ 的值分别为 δ_1, δ_2, $\cdots$, δ_n，则

$$\lim_{n \to \infty} \frac{1}{n} \left(\sum_{i=1}^{n} \delta_i \right) = 0 \tag{3.49}$$

即 δ_i 的数学期望为零。

实际上，测量不可能为无限多次，因此 n 总是有限的。尽管如此，利用多次测量取其平均值作为测量结果，由于其误差的部分抵偿性，将会使测量精度大大提高。有限次测量的平均测量误差限为

$$\frac{\Delta T_x}{T_x} = -\frac{\Delta f_x}{f_x} = \pm\frac{\sqrt{\sum_{i=1}^{n}\left(\frac{1}{N_i}\right)^2}}{n} \tag{3.50}$$

对于量化误差而言，有

$$\frac{1}{N_1} = \frac{1}{N_2} = \cdots = \frac{1}{N_n} = \frac{1}{N}$$

故式（3.50）可改写为

$$\frac{\Delta T_x}{T_x} = -\frac{\Delta f_x}{f_x} = \pm\frac{1}{\sqrt{n}} \cdot \frac{1}{N} \tag{3.51}$$

可见，由于测量次数的增加，其误差为单次误差的 $1/\sqrt{n}$。

要将这种方法付诸实际，必须保证闸门开启时刻和被测信号脉冲之间具有真正的随机性。为此可在时基电路上有意叠加一点抖动，使时基脉冲具有随机的相位抖动，以保证 ±1 计数误差随机地分布。由于近代自动快速测试和数据处理技术的出现，平均测量法逐渐在工程测量中得到广泛应用。

习　题　3

3.1　简述电子计数器测频的误差来源及减小误差的方法。

3.2　简述电子计数器测周的误差来源及减小误差的方法。为什么测周时要考虑触发误差？

3.3　分析电子计数器测量时间间隔的误差来源，指出减小误差的方法。

3.4　分析电子计数器测量频率比的误差来源，指出减小误差的方法。测量频率比是否需要考虑触发误差？

3.5　简述除电子计数器测频法外，其他常用的测量频率的方法和原理。

3.6　用一个 7 位电子计数器测量 5 MHz 信号的频率，试计算当主门时间 T 分别为 1 s、0.1 s 和 10 ms 时，由 ±1 误差产生的测频相对误差。

3.7　某电子计数器标准频率源的误差 $\Delta f_c/f_c = \pm 1\times10^{-9}$，利用该电子计数器将频率为 10 MHz 的晶振校准到误差不大于 10^{-7}，电子计数器的主门时间应如何选择？用该电子计数器能否将晶振误差校准到不大于 10^{-9}，为什么？

3.8　一个 6 位电子计数器，测频显示单位为 kHz，主门时间 T 有 10 s、1 s、0.1 s、10 ms 和 1 ms 共五种。测量频率为 $f_x = 401\ 376.92$ 的信号，分别讨论对应各主门时间显示器的显示内容，并说明选择哪个主门时间最好。

3.9　测量一个频率为 500 Hz 的信号频率，采用测频法（主门时间 $T = 1$ s）和测周法（时标信号周期 $t_0 = 0.1$ μs）两种方法，分别计算由 ±1 误差引起的测量误差。

3.10　测量频率为 5 MHz 的信号，要求测量准确度小于 1×10^{-7}，应该选择下列哪种方案？

① 7 位电子计数器（$|\Delta f_c/f_c| = 1\times10^{-7}$），主门时间 1s。

② 7 位电子计数器（$|\Delta f_c/f_c| = 1\times10^{-8}$），主门时间 1s。

③ 7 位电子计数器（ $|\Delta f_c / f_c| = 1\times10^{-8}$ ），主门时间 10s。

3.11　用 6 位电子计数器测量周期为 2184.365 ms 的信号，时标 t_0 有 0.1 μs、1 μs、10 μs 和 100 μs 四挡，周期倍乘 m 有×1、×10 和×100 三挡，分别讨论在以下情况应如何选择时标 t_0 和周期倍乘 m？

① 显示不溢出。

② 显示不溢出且测周量化误差最小。

③ 显示不溢出且测周量化误差最小和测量时间最短。

④ 显示不溢出且测周量化误差最小和触发误差最小。

3.12　7 位电子计数器（ $|\Delta f_c / f_c| = 1\times10^{-8}$ ），已知频标 T_0 五挡：1 ms、10 ms、100 ms、1 s、10 s，时标 t_0 五挡：0.1 μs、1 μs、10 μs、100 μs、1 ms，周期倍乘 m 四挡：×1、×10、×100 和×1000，测量频率为 10 kHz 的信号，试计算：

① 电子计数器测频法的测量误差的最小值。

② 电子计数器测周法的测量误差的最小值。

3.13　某电子计数器测量频率为 10 Hz 的信号，若信噪比为 20 dB，周期倍乘开关分别置于×1 挡、×10 挡和×100 挡，求触发误差引起的测周误差，并讨论计算结果。

3.14　多周期同步测量法（倒数计数法）消除了量化误差，在整个频率范围内具有相同的测量准确度，试说明它是如何消除量化误差的。

3.15　简述游标法测量时间频率的原理。

3.16　试阐述内插法如何将不能计数的时间测量的零头用计数器读出来。

4　波形的显示和测量技术

本章课件

4.1　概　述

维基百科将示波器（oscilloscope）定义为："一种能够显示电压信号动态波形的电子测量仪器。它能够将时变的电压信号转换为时间域上的曲线，原来不可见的电气信号就此转换为在二维平面上直观可见的光信号，因此能够分析电气信号的时域性质"。

4.1.1　示波器的用途

示波器主要用于以下场合：

① 定性观察电路的动态过程。例如，观测电压、电流或其他被测信号的波形。

② 定量测量各种电参量。例如，定量测量被测信号波形参数的数值大小，参数可以是信号的幅值、频率以及上升时间等。

③ 通过传感器进行非电量测量。例如，测量温度、压力、振动、转速等。

④ 利用扫频技术观察线性系统的频率响应特性。

可见，示波器是应用领域非常广阔的电子测量仪器，电子测量中使用的频谱分析仪、扫频仪、晶体管伏安特性测试仪、逻辑分析仪，以及医学、生物科学、地质、力学、地震科学等领域使用的一些专用科学仪器，都是基于示波测量技术的原理构建而成的。所以，示波测量技术是基本的测量技术。

4.1.2　示波器的分类

根据示波器对信号的处理方式，可将示波器分为模拟示波器和数字示波器两大类。

4.1.2.1　模拟示波器

模拟示波器对时间信号的处理均采用模拟方式进行，即 X 通道提供连续的锯齿波电压，Y 通道提供连续的被测信号，而示波器屏幕上显示的波形也是光点连续运动的结果，即显示方式是模拟的。模拟示波器屏幕上显示的波形是 y 轴方向的被测信号与 x 轴方向的锯齿波扫描电压共同作用的结果，y 轴方向的信号反映被测信号的幅值，x 轴方向的锯齿波扫描电压代表时间 t。

模拟示波器按性能和结构可分为以下几类。

① 通用示波器：采用单束示波管作为显示器，能定性、定量地观察信号。根据其在荧光屏上显示出的信号数目，又可以分为单踪、双踪、多踪示波器。

② 多束示波器：采用多束示波管作为显示器，荧光屏上显示的每个波形都由单独的电子束扫描产生，能实时观测、比较两个或两个以上的波形。

③ 取样示波器：根据取样原理，对高频周期信号取样变换成低频离散时间信号，然后用普通示波管显示波形。由于信号的幅度未量化，这类示波器仍属于模拟示波器。

④ 记忆示波器：采用记忆示波管，它能在不同地点观测信号，能观察单次瞬变过程、非周期现象、低频和慢速信号。随着数字存储示波器的发展，记忆示波器逐渐消失。

⑤ 特种示波器：能满足特殊用途或具有特殊装置的专用示波器。例如，用于监视、调试电视系统的电视示波器，用于观察矢量幅值及相位的矢量示波器，用于观察数字系统逻辑状态的逻辑示波器等。

4.1.2.2　数字示波器

数字示波器采用数字电路对 x 轴和 y 轴方向的信号进行数字化处理，即把 x 轴方向的时间离散化，y 轴方向的幅值量化，从而获得被测信号波形上的一个个离散点的数据。

数字示波器具有存储信号的功能，所以又称为数字存储示波器（digital storage oscilloscope，简称 DSO）。其输入信号经 A/D 转换器将模拟波形转换为数字信息，并存入存储器中；需要读取时，再通过 D/A 转换器将数字信息转换成模拟波形显示在屏幕上。数字示波器能观察单次瞬变过程、非周期现象、低频和慢速信号。

随着技术的进步，现代数字示波器正向着多功能方向发展，先后出现了数字荧光示波器、混合信号示波器和混合域示波器。数字荧光示波器（digital phosphor oscilloscope，简称 DPO）能实时显示、存储和分析复杂信号的三维信号信息：幅度、时间和整个时间的幅度分布。混合信号示波器（mixed signal oscilloscope，简称 MSO）把数字示波器对信号细节的分析能力和逻辑分析仪多通道定时测量能力组合在一起，可用于分析数模混合信号的交互影响。混合域示波器（mixed domain oscilloscope，简称 MDO）可以捕捉与时间相关的模拟、数字和射频信号，从而获得完整的系统级观测，帮助人们解决复杂的设计问题。

4.2　示波管及波形显示原理

目前，示波器的显示器有阴极射线示波管（cathode ray tube，简称 CRT）和平板显示器两大类，本节介绍 CRT 的构成和显示原理。

4.2.1　阴极射线示波管

示波管是一种特殊的电子管，形状如喇叭，是电子示波器的核心部件。它采用静电偏转系统将电信号变换为光信号进行显示。

4.2.1.1　示波管的结构

示波管由电子枪、偏转系统和荧光屏三部分组成，这三部分密封在一个真空的玻璃壳内，如图 4.1 所示。

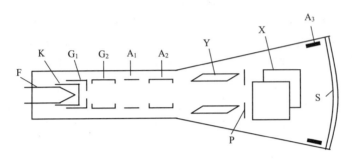

图 4.1　阴极射线示波管

电子枪包括灯丝（F）、阴极（K）、控制栅极（G_1）、前置加速极（G_2）、第一阳极（A_1）和第二阳极（A_2）等。电子枪的作用是发射电子束并对其聚焦和加速。偏转系统包括垂直偏转板（Y）、水平偏转板（X）、屏蔽极（P）和第三阳极（A_3），其作用是使电子束在荧光屏上的运动轨迹与垂直偏转板和水平偏转板所加电压成一定关系。荧光屏 S 包括屏面（圆形曲面或矩形平面）、荧光膜和透明铝膜等。高速电子穿透铝膜轰击荧光物质，将电子的动能变为光能，产生亮点，从而可以显示波形。铝膜的作用是使热量散发较快，还可以吸收二次电子、负离子，并且起到反光作用，使显示的图形更加清晰。

4.2.1.2　辉度控制原理

辉度控制是通过改变电子枪的控制栅极与阴极间的电位差来实现的。

阴极表面涂有受热易发射电子的氧化物质，当灯丝加热阴极后，阴极发射大量的电子。控制栅极包围着阴极，只在面向荧光屏的方向开了一个小孔。控制栅极的电位比阴极电位低，由阴极发射的电子受到控制栅极与阴极间减速电场的作用，只有初速度较大的电子可以穿出栅极的小孔射向屏幕。控制栅极的电位越低，减速电场的减速作用越强，穿出栅极的电子数越少；控制栅极的电位越高，减速电场的作用越弱，穿出栅极的电子数越多。故调节控制栅极的电位，就可以起到调节电子密度进而调节光点亮度的作用。调节控制栅极电位的电位器称为辉度调节电位器。

4.2.1.3　聚焦、加速原理

示波器一般采用静电聚焦原理，如图 4.2 所示。图 4.2 中的阴极 K、控制栅极 G_1、前置加速极 G_2、第一阳极 A_1 和第二阳极 A_2 都是同轴的金属圆筒。通常，G_2 与 A_2 相连，该电位一般接近于地电位，可以避免在 A_2 与偏转板间形成电场，造成散焦；G_2 的电位高于 G_1 的电位，故 G_1、G_2 间的电场是加速电场，从 G_1 到 G_2，电子束的主要趋势是聚拢；G_2 的电位高于 A_1 的电位，故 G_2、A_1 间的电场是减速电场，从 G_2 到 A_1，电子束的主要趋势是发散；A_2 的

电位高于 A_1 的电位，故 A_1、A_2 间的电场是加速电场，对电子束有很大的轴向加速作用，从 A_1 到 A_2，电子束的主要趋势是聚拢。从图 4.2 可知，G_2、A_1、A_2 的电位均远高于 K，它们与 G_1 组成聚焦系统，对电子束进行聚焦和加速，使得高速电子打到荧光屏上时恰好聚成很细的一束。

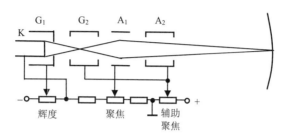

图 4.2　在聚焦系统作用下电子束的形状

调节 A_1 的电位可以同时改变 G_2 与 A_1 及 A_1 与 A_2 之间的电场大小，使电子束的焦点刚好落在荧光屏上，调节 A_1 电位的电位器称为"聚焦"电位器。A_2 的电位对聚焦也有作用，调节 A_2 电位的电位器称为"辅助聚焦"电位器。一般 A_2 的电位应调得与偏转板的平均电位基本一致，以避免散焦。

4.2.1.4　偏转原理

虽然示波管的种类有多种，但在示波管的结构中，至少有一对水平偏转板和一对垂直偏转板，每对偏转板都由基本平行的金属板构成。每对偏转板上两板间电压的变化必将影响电子运动的轨迹。垂直偏转板上的电压变化只能影响光点在屏上的垂直位置；水平偏转板上的电压变化只影响光点的水平位置。两对偏转板共同配合，才决定了任一瞬间光点在荧光屏上的坐标。当垂直偏转板和水平偏转板的电压分别为零时，电子束打到荧光屏的正中。

下面以垂直偏转板为例来介绍偏转原理。

电子束在垂直偏转板的偏转电压 U_Y 的作用下产生偏转，并在屏幕上产生距离为 y 的垂直位移，如图 4.3 所示，则

$$y = \frac{LS}{2bU_{A_2}} U_Y \qquad (4.1)$$

式中，L 为偏转板的长度；S 为偏转板中心到屏幕中心的距离；b 为偏转板之间的距离；U_{A_2} 为第二阳极电压。

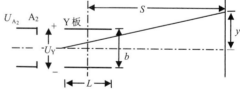

图 4.3　电子束的偏转规律

式（4.1）是一个简化了若干条件的近似公式。

当示波管确定后，L、b、S 均固定，第二阳极的电压 U_{A_2} 也基本不变，偏转距离 y 正比于偏转板上的电压 U_Y，即

$$y = s_y' U_Y \qquad (4.2)$$

式中，s_y' 称为示波管的 y 轴偏转灵敏度，单位是 cm / V，它的倒数 $D_y' = 1/s_y'$ 称为示波管的 y 轴偏转因数，单位为 V/cm，是示波管的重要参数。

偏转灵敏度越大，示波管越灵敏，观察微弱信号的能力越强。在一定范围内，荧光屏上光点偏移的距离与偏转板上所加电压成正比，这是用示波管观测波形的理论根据。

为了提高 y 轴偏转灵敏度，可适当降低第二阳极电压，而在偏转板至荧光屏之间加一个第三阳极 A_3，使穿过偏转板的电子束在 z 轴方向（z 方向）得到较大的速度。这种系统称为先偏转后加速系统（post deflection acceleration，简称 PDA）。其中 A_3 上的电压可高达数千伏至上万伏，远比 A_2 上的电压高，大大改善了偏转灵敏度，因此这种系统在现代示波管中得到了广泛应用。

4.2.1.5　屏幕特性

当电子束从荧光屏移去后，光点仍能在荧光屏上保留一段发光过程，形成余辉。从电子束移去到光点亮度下降到原始值的 10% 所延续的时间称为余辉时间。不同的荧光材料，其余辉时间不一样，根据余辉时间的长短，荧光材料分为三种：短余辉（10 μs ~ 1 ms），用于显示高频信号；中余辉（1 ms ~ 0.1 s），用于普通示波器；长余辉（0.1 ~ 1 s），用于观察缓慢变化的信号。通用示波器一般采用中余辉管。

由于荧光物质的余辉及人眼的视觉残留效应，尽管电子束每一瞬间只能击中荧光屏上一个点，但我们却能看到光点在荧光屏上移动的轨迹。

采用的荧光物质不同，发光的颜色也不同。人眼对黄绿色的光最敏感，因此通用示波器的荧光屏一般是发黄绿光或绿光的；照相底片通常对蓝色最敏感，所以有些荧光屏是发蓝光的。

为了测量所显示波形的高度和宽度，在荧光屏上还有一定的刻度线。刻度线可以刻在屏外的透明薄膜上，由于存在视差，这会影响观测的准确性；刻度线也可以刻在荧光屏玻璃的内侧，这样就克服了视差对测量的影响。

4.2.2　图像显示的基本原理

用示波器显示图像，基本上有两种类型：一种是显示随时间变化的信号，另一种是显示任意两个变量 x 与 y 的关系。下面以显示随时间变化的信号为例说明示波器显示图像的原理。

4.2.2.1　波形显示原理

被测信号 U_y 加到垂直偏转板上，则电子束就会在 y 方向按信号的变化规律变化，任一瞬间的偏转距离正比于信号的瞬时值。但是，如果水平偏转板没有电压，则荧光屏上只能看到一条垂直的直线，如图 4.4（a）所示。这是因为电子束在水平方向没有发生偏转。

如果在水平偏转板上加入随时间而线性变化的信号，即加一个锯齿波信号，则在水平方向上电子束的偏转正比于时间。如果垂直偏转板上不加电压，则光点在荧光屏上构成一条反映时间变化的直线，称为时间基线，如图 4.4（b）所示。

如果被测信号 U_y 加到垂直偏转板上，在水平偏转板上加锯齿波信号，则屏幕上光点的 y 坐标和 x 坐标分别与该瞬间的信号电压和锯齿波电压成正比。由于锯齿波电压与时间成正比，所以荧光屏上显示的就是被测信号随时间变化的波形，如图 4.4（c）所示。由于锯齿波信号的周期正好和被测信号的周期相等，则荧光屏上得到一个周期清晰而稳定的图形。

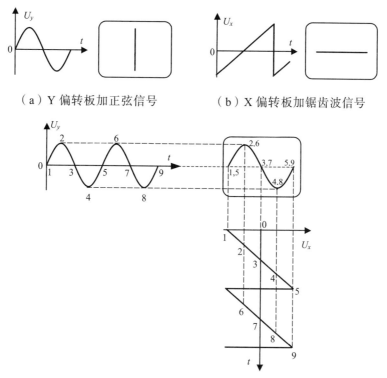

（a）Y 偏转板加正弦信号　　　　（b）X 偏转板加锯齿波信号

（c）X、Y 偏转板同时加信号

图 4.4　波形显示原理图

4.2.2.2　扫描的概念

在锯齿波信号（线性时间信号）的作用下，光点扫动而获得时间基线的过程称为扫描。扫描时，光点自左向右的连续扫动称为扫描正程；光点自屏的右端迅速返回起点称为扫描回程。理想锯齿波的回程时间为零。

4.2.2.3　同步的概念

当扫描电压的周期是被测信号周期的整数倍（$T_x = nT_y$，n 为整数）时，扫描的后一个周期描绘的波形与前一个周期完全一样，荧光屏上得到 n 个周期的清晰而稳定的波形，这就称为信号与扫描电压同步。

当 $T_x \neq nT_y$ 时，即扫描周期不是被测信号周期的整数倍时，例如，$T_x = \dfrac{5}{4}T_y$，如图 4.5 所示，则第一个扫描周期显示的信号如实线所示，第二个扫描周期显示的信号如虚线所示，这样我们看到的波形从右向左移动，显示的波形不再是稳定的了。可见，保证扫描电压周期是被观察信号周期的整数倍，即保证同步关系非常重要。但实际上扫描电压由示波器本身的时基电路产生，它与被测信号是不相关的，为此常利用被测信号产生一个同步触发信号去控制示波器的时基电路，迫使它们同步；也可以用外加信号去产生同步触发信号，但这个外加信号的周期应与被测信号有一定的关系。

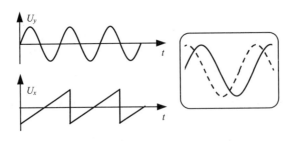

图 4.5　扫描电压与被测电压不同步

　　因此，如果想观察到一个稳定的信号波形，必须保证扫描电压周期是被测信号周期的整数倍关系。

4.3　平板显示技术

　　平板显示器件主要有液晶屏（LCD）、荧光屏（VFD）、等离子体（PDP）显示屏以及电致发光（EL）显示板等。它们的基本原理都是在正交的条状电极之间放置某种物质，使之产生光电效应。这些物质可以是 PN 结、惰性气体以及液晶等。当正交电极加上工作电压后它们就会发光、放电或者改变其光学性质，从而可以实现显示光线的功能。由于数字示波器已经广泛使用液晶显示屏，故本节介绍液晶显示屏的工作原理。

4.3.1　液晶显示屏

4.3.1.1　液晶概述

　　物质在自然界的三种常见形态为固态、液态和气态。固态是由分子刚性排列组成的，每个分子在排列中占据一定的位置，同时它们还以一定的方式取向排列。可见固体具有位置有序性和取向有序性。液态时，液体分子可随意移动、转动，既不占据一个确定的平均位置，又不以一种特殊方式保持取向，液体分子的有序度大大低于固体，两种有序性完全消失。当物质处于气态时，分子的运动更是杂乱无章，使得分子之间的吸引力比在液态时更小，以至于小到不足以使分子靠在一起。某些有机化合物在由固态向液态的转化过程中，尽管失去了固态物质的刚性，却获得了液体的易流动性，并保留了晶态固体分子的取向有序性（不像固体中那样严格有序），形成了一种兼有晶体和液体部分性质的中间态，这种由固态向液态转化过程中存在的取向有序的有机化合物称为液晶。液晶是一种介于固体和液体之间的特殊物质，常态下呈液态。

　　液晶具有以下特性：
　　① 具有优秀的光透射性能。
　　② 具有电光效应：在电场的作用下，液晶分子的排列会发生变化，从而影响到它的光学性质。

③ 某些液晶具有螺旋面结构：相邻两层间的液晶分子依次规则地扭转一定角度，层层累加而形成螺旋面结构。

光穿过物质之中，会受到构成该物质的原子、分子的影响而发生折射，入射光在发生折射的同时向前传播。如果物质的分子排列为螺旋状，则穿过该物质的光会以螺旋弯曲的方式在物质中传播。当入射光为直线偏振光时，这种效果十分明显，即其偏振光面发生旋转。

4.3.1.2 液晶显示器（LCD）的显示原理

在两块平行板之间填充液晶材料，通过电压来改变液晶材料内部分子的排列状况，使外光源透光率发生变化，以达到遮光和透光的目的，从而实现多灰阶显示。再在两块平板间加上 R、G、B 三基色的滤光层，利用 R、G、B 三基色信号的不同激励，通过红、绿、蓝三基色滤光膜，完成彩色图像的显示。

4.3.1.3 液晶显示器（LCD）的分类

液晶显示器按其物理结构，主要分为以下几种：

① 扭曲向列型（TN）LCD。向列型液晶夹在两块导电玻璃基片之间，构成三明治结构，使液晶分子的长轴在基板间发生 90°连续的扭曲，就制成了向列型排列的液晶。液晶盒的偏光片呈垂直放置，不施加电压时使光透过，而施加电压时使光遮断。

② 超扭曲向列型（STN）LCD。这种 LCD 的显示原理与扭曲向列型 LCD 相似，不同的是扭曲向列型 LCD 的液晶分子是将入射光旋转 90°，而超扭曲向列型 LCD 是将入射光旋转 180°~360°，从而获得大容量和高清晰画面质量。

③ 双层超扭曲向列型（DSTN）LCD。这种 LCD 是由超扭曲向列型 LCD 发展而来的。双层超扭曲向列型 LCD 是通过双扫描方式来扫描超扭曲向列型 LCD，从而达到显示目的。因此 DSTN 的显示效果相对 STN 来说有大幅度提高。DSTN 液晶显示器的对比度和亮度较差、可视角度小、色彩不丰富，但因其结构简单和价格低廉，仍然存在市场。

④ 薄膜晶体管型（TFT）LCD。这种液晶显示器上的每一个液晶像素点都是由集成在其后的薄膜晶体管来驱动的。TFT LCD 的驱动电压低，画面对比高，颜色鲜艳，显示质量好，工作温度范围广，制造工艺成熟，在示波器中应用最多，是 LCD 发展的主流。但 TFT LCD 存在耗电较大、散热性不好和成本过高的缺点。

4.3.2 薄膜晶体管液晶显示器（TFT LCD）

下面以 TFT LCD 为例介绍液晶显示器的工作原理。

4.3.2.1 TFT LCD 的组成

TFT LCD 由彩色 TFT LCD 屏、背照明单元以及周边驱动电路构成，如图 4.6 所示。

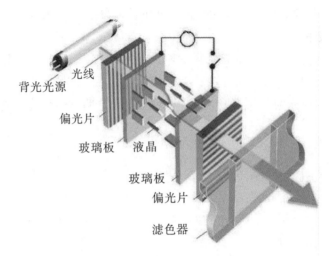

背光光源

光线

偏光片

玻璃板　液晶

玻璃板

偏光片

滤色器

图 4.6　TFT LCD 的结构示意图

1）背照明单元

背照明单元由背光光源和导光板组成。液晶本身不发光，为了得到逼真、明亮的图像，需要有高亮度的背光光源，常用的背光源有冷阴极荧光灯（CCFL）、半导体发光二极管(LED)和电致发光(EL)，其中最常用的是冷阴极荧光灯。通常在背光光源和彩色 TFT LCD 屏的偏光片之间有导光板，导光板背面和侧面贴反射膜，导光板正面贴塑料透镜膜和漫射膜，使光照更均匀。

2）彩色 TFT LCD 屏

彩色 TFT LCD 屏包括一对偏光片、一对 TFT 阵列玻璃板以及两者之间的液晶材料和滤色器等部件。

一对偏光片由一个垂直偏光片和一个水平偏光片构成，分别控制垂直和水平光线通过。偏光片由一系列细的平行线构成。这些线形成一张网，阻断与这些线不平行的所有光线。当背光光源产生的光线从第一个偏光片的一侧入射时，光线就变成了偏振光，光轴与该偏振片的轴向一致。

一对 TFT 阵列玻璃板之间充满液晶，玻璃板内侧具有沟槽结构，并附着配向膜，可以让液晶分子沿着沟槽整齐排列。由于玻璃板内侧的沟槽结构，位于两个玻璃板之间的液晶分子呈现 90° 扭转的状态。偏振光进入液晶层后，由于液晶的排列方式使射出液晶层的偏振光光轴发生 90° 的旋转，与第二个偏光板的偏光轴轴向一致，光线得以通过，为亮点。

玻璃板内侧还有 ITO 透明导电层，分为像素电极和公共电极，其作用是提供导电通路。当给上、下玻璃板加上电压时，液晶分子的排列与电场方向一致，旋光特性消失，射出光线的偏振轴方向就与第二个偏振片的偏振轴正交，光线被阻挡，呈暗点。由此可见，通过控制外加电压，进而控制液晶分子的转动，改变液晶的旋光状态，就可以控制液晶光点的强弱，实现多灰阶显示。

在两层玻璃板之间还有薄膜晶体管，由于 TFT 具有电容效应，故能够保持电位状态，已经透光的液晶分子会一直保持这种状态，直到 TFT 电极下一次再加电压改变其排列方式为止。由此可见，TFT 的作用类似于开关，它能够控制电路上的信号电压，并将其输送到液晶分子中，以决定液晶分子偏转的状态。

在彩色 LCD 面板中，每一个像素都是由三个液晶单元格构成的，这三个液晶单元格前面分别有红色（R）、绿色（G）和蓝色（B）的过滤器，并且这三个液晶单元格各自拥有不同的灰阶变化，这样，每一个像素就可以显示出不同的颜色，从而使 LCD 显示彩色图像。

对于一个普通的 1024×768 分辨率的 TFT LCD，若它的每个像素都由三个液晶单元格构成，则总共需要 $1024×768×3 = 2359296$ 个单元格，如果这些单元格都配备一个场效应薄膜晶体管，则需要 2359296 个 TFT。若每个 R、G、B 滤色器采用 8 bit 来记录其色彩强度（256种），则每个像素能记录 $2^{24} = 16M$ 种色彩。

4.3.2.2 图像显示的基本原理

TFT LCD 采用有源驱动液晶显示方式，其上的每一个液晶像素点都是由集成在其后的薄膜晶体管来驱动的。由于 TFT LCD 可以把开关元件的控制电压和液晶像素的驱动电压分开设置，以使其各自选择在最佳的工作状态，故显示质量得到了很大的提高。

TFT 矩阵驱动 LCD 的内部结构如图 4.7 所示，TFT 排列成一个矩阵，在其交点上制作与 TFT 配置的像素点对应的门线(gate line)和驱动线(signal line)两种电极。同一行中与各像素串

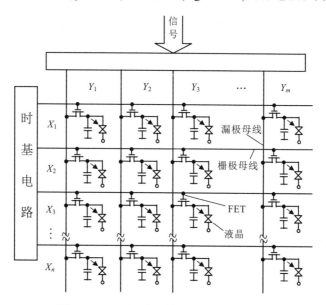

图 4.7 TFT 矩阵驱动 LCD 的内部结构

联的 TFT 的栅极是连在一起的，故行电极 X 也称为栅极母线或门线，与 TFT 晶体管的栅极连接；信号电极 Y 将同一列中各 TFT 的源极连在一起，故列电极也称为漏极母线，TFT 的漏极则与液晶的像素电极相连。为了增加液晶像素的弛豫时间，还给液晶像素并联上一个合适的电容。像素电极与公共电极之间的电压可控制液晶的亮度。

TFT LCD 采用线顺序扫描，按照从上到下的顺序把所有的栅线 X_i 依次选择一遍，则形成了一个完整的画面，这样的一个扫描过程称为"一帧"。下面以图 4.8 所示的简化的 3×4 矩阵电路来分析 TFT 对 LCD 的驱动过程。

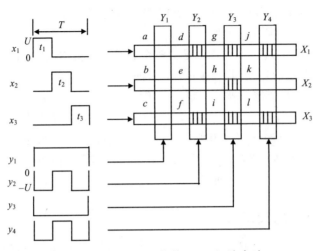

图 4.8 驱动面板结构的 3×4 矩阵电路

假设一个周期 T 平均分为三个相等的时间段：t_1、t_2、t_3。

在时间段 t_1 期间，栅线 X_1 上加上扫描选址信号，与栅线 X_1 相连的所有 TFT 都处于打开状态，向数据线 Y_1、Y_2、Y_3 和 Y_4 所提供的数据信号，通过相应的 TFT 与像素电容和存储电容相连接，并使后两者分别充电至数据信号电压。

在时间段 t_2 期间，与栅线 X_1 相连的所有 TFT 都处于关闭状态，被 X_1 选择的像素则处于与数据线电气切断的状态。而且这种电气切断状态在以后的 t_3 时间段内也继续保持，直到下一帧选择时间到来。同时，在 t_2 期间，与栅线 X_2 相连的所有 TFT 全部处于打开状态，此时其选择的像素与数据线的电气导通，并由后者通过 TFT 向这些像素提供数据信号，向像素电容和存储电容充电，使其分别达到数据信号电压。重复这样的扫描过程，就完成了一帧的驱动，写入的数据信号需要一直保持到下一个扫描选址信号来到为止，这样就可以清晰稳定地显示一帧画面。

4.4 模拟示波器

4.4.1 模拟示波器的性能指标

示波器的技术性能指标有几十项，为了准确选择和使用示波器，必须了解以下最重要、最基本的五项性能指标。

4.4.1.1 频率响应（频带宽度）

示波器最重要的工作特性就是频率响应，一般是以频带宽度 BW 来衡量。不加说明的情况下，BW 一般指示波器垂直系统的频带宽度。频带宽度是指示波器垂直通道对正弦波的幅频响应下降到中心频率的 0.707（ -3 dB）时，其下限频率与上限频率的范围，即

$$BW = f_H - f_L \tag{4.3}$$

式中，f_H 为上限频率；f_L 为下限频率。

由于 $f_H \gg f_L$，因此常用 f_H 来表示示波器的频带宽度。示波器垂直通道的带宽必须足够宽，如果通道的带宽不够宽，则对于信号的不同频率分量，由于通道的增益不同，会使信号波形产生失真。

4.4.1.2 瞬态响应

示波器的瞬态响应就是垂直系统电路在方波脉冲输入信号作用下的过渡特性，可以用上升时间、下降时间、上冲、下冲、预冲和下垂等参数来表示。图 4.9 所示为一个标准的正方波脉冲经过示波器后的响应波形，与输入信号波形比较，响应波形发生了失真。

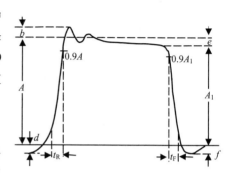

图 4.9　瞬态响应的参数

1）上升时间 t_R

t_R 是指正脉冲波的前沿从基本幅值 A 的10%上升到90%所需的时间。它在相当大的程度上决定了被测脉冲信号的最小宽度。

经分析，上升时间 t_R 与上限频率 f_H 存在如下的关系

$$t_R \approx \frac{0.35}{f_H} \tag{4.4}$$

式中，t_R 的单位为 μs，f_H 的单位为 MHz。例如，对于带宽为 100 MHz 的示波器，其 Y 通道的上升时间为 3.5 ns。

可见，f_H 越大，BW 越大，t_R 越小，波形前沿失真越小，示波器时域性能越好。

若有一个测试信号，上升时间为 t_r。利用示波器进行测量，若被测信号的上升时间 t_r 不比 Y 通道的上升时间 t_R 大太多，则

$$t_r = \sqrt{t_r'^2 - t_R^2} \tag{4.5}$$

式中，t_R 为示波器 Y 通道的上升时间；t_r' 为示波器测得的被测信号的上升时间。

2）下降时间 t_F

t_F 是指正脉冲波的后沿从下垂后幅值 A_1 的90%下降到10%所需的时间。

3）上冲 S_0

S_0 是指脉冲波前沿的上冲量 b 与基本幅值 A 的百分比值，即

$$S_0 = \frac{b}{A} \times 100\% \tag{4.6}$$

4）下冲 S_n

S_n 是指脉冲波后沿的下冲量 f 与基本幅值 A 的百分比值，即

$$S_n = \frac{f}{A} \times 100\% \tag{4.7}$$

5）预冲 S_p

S_p 是指脉冲波阶跃之前的预冲量 d 与基本幅值 A 的百分比值，即

$$S_p = \frac{d}{A} \times 100\% \tag{4.8}$$

6）下垂 δ

下垂 δ 是脉冲平顶降落量 e 与基本幅值 A 的百分比值，即

$$\delta = \frac{e}{A} \times 100\% \tag{4.9}$$

Y 通道应该有足够短的上升时间，上冲不应大于 5%，下垂不超过 1% ~ 3%。

4.4.1.3　偏转因数

偏转因数是指在输入信号的作用下，光点在屏幕上的垂直方向偏转 1 cm 所需电压的峰-峰值，单位为"V/cm"或"mV/cm"。荧光屏上为了便于读数，通常用间隔 1 cm 的坐标线作为刻度线，每 1 cm 称为"1 格"，用 1 div 表示。因此偏转因数的单位也可以表示为"V/div"或"mV/div"。在示波器面板上，通常按"1—2—5"的顺序将偏转因数分成许多挡，此外，还有"微调"旋钮（当调到尽头时，为"校准"位置）。偏转因数可用 D_y 表示，即

$$D_y = \frac{U_y}{y} \tag{4.10}$$

式中，U_y 为示波器输入端所加的电压；y 为 U_y 作用下光点偏转的距离。

D_y 反映了示波器观测信号幅度范围的能力。偏转因数越小，表示示波器观测微弱信号的能力越强。

偏转因数的倒数称为偏转灵敏度，是指单位输入信号电压引起光点在荧光屏上偏转的距离，单位为"cm / V"或"cm / mV"（"div / V"或"div / mV"）。偏转灵敏度可用 s_y 表示，即

$$s_y = \frac{1}{D_y} = \frac{y}{U_y} \tag{4.11}$$

4.4.1.4　时基因数

时基因数是指光点在屏幕上的水平方向移动单位距离所需要的时间，单位为"s / cm"或"s / div"。在示波器面板上，通常也按"1—2—5"的顺序将时基因数分成许多挡，此外，还有"微调"旋钮（当调到尽头时，为"校准"位置）和"扩展"旋钮。做定量测量时，"微调"旋钮应置"校准"位，"扩展"旋钮置"×1"位。时基因数可用 D_t 表示，即

$$D_t = \frac{t}{x} \tag{4.12}$$

式中，x 为光点在水平方向偏转的距离；t 为光点在水平方向偏转距离 x 所需要的时间。

时基因数的倒数称为扫描速度。扫描速度是指屏幕上单位时间内光点在水平方向移动的距离，单位为"cm / s"或"div / s"。扫描速度可用 S_s 表示，即

$$S_s = \frac{1}{D_t} \tag{4.13}$$

示波器的时基因数越小（扫描速度越大），表明示波器能够展宽高频信号波形或窄脉冲的能力越强；相反，若要观测缓慢变化的信号，则要求示波器能提供较大的时基因数（较小的扫描速度）。

4.4.1.5 输入阻抗

示波器的输入阻抗一般可等效为电阻和电容并联，即等效为示波器输入端对地的电阻 R_i 和分布电容 C_i 的并联阻抗。在观测信号波形时，把示波器输入探极接到被测电路的观察点，其输入阻抗越大，示波器对被测电路的影响就越小。而输入阻抗大，亦即要求输入电阻 R_i 大而输入电容 C_i 小。一般规定示波器的输入电阻为 1 MΩ。由于频率越高，受输入电容的影响越严重，而且高频电路一般又具有较低的阻抗，为了便于匹配，示波器除配有高阻抗输入端外，宽带示波器还常常配有低阻抗输入端，其阻抗一般为 50 Ω。

4.4.2 通用示波器

4.4.2.1 通用示波器的组成

通用示波器是模拟示波器中应用较为广泛的一种，下面以通用示波器为例介绍模拟示波器的组成及各部分功能。

通用示波器由主机、垂直系统和水平系统三大部分组成，图 4.10 所示是通用示波器的原理示意图。

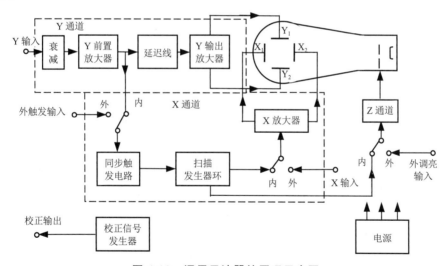

图 4.10 通用示波器的原理示意图

1）主机

主机包括示波管、Z 通道、电源和校准信号发生器等。

2）垂直系统

示波器既要观测小信号，又要观测大信号。而示波管垂直偏转板的偏转因数一般为 4 ~ 10 V/cm，为此专门设置了垂直系统（也称为 Y 通道），将被测信号进行放大或衰减，以满足示波管垂直偏转板的要求，从而在屏幕上显示出大小适中的被测信号波形。

3）水平系统

在用示波器观测随时间变化的信号波形时，水平系统（也称为 X 通道）的主要任务是产生一个与被测信号同步的、随时间做线性变化的锯齿波电压（扫描电压）；另外，也可由 X 放大器直接输入一个信号，这个信号与 Y 通道的信号共同决定荧光屏上点的位置，构成一个 X-Y 图示仪，此时同步触发电路和扫描发生器环不起作用。

4.4.2.2　通用示波器的垂直通道

示波器的垂直通道主要由探极、耦合开关、衰减器、Y 前置放大器、延迟线、Y 输出放大器（Y 后置放大器）和触发放大器等组成，如图 4.11 所示。被测信号通过探极经耦合开关接入衰减器，衰减器将信号衰减后，送入 Y 前置放大器。Y 前置放大器将信号放大后，一方面将信号引至触发放大电路，作为同步触发信号；另一方面，信号经过延迟线后引至 Y 输出放大器，将信号加到 Y 偏转板上。

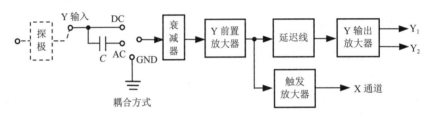

图 4.11　示波器垂直通道的组成示意图

1）探极

探极俗称测量探头，是连接在示波器外部的一个输入电路部件。它的作用是便于直接探测信号，提高示波器的输入阻抗，减少波形失真以及展宽示波器的实际使用频带。

普通示波器的探极可以采用一般的屏蔽导线。而通用示波器常用的探极是高频、高灵敏度的示波器探极，高频、高灵敏度示波器探极又分为以下两种：

a. 无源探极

无源探极由 RC 元件和同轴电缆构成，如图 4.12 所示。其中 R_i 为示波器的输入电阻，C_i 为示波器的输入电容，C 为补偿电容。一般示波器的输入电阻为 1 MΩ，输入电容约为数皮法（pF）至数十皮法（pF）。补偿电容用来提高探极的工作频率，扩展使用频带宽度。调整补偿电容，可对探极进行最佳补偿调整，此时可用方波试验法，将一个矩形方波输入探极。调整补偿电容获得最佳补偿后，在示波器荧光屏上将显示出不失真的波形。

无源探极有分压的作用，故具有 10∶1 或 100∶1 的衰减；而且由于它的分压作用，还扩展了示波器的量程上限，同时使示波器的输入阻抗也大为提高。

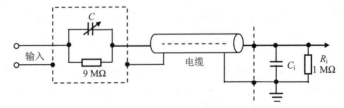

图 4.12　无源探极的原理电路图

无源探极可以在较高频率下工作，有较大的过载能力；但是不宜用来探测小信号。

b. 有源探极

为了测量高速小信号，必须采用有源探极。有源探极可以在无衰减的情况下获得良好的高频工作性能（可达 1 000 MHz 以上）。有源探极由源极跟随器、电缆和放大器构成，如图 4.13 所示。

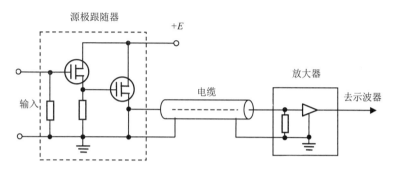

图 4.13　有源探极的原理电路图

源极跟随器的制作一般采用反偏的结型场效应管，与绝缘栅场效应管相比，结型场效应管具有较低的噪声和较大的过载能力，输入阻抗高。

有源探极的放大器用来补偿源极跟随器和电缆的传输损耗，使整个探极的电压传输系数等于 1。有源探极的输入阻抗更高，传输增益为 1:1。有源探极的过载能力和动态范围都较无源探极差，使用时要特别小心。

2）耦合开关

耦合开关有 3 个挡位："AC"挡、"DC"挡和"GND"挡。"AC"挡可用电容 C 隔直通交，即隔离输入信号中的直流成分，耦合交流分量；"DC"挡使输入信号直接通过；"GND"挡使衰减器接地，这样不需要移去施加的被测信号就可以提供接地参考电平。

3）衰减器

示波器的被测信号幅度变化范围较宽，小到几十毫伏，大到几百伏。为了保证垂直放大器正常工作，需要对大信号进行衰减，以保证显示在荧光屏上的信号不至于因过大而失真。调节衰减器可改变示波器的偏转因数。对衰减器的基本要求是：要有足够的调节范围和宽的频带、准确的分压系数，以及高而恒定的输入阻抗。而电阻-电容补偿式衰减器（简称阻容分压器）能满足这些要求，所以示波器的衰减器通常采用阻容分压器，其基本组成形式如图 4.14 所示。

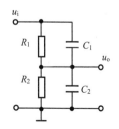

图 4.14　阻容分压器的原理电路图

衰减器的衰减量为输出电压 u_o 与输入电压 u_i 之比。其中 R_1、R_2 组成衰减器的分压电阻，C_1、C_2 组成分压电容。C_2 一般为输入电容和分布电容的组合；C_1 为补偿电容，一般做成半可调式，只要 C_1 调整得合适，满足 $R_1C_1 = R_2C_2$，则分压比将与信号的频率无关，通过衰减器的脉冲波形才不会失真。

衰减器的分压比在直流或低频时为电阻分压，即

$$\frac{u_o}{u_i} = \frac{R_2}{R_1 + R_2} \qquad (4.14)$$

当交流信号的频率很高时，衰减器的分压比趋于电容分压，即

$$\frac{u_o}{u_i} = \frac{C_1}{C_1 + C_2} \qquad (4.15)$$

因此，只有当低频或直流时的电阻分压比和高频时的电容分压比相等时，衰减器才具有从直流到高频的平坦的频率响应，此时分压比与输入频率无关，即

$$\frac{R_2}{R_1 + R_2} = \frac{C_1}{C_1 + C_2} \qquad (4.16)$$

由式（4.16）可得

$$R_1 C_1 = R_2 C_2 \qquad (4.17)$$

式（4.17）即为衰减器实现最佳补偿的条件。当输入信号为矩形方波时，如满足最佳补偿条件，则输出的波形不会失真，如图 4.15（a）所示；当 $R_1 C_1 > R_2 C_2$ 时，出现过补偿，如图 4.15（b）所示；当 $R_1 C_1 < R_2 C_2$ 时，出现欠补偿，如图 4.15（c）所示。

（a）最佳补偿　　　　（b）过补偿　　　　（c）欠补偿

图 4.15　探极或衰减器的补偿

示波器偏转因数的粗调开关就是用来改变 RC 分压比，以获得不同的衰减倍率，在面板上常用"V/cm"来标记。

4）Y 前置放大器

Y 前置放大器的作用是为了减轻触发放大器的负担，削弱干扰和噪声的影响，为通道转换器的工作提供较大信号，更重要的是保证给延迟线和 Y 输出放大器的激励信号提供足够的幅度，因此要求 Y 通道的 Y 前置放大器要有足够高的电压增益。

Y 前置放大器应采用高增益、宽频带、直接耦合、低噪声的多级平衡放大电路，因此 Y 前置放大器通常由输入级和放大级组成。输入级采用平衡式源极-射极跟随电路。输入级的作用是：提高示波器的输入阻抗，减小示波器对被测电路的影响；降低示波器的输出阻抗，提高带负载的能力；减少噪声系数，提高信噪比。放大级由一级或几级差动反馈放大电路构成。放大级可以将单端输入信号变成双端对称输出信号，有利于提高共模抑制比，同时实现各种控制功能：通过改变差动电路的反馈阻抗实现增益微调；通过转换共射与共基差动电路可以实现 y 轴的极性 + / − 变换；调节加在差动电路输入端的直流电位可以控制 y 轴位移，即可调节屏幕上波形在 y 方向的位置。

5）延迟线

由于水平通道的时基电路自接受触发信号到开始扫描，有一段延迟时间 τ_T，在观测信号时，就可能出现被测信号已经到达示波管的垂直偏转板，而扫描信号尚未到达水平偏转板的情况，导致待测信号起始部分被抹掉而不能显示出来。因此要在 Y 通道设置延迟线，将被测信号延迟一段时间 τ_d，才能观测到包括信号起始部分的全部波形。例如，观测单次脉冲信号，若信号通过 Y 通道不被延时，有时会发生完全观测不到波形的情形。图 4.16 表示了延迟线的作用。示波器延迟线的延迟时间通常为 60～200 ns。为了防止延迟线传输信号时产生反射，导致波形失真，它的特性阻抗必须与电路的负载相匹配。

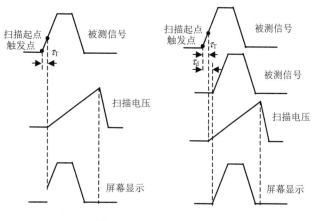

图 4.16　延迟线的作用

延迟线有两种：一种是分布参数式延迟线，常采用双芯平衡螺旋导线、同轴射频电缆、椭圆双芯屏蔽延迟线等；另一种是集中参数式延迟线，由多节 LC 延迟网络组成。

6）Y 输出放大器

Y 输出放大器的作用是将延迟线送来的被测信号放大到足够大的幅度，为示波管的垂直偏转板提供推动电子束的偏转电压，使电子束在荧光屏垂直方向能获得满偏转。放大器除了应具有足够大的放大倍数外，还要考虑能保证波形无失真地放大，即放大器应具有足够的带宽。Y 输出放大器一般由几级射极跟随器和差动放大电路组成。改变负反馈的大小可以改变放大器的增益，许多示波器设有垂直偏转因数的扩展功能（面板上的"倍率"开关），如"×5"或"×10"，可以把放大器的放大量提高 5 倍或 10 倍，屏幕上的波形从而可以在垂直方向拉伸 5 倍或 10 倍，这便于观测微弱信号或看清波形的局部细节。

7）触发放大器

由 Y 通道的延迟线之前取出的被测信号作为内触发信号，用来触发扫描电路，使扫描电压与被测信号的波形同步，以便被观测的高速脉冲的前沿过程完整地显示在荧光屏上。触发放大器的作用就是将从延迟线之前取得的被测信号放大，并使触发电路对垂直放大器的影响尽量小。

4.4.2.3　通用示波器的水平通道

示波器的水平通道由扫描发生器环、同步触发电路、X 放大器电路等组成，如图 4.17 所示。其中扫描发生器环由扫描闸门、积分器及比较和释抑电路组成，扫描发生器环又称为时基电路，是水平通道的核心，能产生线性度好、频率稳定、幅度相等的锯齿波电压。同步触发电路控制扫描发生器环的扫描闸门，实现与被测信号的严格同步。X 放大器的输入端有"内""外"两个位置，故 X 放大器可以放大扫描信号，也可以放大直接输入的任意外接信号，产生对称输出信号至水平偏转板。

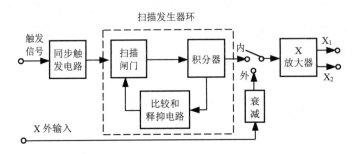

图 4.17　示波器水平通道的组成示意图

1）扫描分类

线性时基电路的扫描方式可以分为连续扫描和触发扫描两类。

连续扫描：扫描电压是周期性的锯齿波电压。在扫描电压的作用下，光点将在屏幕上做连续的重复周期的扫描。若没有 Y 通道的电压信号，屏幕上将只显示出一条时间基线。在时域测量中，在 Y 通道加入周期性变化的电压信号，则可以显示出信号波形。

触发扫描：扫描发生器环平时处于等待工作状态，只有送入触发脉冲时才产生一次扫描电压。这种扫描方式适合于占空比很小的信号，即脉冲持续时间与重复周期之比很小的信号。

连续扫描与触发扫描的比较如图 4.18 所示。其中图 4.18（a）所示为被测脉冲，若用连续扫描来显示，扫描信号的周期有两种选择：

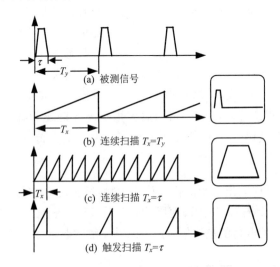

图 4.18　连续扫描和触发扫描的比较

① 扫描周期等于脉冲重复周期。这种情况如图 4.18（b）所示。屏幕上的脉冲波形集中

在时间基线的起始部分，难以看清脉冲波形的细节，如前、后沿时间等。

② 扫描周期等于脉冲持续时间。为了将脉冲波形在水平方向展宽，必须减小扫描周期，设 $T_x = \tau$，如图 4.18（c）所示。在一个脉冲周期内，光点在水平方向完成了多次扫描后，只有一次扫描显示出了脉冲图形，结果在屏幕上显示的脉冲波形本身非常暗淡，而时间基线却很明亮。这样给观测带来困难，而且扫描的同步很难实现。

图 4.18（d）所示的触发扫描可以解决上述脉冲测量困难问题。触发扫描只有在被测脉冲到来时才扫描一次，只要扫描电压的持续时间等于或稍大于脉冲持续时间，则脉冲波形就可以展宽得几乎布满横轴；同时，由于在两个脉冲间隔时间内没有扫描，故不会产生时间基线。

2）扫描发生器环

扫描发生器环（时基电路）由扫描闸门、积分器及比较和释抑电路组成，如图 4.19 所示。

a. 扫描闸门

扫描闸门产生门控信号，控制锯齿波的起点和终点。扫描闸门电路多采用施密特触发电路，它是双稳态触发电路，如图 4.20（a）所示。

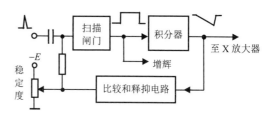

图 4.19　扫描发生器环的组成示意图

扫描闸门的输入端接有来自三个方面的信号：稳定度电位器提供一个直流电平；从触发电路来的触发脉冲；比较和释抑电路来的释抑信号。扫描闸门电路的工作过程如图 4.20（b）所示（图中 E_{00} 为扫描闸门的静态工作电平）。静态时，T_1 截止，T_2 饱和导通，扫描闸门输出低电平，电路处于第一稳态；在 t_1 时刻，T_1 受到同步触发脉冲 u_i 的作用，u_{b1} 上升到上触发电平 E_1 时，T_1 导通，T_2 截止，输出电压 u_o 由低电平跳变到高电平，电路从第一稳态翻转到第二稳态，触发信号消失后，u_{b1} 在 E_1 和 E_2 之间，电路不翻转，只有当 T_1 受到从释抑电路来的负脉冲信号的作用，u_{b1} 才开始下降；在 t_2 时刻，u_{b1} 下降到下触发电平 E_2，T_1 截止，T_2 导通，触发器又返回第一稳态，u_o 由高电平变为低电平。这样，T_2 的集电极获得一正向矩形脉冲，送至积分器；同时在 T_1 的集电极获得一矩形脉冲，送至增辉电路。

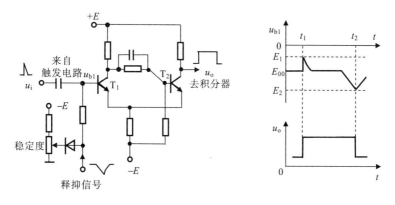

（a）扫描闸门电路　　　　　　　　（b）扫描闸门电路的工作过程

图 4.20　扫描闸门电路及其工作过程

b. 积分器

积分器一般采用的是密勒积分器，它能产生高线性度的锯齿波电压，从而达到扫描时间准确的目的。

密勒积分器的原理如图 4.21（a）所示。当开关 S 打开，电源电压 E 通过电阻 R 对电容 C 充电，在理想情况下（$A \to \infty$，$R_i \to \infty$ 和 $R_o \to 0$），输出电压 u_o 为

$$u_o = -\frac{1}{RC}\int E\,\mathrm{d}t = -\frac{E}{RC}t \tag{4.18}$$

可见，u_o 与时间 t 呈线性关系，得到锯齿波的正程电压。

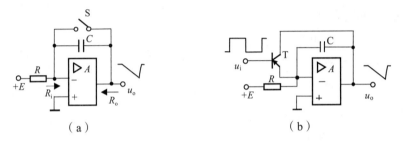

（a）　　　　　　　　　　　　　　（b）

图 4.21　密勒积分器的原理电路

当开关 S 闭合时，电容器迅速放电，于是 u_o 迅速上升，得到锯齿波的回程电压。这样，通过开关的开、合就形成了一个负向的锯齿波电压。在实际电路中，积分器开关 S 可以由扫描闸门控制的晶体管开关来担任，如图 4.21（b）所示。当扫描闸门送到积分器输入端的信号 u_i 为高电平时，晶体管 T 截止，相当于开关 S 断开，电源 E 给电容充电，形成扫描正程；当 u_i 为低电平时，T 导通，相当于 S 接通，形成扫描回程。u_i 实际上就是扫描闸门产生的门控信号。

从式（4.18）可见，调整 E、R、C 都将改变单位时间内锯齿波的电压值，进而改变水平偏转距离和扫描速度。在示波器中，通常采用改变 R 或 C 作为"时基因数"粗调，改变 E 作为"时基因数"微调。

积分器产生的锯齿波电压就是扫描发生器环的输出电压，它被送入 X 放大器加以放大，再加至水平偏转板，由于这个电压与时间成正比，就可以用荧光屏上的水平距离来代表时间。

c. 比较和释抑电路

比较和释抑电路的作用是控制锯齿波的幅度，达到等幅扫描，以保证扫描的稳定。图 4.22 所示是比较和释抑电路的原理示意图。

在电路中，积分器的输出 u_o 和电源 $+E$ 同时通过电位器 R_P 加到 T 管的基极 B，它们共同影响 B 点的电位。T 管是一个 PNP 管，它和 C_h、R_h 组成一个射极输出器。C_h 两端的电压 u_C 即为释抑电路的输出电压，被引至扫描闸门即施密特触发电路的输入端。当 u_C 增大到一定值时，二极管 D 截止，使释抑电路的输出与"稳定度"

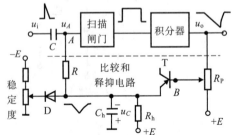

图 4.22　比较和释抑电路的原理示意图

旋钮的直流电位隔离。

首先观察在触发扫描情况下比较和释抑电路的工作情况，如图 4.23 所示。由于扫描输出与正电源 E 共同影响 B 点的电位，在扫描输出的负向锯齿波电压还不够大时（$t_1 \sim t_1'$），正电源的影响起主要作用，T 管截止，比较和释抑电路不起作用；在 t_1' 时，扫描电压 u_o 下降到 u_r，B 点电位变负，T 管导通，C_h 充电，C_h 上的电压跟随扫描电压负向变化，因而 u_A 下降；在 t_2 时刻，u_A 下降到施密特电路的下限电平 E_2 时，触发器翻转，扫描正程结束，积分器中的积分电容 C 迅速放电，同时比较和释抑电路中的 C_h 缓慢放电，扫描电压 u_o 经过 $t_2 \sim t_3$ 的时间完成回扫。调节图 4.22 中的电位器 R_P 的触点，可以改变扫描的结束时间和扫描电压 u_o 的幅度。

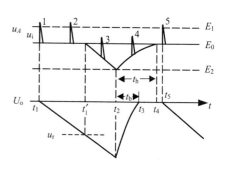

图 4.23　触发扫描情况下比较和
释抑电路的工作情况

从图 4.23 可以看出，积分电容放电时间 $t_b(t_2 \sim t_3)$ 明显小于释抑电容放电时间 $t_h(t_2 \sim t_4)$。若 $t_h < t_b$，就可能出现在回扫期被输入脉冲触发，造成扫描起点不一致、扫描幅度不等的现象。

连续扫描的情况如图 4.24 所示。调节"稳定度"旋钮，使 $E_0 > E_1$，此时，无论有无脉冲都扫描。在 t_1' 时，扫描电压 u_o 下降到 u_r，T 管导通，C_h 充电，u_A 下降；在 t_2 时刻，u_A 下降到施密特电路的下限电平 E_2 时，触发器翻转，扫描正程结束。在扫描回程（$t_2 \sim t_3$），积分电容 C 迅速放电，在 t_2 以后 C_h 缓慢放电。在积分电容 C 放电结束之前，由于释抑电路处于"抑"的状态，即使有外加触发脉冲（脉冲 1）也不能使电路触发；如果没有外加触发脉冲，在 t_5 时刻施密特电路会自动翻转，产生扫描信号。在回扫结束以后到自动翻转以前的一段时间（$t_4 \sim t_5$），外加触发脉冲（如脉冲 2）可以使电路提前翻转，达到同步的目的。

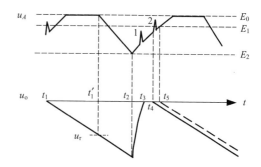

图 4.24　连续扫描情况下比较和
释抑电路的工作情况

所以，调节"稳定度"旋钮，可改变触发器直流电平 E_0 相对于上、下触发电平的位置和距离，即可调节扫描闸门的灵敏度，有助于时基信号与触发信号同步。当 $E_1 < E_0 < 0$ 时，为连续扫描，不需要触发信号也能自激触发；当 $E_{00} < E_0 < E_1$ 时，为触发扫描，扫描电压的启动由触发信号控制；当 $E_2 < E_0 < E_{00}$ 时，为不触发区，即使有触发脉冲，也达不到 E_1 的值，无扫描线。

3）同步触发电路

同步触发电路用来产生与被测信号有关的触发脉冲，这个脉冲被加至扫描闸门，其幅度和波形均应达到一定要求。同步触发电路的控制作用有：触发源选择、输入耦合方式选择、触发极性选择以及触发电平调节等。图 4.25 所示为其电路示意图。

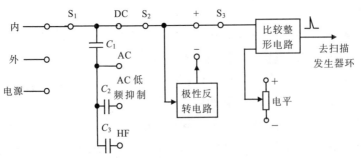

触发源选择　　　触发耦合方式选择　触发极性选择

图 4.25　触发电路示意图

a. 触发源

① 内触发（INT）：触发信号来自于示波器垂直系统，一般情况下用被测信号作触发源。

② 外触发（EXT）：用外接信号触发扫描，该信号由触发输入端输入。例如，当被测信号为复杂的调制波或者组合脉冲串，用内触发不易建立稳定显示时，常选用有同步关系的外触发信号来同步触发扫描。

③ 电源触发（LINE）：触发源为 50 Hz 交流正弦信号，用于观察与交流电源频率有关的信号。

b. 触发耦合方式

为了适应不同频率的触发信号，可通过开关选择不同的触发耦合方式。

① "AC"（交流耦合）：用于观察由低频到高频的信号，用内触发或外触发均可。由于使用方便，所以常使用这种耦合方式。

② "DC"（直流耦合）：用于接入直流或缓慢变化的信号，或频率低且有直流成分的信号，这种情况下一般采用外触发或连续扫描方式。

③ "HF"（高频耦合）：触发信号经电容 C_1 及 C_3 接入，只允许通过频率高的信号，通常是大于 5 MHz 的信号。

④ "AC 低频抑制"：触发信号经电容 C_1 及 C_2 接入，用于抑制 2 kHz 以下的低频干扰。例如，观察有低频干扰的信号时，用这种方式最合适，可以避免波形晃动。

c. 极性

极性用于控制触发时触发点位于触发源信号的上升沿还是下降沿。" + "表示上升沿触发，" − "表示下降沿触发。

d. 比较整形

比较整形的作用是选择触发电平，即选择触发点位于触发源信号波形的上、中还是下部，形成一个具有一定幅度、前沿陡峭、宽度适当的触发脉冲。

比较整形电路实际上是一个电压比较器，一端是"电平"旋钮（可调直流电压），另一端接触发信号。当两个输入信号的差值达到某一数值时，比较整形电路的输出发生跳变，产生触发脉冲去驱动扫描闸门电路，开始扫描。"电平"和"极性"旋钮配合，可在被测波形的任意一点触发，如图 4.26 所示。

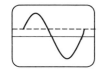 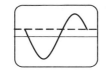

（a）正极性、正电平　　（b）负极性、正电平　　（c）正极性、负电平　　（d）负极性、负电平

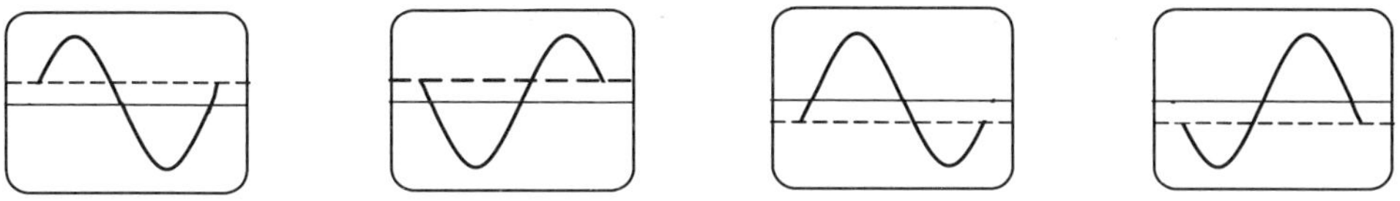

图 4.26　不同触发电平和触发极性下所显示的波形

4）X 放大器

X 放大器的输入端有"内""外"信号的选择。开关置于"内"时，X 放大器放大扫描信号；开关置于"外"时，X 放大器放大由面板上 X 输入端直接输入的信号，此时可显示任意两个变量 x 与 y 的关系，如李沙育图形。

X 放大器的基本作用是：将 x 轴的单端信号放大并变成双端差分输出，去驱动示波管水平偏转板，以便使电子射线在水平方向得到满偏转；此外，X 放大器还可以实现扫描时基因数的校准、x 轴位移、扫描扩展等控制功能。为了无失真地放大扫描电压，X 放大器需要有一定的频带宽度和较大的动态范围，因此，X 放大器常由宽带多级直接耦合放大器构成，其工作原理与垂直通道的 Y 输出放大器类似。

4.4.2.4　通用示波器的主机

示波器的主机包括示波管、Z 通道、电源和校准信号发生器等。

1）示波管

示波管用于显示被测信号的波形。

2）Z 通道

Z 通道是增辉电路，用于传输和放大调亮信号。无论是触发扫描还是连续扫描，在扫描正程，扫描闸门电路都输出正脉冲作为门控信号，这个正脉冲或扫描闸门的另一个输出端输出的负脉冲，恰好可以作为增辉脉冲。在扫描正程，一个与扫描时间相等的正向脉冲加在示波管的控制栅极上，使控制栅极与阴极之间的电位差减小，通过控制栅极的电子束的电子流密度增加，从而达到增辉的目的；在扫描回程，一个负向脉冲加在控制栅极上，使控制栅极与阴极之间的电位差增大，通过控制栅极的电子束的电子流密度降低，光点的辉度降低，使得荧光屏上不显示回扫的痕迹，以达到消隐的目的。这样，就实现了扫描正程增辉、扫描回程消隐。

3）电源

电源用于为示波管和仪器电路提供所需的各种高、低压电源。其中高压供电电路为示波器提供直流高压；低压供电电路为示波器的各部分提供稳定的低压和中压，通常为数伏、数十伏和低于几百伏的直流电压。

4）校准信号发生器

校准信号发生器是主机中一个具有固定频率和幅度，并具有较高准确度的内部信号源，用来校准示波器的水平系统的扫描时基因数和垂直系统的偏转因数，它可以是方波、正弦波或脉冲波。通常采用方波信号发生器作为校准信号源，频率多取为 1 kHz，峰-峰值为 1 V、500 mV、200 mV 或 100 mV，经分压器输出。使用方波还可以校准探极。

4.4.3　模拟示波器的多波形显示

在用模拟示波器进行测试时，常需要同时观测几个信号，例如，需要比较电路中若干点间信号的幅度、相位和时间的关系，观测信号通过网络后的相移和失真的情况等。有时即使只观察一个脉冲序列，也希望能把其中某一部分取出来，在时间轴上予以展宽，或在荧光屏的另一位置同时显示，以便在观测脉冲列的同时能观测其中某一部分的细节。实现上述目的需要进行多波形显示。多波形显示的常见方法主要有三种：多线显示、多踪显示和双扫描显示。

4.4.3.1　多线显示

多线示波器有多个相互独立的电子束。图 4.27 所示为常见的双线示波器的电路结构示意图。从图中可见，双线示波器具有两套各自独立的垂直通道、电子枪和偏转系统。水平通道只有一个，扫描电压共用。Y 通道通常接入不同的信号，并可单独调整灵敏度、位移、聚焦和辉度等开关或旋钮，大大减小了通道间的干扰。

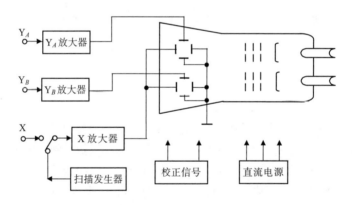

图 4.27　双线示波器的电路结构示意图

多线示波器除了观测周期信号外，还可以观测同一瞬间出现的两个瞬变信号。该示波器测量精度高，图形清晰；但工艺要求高，电路复杂，价格贵，这限制了它的应用普及。

4.4.3.2　多踪显示

多踪示波器与多线示波器不同，它的组成与普通示波器类似，只不过具有多个垂直通道，并多了一个电子开关，通过电子开关对多个垂直通道进行切换，分别把多个垂直通道的信号轮流接至 Y 偏转板，实现多波形的同时显示。

以双踪示波器为例，它的 Y 通道的工作原理如图 4.28 所示。双踪示波器具有 Y_A、Y_B 两个垂直通道。电子开关轮流接通 A 门和 B 门，Y_A 通道和 Y_B 通道的输入信号按一定的时间分

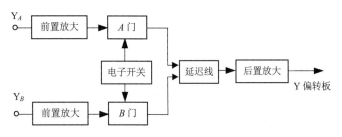

图 4.28 双踪示波器的 Y 通道的工作原理

割轮流被接至垂直偏转板，在荧光屏上显示。

双踪示波器有五种显示方式：

① Y_A：单踪显示 Y_A 通道的输入信号。

② Y_B：单踪显示 Y_B 通道的输入信号。

③ $Y_A \pm Y_B$：单踪显示两信号的和或差。

④ 交替：加在 Y_A 和 Y_B 通道的信号交替显示在荧光屏上。例如，第一个扫描周期电子开关接通 A 门，显示 Y_A 通道的信号，则第二个扫描周期电子开关接通 B 门，显示 Y_B 通道的信号；下一个扫描周期电子开关又接通 A 门，显示 Y_A 通道的信号，再下一个扫描周期电子开关又接通 B 门，显示 Y_B 通道的信号，如此重复，在屏幕上轮流显示两个通道的信号波形。若被测信号的重复周期不长，那么利用屏幕余辉和人眼的视觉残留，观测者感觉到屏幕上同时显示出两个波形，如图 4.29（a）所示。"交替"方式下电子开关的转换信号由时基电路提供，以使电子开关信号与扫描信号同步。这种显示方式适合于显示重复频率高的信号，当被测信号频率较低（低于 25 Hz），由于交替显示的速率很慢，图形将出现闪烁。因此要求扫描频率在每秒 25 次以上，即大于 25 Hz。

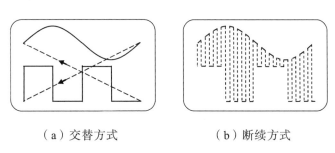

（a）交替方式　　　　　　　　（b）断续方式

图 4.29 双踪显示方式

⑤ 断续：当开关信号频率远大于被测信号频率时，双踪显示应工作在"断续"方式，这时开关信号分别对两个被测信号波形轮流进行实时取样，例如，对正弦信号进行一次取样，然后对方波信号进行一次取样，于是在屏幕上看到的将是由若干取样光点所构成的断续波形，如图 4.29（b）所示。这种显示方式中，由于每个扫描周期同时显示两个信号波形，故观测重复频率较低的波形时也可以避免闪烁。

注意：对于窄脉冲和快速变化的信号，"交替"和"断续"两种显示方式都是不适用的。

4.4.3.3　双扫描显示

对于复杂组合的信号，如计算机数字信息、全电视信号等，要在观察信号的同时仔细测量其中若干波形细节，那么使用双扫描示波器特别适合。

图 4.30 所示是一个复杂的波形，希望利用双扫描示波器不仅能观察到由 4 个脉冲组成的脉冲列，同时还能在同一荧光屏上对其中的第三个脉冲进行仔细观测。

图 4.31 所示是双扫描示波器的组成示意图。双扫描示波器有两套独立的扫描系统：主扫描 A 用于观测周期信号的全貌；延迟扫描 B 用于观测信号中的给定部分，并以快速扫描展宽该处信号。双扫描示波器除了比通用示波器多一套扫描系统外，还增加了电压比较器、X 通道电子开关和 Y 线分离电路等。

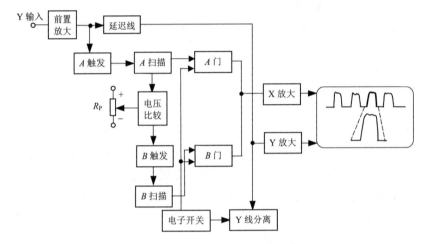

图 4.30　复杂波形

图 4.31　双扫描示波器的组成示意图

图 4.32 所示是双扫描示波器工作时的有关波形。首先脉冲 1 达到触发电平，产生 A 触发，在其作用下开始 A 扫描，显示整个脉冲序列；同时 A 扫描电压送到电压比较器，与 R_P 提供的直流电平进行比较，当电平一致时产生 B 触发，开始 B 扫描，B 扫描信号的斜率远大于 A 扫描，即 B 扫描的扫描速度更快，利用 B 扫描便得到展宽了的第三个脉冲信号。B 扫描和 A 扫描的延迟时间由 R_P 调节，通过调节 R_P，使 B 扫描可以在被测脉冲序列的任意观测点上产生，并展宽该点信号。通过电子开关，将两套扫描电路的输出交替送入 X 放大器，并在两种扫描时给 Y 放大器加不同的直流电压，使两种扫描显示的波形在屏幕上能上下分开。

为了从显示波形上很容易看出展宽的信号是原信号的哪一部分，需要对展宽的部分进行加亮。把 A、B 两扫描闸门产生的增辉脉冲叠加起来，成为合成增辉信号，用于 A 通道增辉。由于在合成增辉信号中，第三个脉冲增辉最强，因此在 A 通道脉冲序列中，第三个脉冲（即需要观察细节的那个脉冲）被加亮。

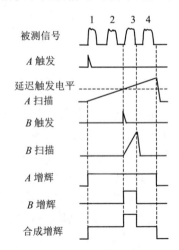

图 4.32　双扫描示波器工作时的有关波形

4.5 数字存储示波器

数字存储示波器（DSO）是现代示波器发展的一个重要方向，它采用微处理器进行控制，屏幕在显示波形的同时还能够用数字显示各种设定值和测量结果，不仅具有频带宽、波形触发、能自动测试、可存储波形、精度高等突出特点，而且还能利用多种接口总线如 GPIB 或 RS-232 等与计算机连接成测试分析系统，对波形数据进行进一步地分析和处理。随着现代电子信息技术的高速发展，数字存储示波器也日益发展并得到广泛应用。

4.5.1 数字存储示波器的基本组成及工作原理

数字存储示波器主要由输入电路、采样与存储电路、触发和时基电路、处理器、显示部分、电源以及校准信号发生器组成，如图 4.33 所示。

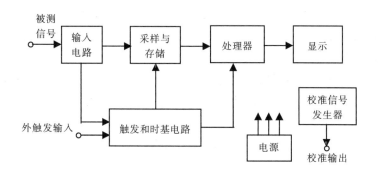

图 4.33 数字存储示波器的基本组成框图

4.5.1.1 数字存储示波器的输入电路

输入电路是被测信号的传输通道，可以衰减或放大被测信号，将被测信号调节到 A/D 的允许输入范围内。输入电路的组成如图 4.34 所示。

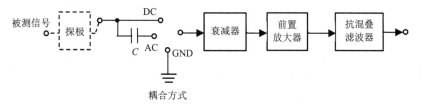

图 4.34 数字存储示波器的输入电路示意图

1）探极（探头）

探极俗称测量探头，是连接在示波器外部的一个输入电路部件。它的作用是便于直接探测信号，提高示波器的输入阻抗，减少波形失真以及展宽示波器的实际使用频带。

常用的高频、高灵敏度示波器探极有以下两种：

① 无源探极：由 RC 元件和同轴电缆构成，其原理电路参见图 4.12。

无源探极有分压的作用，故具有 10：1 或 100：1 的衰减；而且由于它的分压作用，还扩展了示波器的量程上限，其输入阻抗也大为提高。

无源探极可以在较高频率下工作，有较大的过载能力；但是不宜用来探测小信号。

② 有源探极：为了测量高速小信号，必须采用有源探极。有源探极由源极跟随器、电缆和放大器构成，参见图 4.13。有源探极的输入阻抗更高，传输增益为 1:1。它的过载能力和动态范围都较无源探极差，使用时要特别小心。

2）输入耦合

输入耦合有 3 个挡位："AC"挡、"DC"挡和"GND"挡。耦合开关的"AC"挡可用电容 C 隔直通交，即隔离输入信号中的直流成分，耦合交流分量；"DC"挡使输入信号直接通过；"GND"挡使衰减器接地，这样不需移去施加的被测信号，就可提供接地参考电平。

3）衰减器

示波器的被测信号幅度变化范围较宽，小到几十毫伏，大到几百伏，故需要对大信号进行衰减。调节衰减器可改变示波器的偏转因数。对衰减器的基本要求是：要有足够的调节范围和宽的频带以及准确的分压系数、高而恒定的输入阻抗。而电阻-电容补偿式衰减器（阻容分压器）能满足这些要求，所以示波器的衰减器通常采用阻容分压器，其基本组成形式参见图 4.14。

衰减器的衰减量为输出电压 u_o 与输入电压 u_i 之比。其中 R_1、R_2 组成衰减器的分压电阻，C_1、C_2 组成分压电容。C_2 一般为输入电容和分布电容的组合；C_1 为补偿电容，一般做成半可调式，只要 C_1 调整得合适，满足 $R_1C_1 = R_2C_2$，则分压比将与信号的频率无关，通过衰减器的脉冲波形才不会失真。

4）Y 前置放大器

Y 前置放大器要有足够高的电压增益，为后级电路提供幅度足够大的信号。

Y 前置放大器应采用高增益、宽频带、直接耦合、低噪声的多级平衡放大电路。Y 前置放大器通常由输入级和放大级组成。输入级的作用是：提高示波器的输入阻抗，减小示波器对被测电路的影响；降低输出阻抗，提高带负载能力；减少噪声系数，提高信噪比。放大级可以放大信号，同时实现各种控制功能。

5）抗混叠滤波器

混叠失真，是数字示波器使用中要防止的现象。造成混叠失真的原因是采样频率太低，违背了采样定理，即未采到足够多的样点来重构波形而造成的假象。在图 4.35 中，对于一个比采样频率 f_s 稍低的正弦波和一个低频正弦波，如果以 f_s 进行采样，则有可能产生相同的采样结果（图中以小圆圈表示），这就是混叠产生的影响。

而实际测量中采样频率不可能无限高，也不需要无限高，因为一般只关心一定频率范围内的信号成分。为了解决频率

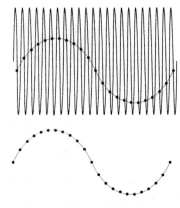

图 4.35　混叠失真

混叠问题，在对模拟信号进行离散化采集之前，应采用低通滤波器滤除模拟信号中高于 1/2 采样频率的频率成分以抑制混叠效应。

4.5.1.2 数字存储示波器的采样与存储

1）采样与存储模块的组成

采样与存储模块主要由采样保持、A/D 转换和存储三部分电路组成，如图 4.36 所示。输入电路的信号经采样保持电路，由连续信号变为离散信号，各离散点的采样值正比于采样瞬间的幅值，经过 A/D 转换，离散的模拟量被量化为数字量，然后由采集存储器存储。

图 4.36 采样与存储电路框图

a. 采样保持器

A/D 转换器从启动转换到转换结束需要一定的转换时间，如果在转换过程中输入发生变化，则会导致错误的 A/D 转换结果，所以在 A/D 转换器前需要加采样保持器。采样保持器捕获模拟输入量在采样时刻的数值，且将该数值维持不变送入 A/D 转换器入口，维持时间至少大于 A/D 转换器的转换时间。

数据采集系统增加了采样保持器，还能大大提高其所能处理的信号最高频率。

采样保持器的结构如图 4.37 所示，它包括保持电容器、输入输出缓冲放大器和逻辑输入控制开关。采样期间，开关 S 闭合，电容快速充电；保持期间，开关 S 断开，电容保持充电时的最终值。若采样期间的充电时间常数足够小，则可以认为每一次采样所得的离散采样信号幅度就等于该次采样瞬间输入信号的瞬时值。若采样有足够多的样点，就可以无失真地表示出原信号波形。

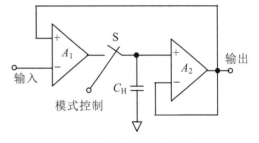

图 4.37 采样保持器的结构示意图

b. A/D 转换器

A/D 转换是将模拟量转换成与之相应的数字量。A/D 转换器有一定的输入量程，超出该量程，转换结果会出现很大的误差，不能有效地反映真实信号。如信号超出上限，则 A/D 转换只能给出最大码值。A/D 转换对量化值进行编码的位数决定了采样模拟信号的准确性，编码的位数越多，对模拟信号的分辨率就越高，采样的信号电压值就越准确。另外还需要注意，量化过程存在量化范围的限制。

用于数字存储示波器的 A/D 转换器有多种，常见的有并行比较式、并串式、时间交织式等。

① 并行比较式 ADC：原理框图如图 4.38 所示。待转换的信号 u_i 同时作用于若干个并行工作的比较器输入端，这些比较器与不同的参考电平比较。对于 n 位 A/D 转换器而言，需要用 2^n-1 个比较器与 2^n-1 个量化等级相对应，每个比较器的比较参考电平从基准电压 $+U_r$

和 $-U_r$ 经分压而得（共 2^n 个分压电阻），它们依次相差一个量化等级。当作用于输入端的信号 u_i 大于某比较电平时，则该比较器输出"1"，反之则为"0"。2^n-1 个比较器的输出经编码逻辑电路得到 n 位二进制码，送至输出寄存器，即为 A/D 转换结果。图 4.38 所示电路是在采样时钟的作用下工作的，当信号 u_i 作用于输入端时，比较器的输出就跟踪 u_i 的变化，只有在采样时钟为有效时，比较器的结果才被保持、输出。由于并行比较式 ADC 的各个比较器是同时进行比较的，它的转换速度只取决于比较器、编码器、寄存器的响应速度，其转换速度是各类 ADC 中最快的，故有闪烁式 ADC 之称；但是其电路结构复杂，成本高，例如 8 位 ADC，需要 255 个比较器，如果位数更多，电路规模将大大增加。

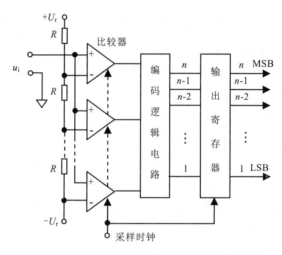

图 4.38　并行比较式 ADC 的原理框图

②　并串式 ADC：既吸取了并行式 ADC 快速的优点，又相对减少了比较器的数量。图 4.39 所示是 8 位并串式 ADC 的组成原理图，它由两片 4 位并行比较式 A/D 转换器、一片 4 位 D/A 转换器、减法放大器及其他电路组成。其工作过程分为两步：第一步是前置的 4 位 ADC 对信号 u_i 进行转换，得到二进制转换结果的高 4 位 $b_7b_6b_5b_4$；第二步是将所得高 4 位数码经 D/A（也是 4 位）转换得到输出电压 u_1，并作用于减法放大器的反相端。u_i 和 u_1 相减并放大后作用于下一级 4 位 ADC 的输入端，得二进制码转换结果的低 4 位 $b_3b_2b_1b_0$。转换结束后得到一个完整的 8 位二进制码 $b_7b_6b_5b_4b_3b_2b_1b_0$。

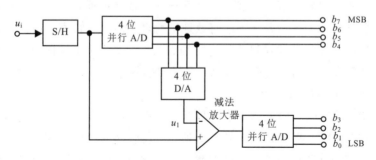

图 4.39　8 位并串式 ADC 的原理框图

图 4.39 中所示的 8 位并串式 ADC 所需比较器的数量为 30 个，而 8 位并行比较式 ADC 则需要 255 个比较器，前者所用的比较器数量显著减少；但是并串式 ADC 要经过两步才能完成一次转换过程，转换速度比并行比较式 ADC 慢。

为了进一步提高 A/D 转换速率，可采用并行交替采集技术。交替采集是利用多片 A/D 转换器并行对同一个模拟信号进行时间分割的交替采样，来提高整体采样率。

c. 存储器

由于模拟信号经过 A/D 采集后数据输出的速率较高，很难实现实时处理和实时显示，因此需要将每次采集的高速数据流先存储起来，再送到后面的显示与处理部分。数字存储示波器的存储器起到了速度缓冲与隔离的作用，可以实现波形的快速采集和慢速显示的分隔。

数字存储示波器的存储器采用循环存储结构。存储器的各存储单元按串行方式依次寻址，且存储区的首尾相接，形成一个类似于图 4.40 所示的环形结构。采用顺序存取的环形存储结构可以简化数据存取的操作。A/D 转换之后的数据（或者再按一定比例间隔抽取的数据）以先入先出的方式存入环形存储器，如果数据个数超过存储器容量，则先存入的数据将被依次覆盖而消失。只要写时钟不关闭，上述过程将周而复始地循环下去。一旦写时钟关闭，最终保存在存储器中的数据就是在关闭写时钟前存入的等于存储器容量的一组最新数据。存储器容量常称为存储深度或者存储长度。

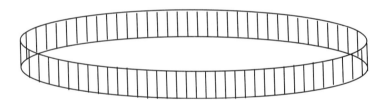

图 4.40 采样存储器的环形结构

最终保存在存储器中的一组最新数据，其起点由触发信号和延时时间决定，其终点由存储器容量决定，如图 4.41 所示。

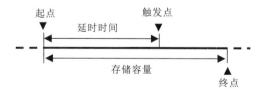

图 4.41 采集存储器存储起点和终点示意图

预触发和延迟触发是数字存储示波器的一个最显著的特点。

① 预触发：是指能够观测触发点以前的波形。若触发模式选择为预触发，即延时时间为负（设存储器容量为 L，超前触发点 N 个取样点时间），则在触发信号到来之前，采集存储器就开始不断循环地写入波形数据；当触发信号到来后，采样存储器在写入 $L \sim N$ 个取样点之后停止写操作。所以从显示屏上能观测到触发点以前的波形，如图 4.42 所示。

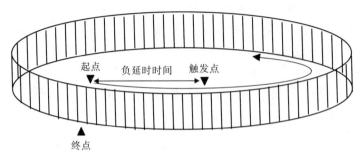

图 4.42 预触发采集存储器的起点和终点示意图

②延迟触发：是指能够观测触发点出现以后延迟一定给定条件（采样点数、时间、事件）的波形。延迟触发实际上是在触发信号到来时，采集存储器不立即写入数据，而是延迟一定的时间后才开始写入数据，直至写满整个 FIFO。因此从显示屏上观测到的是触发点之后一定时间的波形，如图 4.43 所示。

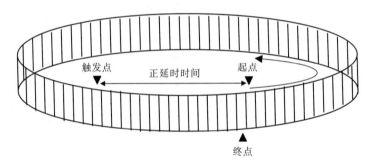

图 4.43 延迟触发采集存储器的起点和终点示意图

要想观察到又长又复杂的波形细节，就需要在较高采样速率情况下进行较长时间的记录，因而现代数字存储示波器都把增加存储长度作为提高示波器性能的一项重要改进措施。增加存储长度后，一次捕捉的波形样点多了，使一帧数据可以是同时含有高频和低频的完整信号。但是屏幕水平方向一般只有 500 点左右（或 1 000 点左右）的像素，也许只能看到波形中的某一个局部。例如，虽然捕获了 100 000 点的波形，但仅有 500 点（或 1 000 点）数据能在屏幕上显示出来。为此，除了采取抽样处理外，又推出了"窗口放大"或"波形移动"等显示功能，使用户通过多次放大或左右移动，既可以看到波形的全貌又可以看到局部细节，解决了长存储长度和显示处理之间的矛盾。

2）数字存储示波器的采样

a. 奈奎斯特采样定理

为了保证采样后的信号能真实地保留原模拟信号的信息，采样频率至少应为被测信号最高频率的 2 倍。当采样频率小于被测信号最高频率的 2 倍时，频谱图中的高频与低频部分发生重叠，这种现象称为频谱混叠。一旦出现频谱混叠，信号复原时将丢失原始信号中的高频信息。奈奎斯特采样定理说明了采样频率与信号频谱之间的关系，这是连续信号离散化的基本依据。

为了避免混叠现象的发生，目前实时采样数字示波器的采样频率一般规定为被测信号所包含最高频率的 4 ~ 5 倍，同时还必须采用适当的内插算法才行。如果不采用内插显示，则规定采样频率应为被测信号所包含最高频率的 10 倍以上。

b. 采样方式

数字存储示波器的采样方式可以分为实时采样和非实时采样。

① 实时采样：是指在信号经历的实际时间内对一个信号波形进行采样。在实时采样中，一个信号的所有采样点按时间顺序在一个信号波形上等间隔采集取得，如图 4.44 所示。设采样间隔为 Δt，完成一个周期 T 的采样需 n 次，即 $T = n\Delta t$。由于一个波形只在非重复的一个变化周期中被采样，因而采样频率必须足够高，即实时采样数字示波器观测高频信号的能力受 A/D 转换器的速率限制。

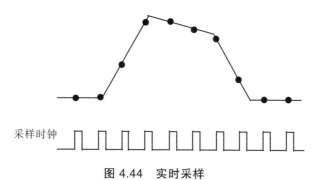

采样时钟

图 4.44　实时采样

实时采样是最简单和最直观的采样方式，这种采样只需要简单地在时间上等间隔地分布取样点，而且所有的取样点是对应示波器的一次触发而获得的。实时采样适用于任何形式的信号波形，可以观测周期信号，也可以观测单次信号和非周期信号。

② 非实时采样：也称为等效采样，只适用于周期信号，是指从被测的周期性信号的多个周期上取得采样点的方法，即一次信号的采样过程需要经过若干个信号重复周期才能完成。

非实时采样又分为顺序采样和随机采样两种。

● 顺序采样：通过多次采样，把在信号不同周期中采样得到的数据进行重组，重构原始的信号波形。

顺序采样通常对周期为 T 的信号每经过大约 m 个周期采集一点（m 为正整数），但是每次采样都比前一次在波形的相对位置上滞后 Δt，即每经过 $mT + \Delta t$ 采集一点，如图 4.45 所示（图中 $m = 1$）。可见，顺序采样是以触发点作为参考点，只要每采样一次，采样脉冲比前一次延迟时间 Δt，即两个采样脉冲之间的时间间隔由实时采样时的 Δt 变为 $mT + \Delta t$。顺序采样得到的 n 个采样点形成的包络可等效为原信号的一个周期，只是这 n 个采样点实际经历的时间为 $n(mT + \Delta t)$，来自原信号的 $mn+1$ 个周期，而不像实时采样那样只来自于原信号的一个周期。顺序采样对采样速度的要求大大降低了，如采样速率只需 10 kSa/s，就可以测量几十吉赫兹（GHz）的信号。

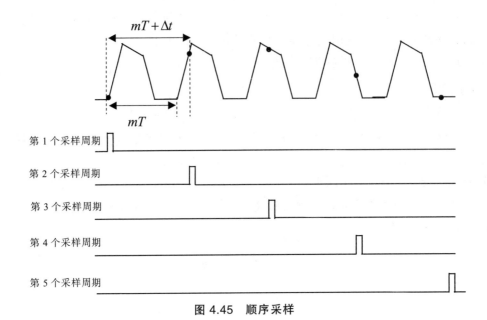

图 4.45　顺序采样

● 随机采样：和顺序采样一样，也需要经过多个采样周期才能重构一幅波形。随机采样如图 4.46 所示。

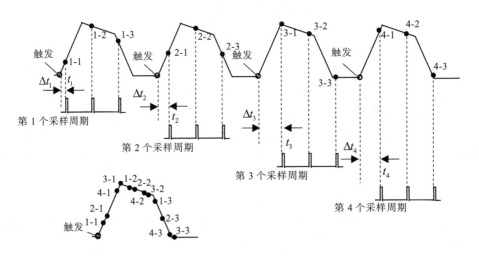

图 4.46　随机采样

图 4.46 中，第一次触发时，在 t_1 时刻开始第一次采样，经被测信号的多个周期采集多个采样点直到采样结束，并存储这些采样点（图中标记为"1-"的点），等待第二次触发事件；在第一次采样后间隔了信号的若干周期，第二次触发后，在 t_2 时刻开始第二次采样，同样是经被测信号的多个周期采集多个采样点（图中标记为"2-"的点）直到采样结束；依次进行第三次采样（图中标记为"3-"的点）、第四次采样（图中标记为"4-"的点），如此直到采样结束。每个触发点与每个采样周期的第一个采样点 t_1、t_2、t_3、t_4 的时间间隔 Δt_1、Δt_2、Δt_3、Δt_4 是随机的。在进行波形重建时，首先精确地测出每个采样周期的时间间隔 Δt_1、Δt_2、Δt_3、Δt_4，然后以触发点为基准，将每个采样周期中采集的采样点进行组合，就能重构信号的一个完整采样波形。

随机采样通过记录各次采样时刻与触发点的时间差来确定采样点在信号中的位置，以此重建波形。因此，在随机采样中，准确测量和记录该时间差是实现随机采样的关键，通常可采用时间展宽或精密时间内插技术进行精确测量。

● 顺序采样与随机采样的比较：顺序采样与随机采样一样，都是非实时采样，都只能对重复周期信号进行采样和观测，均可降低对 A/D 转换速率的要求。但是两者也有区别：顺序采样的采样点与触发点有固定延迟时间，而随机采样的采样点与触发点之间的时间关系完全是随机的；顺序采样触发后每个采样周期只取样一个采样点，而随机采样在每个采样周期内采集一组采样点；顺序采样的全部采样点必须在触发信号之后产生，不能提供触发点之前的波形信息，而随机采样允许在触发信号之前采样，可以提供触发点之前的波形信息。

目前，大多数数字示波器都具备实时采样和随机采样两种采样方式，既能观测单次信号，又能观测频率很高的重复信号。观测微波频率段信号的示波器通常采用顺序采样方式。

4.5.1.3 数字存储示波器的触发与时基电路

触发与时基电路是数字存储示波器的控制逻辑与时序电路，它控制数字存储示波器的每次波形采集与存储工作全过程。在每个采样周期内，触发与时基电路完成采样方式的控制、触发点的确定、采集与存储的速率选择、采集的启动与停止、触发前和触发后存储的数据量大小、测量触发点与采样点之间的时间间隔等操作。触发与时基电路的优劣，直接关系到数据采集的正确性和显示波形的质量，对数字存储示波器的测量精度、触发抖动和波形显示的稳定性都有直接影响。

1）触发电路

触发电路的作用是为采集控制电路提供一个触发参考点，以使数字示波器的每次采集都发生在被测信号特定的相位点上，在观测一个周期性的信号时，使每一次捕获的波形相重叠，以达到稳定显示波形的目的。

触发电路由触发源选择、触发耦合方式选择、触发脉冲形成和触发释抑电路组成，如图 4.47 所示。

图 4.47 触发电路原理框图

a. 触发源选择

示波器一般设置有内触发、外触发和电源触发等多种触发源。触发源选择电路的功能是：根据用户的设定从中选择其一作为触发信号源。内触发采用被测信号本身作为触发源；外触发采用外接的、与被测信号有严格同步关系的信号作为触发源；电源触发采用 50 Hz 的工频正弦信号作为触发源，适用于观测与 50 Hz 交流有同步关系的信号。触发源的选择应根据被测信号的特点来确定，以保证被测信号的波形能稳定地显示出来。

b. 触发耦合方式选择

数字示波器一般设置有直流耦合、交流耦合、低频抑制耦合、高频抑制耦合等多种触发耦合方式。触发耦合方式选择电路的功能是：根据用户的设定从中选择一种合适的耦合方式。直流耦合方式用于接入直流或缓慢变化或频率较低并含有直流分量的信号；交流耦合方式是通过电容耦合的方式，具有隔直作用，用于观察从低频到较高频率的交流信号；低频抑制耦合方式使触发信号通过一个高通滤波器以抑制其低频成分，这种耦合方式对于显示包含电源交流噪声的信号是很有用的；高频抑制耦合方式使触发源信号通过低通滤波器以抑制其高频分量，即使低频信号中包含很多高频噪声，仍能按低频信号触发。

c. 触发脉冲形成

数字存储示波器的触发脉冲形成电路按触发条件可分为边沿触发、时间触发、逻辑/状态触发、专用信号触发等类型。触发脉冲形成电路由模拟和数字电路混合构成，其基本功能是触发比较，即将选择的触发信号与设置的触发条件进行比较，两者相同时产生触发脉冲。边沿触发条件是输入信号的电平，时间触发条件是脉冲宽度，逻辑触发条件是逻辑状态字，专用信号触发条件是特征信号。

① 边沿触发：这是一种最基础、最常用的触发方式，根据设定的信号边沿的电平值进行触发。当被测信号的电平变化方向与设定相同，其值变化到与设定触发电平相同时，示波器被触发，开始进行波形的捕获。边沿触发又分为上升沿触发和下降沿触发两种，由触发极性控制。触发极性为正时，触发点位于触发信号的上升沿；触发极性为负时，触发点位于触发信号的下降沿。

调节触发电平和触发极性旋钮，可在被测波形的任意一点触发，如图 4.26 所示。

在边沿触发方式中有一种自动电平触发方式：为使显示稳定，示波器根据实际输入信号自动选择一个触发电平。通常，自动选择的触发电平处于显示波形幅度 50% 的位置。如果没有信号输入到示波器，则显示一条时间基线。

② 时间限定触发：脉宽触发和毛刺触发均属于时间限定触发。它包含脉冲持续时间过长或过短、脉冲边沿斜率不够陡等产生的触发。

典型的波形时间限定触发方式是脉冲宽度触发。根据信号的波形宽度，设定触发电平和时间宽度（触发条件可选择 "="">""<" 等），通过脉冲宽度触发比较器使示波器触发，捕获特定宽度的波形。图 4.48 所示的脉冲序列由三种宽度不同的脉冲组成，若设置为边沿触发，则显示的波形将不稳定，为此可设置为脉冲宽度触发。若要求最宽的脉冲 1 产生触发，则可设置触发脉冲宽度大于 t_1；若要求最窄的脉冲 2 产生触发，则可设置触发脉冲宽度小于 t_2；如果设置触发脉冲的宽度大于 t_3 而小于 t_4，则由脉冲 3 产生触发。这样，不同宽度的脉冲中只有一个产生触发，就能得到稳定的波形显示。

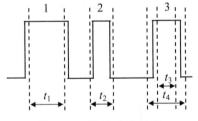

图 4.48 脉冲宽度触发

毛刺是一种宽度极窄的异常脉冲（一般认为，在正常情况下，这样的窄脉冲是不会产生的），毛刺触发电路可以根据脉冲的宽度来确定触发时刻，当被测信号为直流到某一频率之间的信号时，可以将脉冲宽度设置为小于被测信号最高频率分量周期的 1/2。无毛刺出现时示波器不显示，处于"监视"状态；当触发器发现毛刺时，则产生触发信号并显示毛刺尖峰出现前后的波形。

③ 数字逻辑触发：该方式用于观察数字信号的波形，由于数字信号的变化按照一定逻辑规则进行，因此观察数字信号就必须以其逻辑信息为触发依据。数字存储示波器通常有 2 路或 4 路输入，其触发可以由一路信号的某种跳变沿与其他路信号的逻辑状态或逻辑组合共同确定。几路信号的逻辑组合，可以是"与""或""与非""或非""异或""异或非"等多种。

④ 矮脉冲触发：通常用在脉冲序列宽度相差不大、大多数脉冲幅值相同时，对小概率的矮脉冲（欠幅脉冲）信号进行捕获。如果希望观测的是脉冲串中幅值较小的脉冲，就需要屏蔽那些幅值较大的脉冲，由脉冲串中那些幅度低于设定门限值的小脉冲产生触发。例如，图 4.49 中，正脉冲 2 幅度未达高门限，负脉冲 4 幅度未达低门限，均属于矮脉冲。

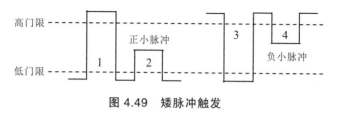

图 4.49 矮脉冲触发

⑤ 专用信号触发：这种触发方式为观测某些专用信号提供了方便。例如，在电视信号观测中，常常需要显示与行信号、场信号有关的波形，很多数字存储示波器设置了视频触发。视频触发主要是通过视频同步分离器提取视频信号中的场同步信号或者行同步信号作为触发信号，因而视频触发又可分为场同步触发和行同步触发两种。在该模式下触发电平控制不起作用。

d. 触发释抑

触发释抑电路在每一次触发之后，产生一段闭锁时间，示波器在这段闭锁时间内将停止触发响应，以避免不希望的触发产生。这段用来控制从一次触发到允许下一次触发之间的时间称为释抑时间。若信号在一个周期内存在满足触发条件的多次触发，则难以获得同步的触发信号，所以需要进行屏蔽，使它们不起作用。为此，可通过调节释抑时间来达到该目的。在使用时一般不需要准确设置释抑时间，只是在观测复杂波形遇到显示混乱，且调节触发电平不能显示出稳定波形时，才调节触发释抑时间，以达到显示稳定波形的目的。

2）时基电路

时基是示波器的时间基准，它决定了信号波形在水平时间轴的测量范围和精度。观测不同频率或不同变化速率的信号，应选用不同的时基，即相当于示波器选用不同的扫描速度。数字存储示波器利用时钟脉冲采样形成的时间基准是一个离散的时间变量。

数字存储示波器的时基电路的任务是：产生采集、存储与显示所需的时钟信号和时序控制信号。时基电路主要由晶体振荡器、时基分频器和相应的组合电路组成。晶体振荡器用于产生高稳定度、高准确度的主时钟；时基分频器用于产生各种时序信号，如采样时钟、A/D 转换启动信号、显示定时信号等。

数字存储示波器面板上的时基因数旋钮实际上是用于控制时基分频器产生不同的采样时钟（用以控制 A/D 的转换速率，从而调节波形显示的水平分辨率）以及控制写地址计数器产生存储器的写入地址。写地址计数器的位数由存储容量决定。

图 4.50 所示为时基控制原理示意图。晶体振荡器产生 40 MHz 主时钟，它被 IC_1 二分频得到 20 MHz 最高采样速率，$IC_1 \sim IC_7$ 组成采样速率分频串，通过对分频串的分频比编程组合即可得到各种时钟速率。

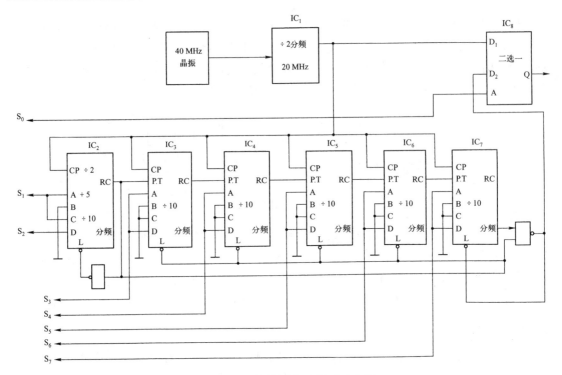

图 4.50　时基控制电路原理示意图

4.5.1.4　数字存储示波器的处理器

数字存储示波器内含有微处理器，具有很强的信号处理能力，可以对存储信号进行数据处理，因而能自动实现多种波形参数的数字式测量与显示，如上升时间、下降时间、脉宽、频率、峰-峰值等，而且能对波形实现多种复杂的运算处理，如取平均值、取上下限值、频谱分析以及对两波形进行加、减、乘等。

数字存储示波器在高速采集一个信号波形的数据后，如何能在显示屏上不失真地重构出来?这要经过一整套复杂的数据处理之后才能实现。在这个过程中，要处理好最高采样率、记录长度、显示器的像素点数等因素之间的关系，即要进行抽取与内插处理。

1）抽取

对低频信号而言，采样点过多，就要求采样存储器有很长的存储长度，这会增加实现难度或提高成本。可通过改变数字存储示波器的时基因数来降低采样速率，从而减少采样点；另一种方法就是保持采样速率不变，抽取部分甚至大部分的冗余采样点。通常，在抽取之前要进行抽取滤波，如果 A/D 转换器的转换速率过快，还要考虑多相滤波。对冗余数据点进行抽取操作时应按比例抽取。

2）内插

同样的采样速率，对于高频信号而言，采样点太少会使信号失真，应设法内插一些数据点进去，以减小波形失真。实际上，仅仅内插采样点是不够的，屏幕上只能看到离散的亮点，而且要求较大的内插倍数，例如，采用点显示方式来显示正弦信号波形时，通常需要采样频率不少于信号最高频率的 25 倍，才能保证较好的显示效果。而增大采样速率，实现起来有一定的困难，也会大大增加成本。若采用一些插值算法，在采样点间连接线段(直线或曲线)，则可以在较小的内插倍数下得到较好的波形。下面介绍几种常见的内插技术。

① 线性（矢量）内插：用斜率不同的直线段连接相邻的采样点（直线插补）。这种方法更适合对脉冲信号的内插，这时采样速率可降至信号最高频率的 10 倍。

② 正弦内插：这种技术专门用于信号波形的复现，在一般情况下每个周期使用 2.5 个采样点就足以构成一个较完整的正弦波。但是，正弦内插法有时会对阶跃波形产生副作用。

③ $\frac{\sin x}{x}$ 内插：利用内插函数 $\frac{\sin x}{x}$ 补插采样点之间的间隙，用曲线将各点连接起来。这种方法能使显示变为平滑的连续曲线，最适合观测类似正弦波的各种信号。这时采样速率可降至信号最高频率的 4 倍。

4.5.1.5 数字存储示波器的显示

显示电路主要由显示存储器和液晶显示器组成。其原理是：波形处理器从采集存储器中取出采集的数据，并将波形对应的数据点相关的电压值和时间值翻译成显示器 X、Y 坐标上的像素点位置，再将这些波形的像素位置对应地送至显示存储器相应的存储位置上；在显示控制器的控制下，从显示存储器中取出与波形对应的各像素，送至液晶显示器进行显示。液晶显示器是利用列驱动信号和行驱动信号实现波形的显示：列驱动信号是反映波形图像的像素信息（R、G、B 的数据信息）；行驱动信号是驱使上下扫描的位移脉冲，逐行地驱使整行的列信号同时显示。数字存储示波器的显示电路既可以显示被测信号波形，也可以显示测量结果以及人机交互信息。

4.5.2 数字存储示波器的主要性能指标

4.5.2.1 频带宽度 BW

1）模拟带宽

模拟带宽是指数字存储示波器输入电路对等幅正弦信号的幅频响应下降到中心频率的 0.707（－3dB）时的上限频率与下限频率之差。模拟带宽通常很宽，如果没有特别说明，一般数字存储示波器的频带宽度指的就是模拟带宽。

2）存储带宽

存储带宽分为单次信号存储带宽和周期信号存储带宽。

a. 单次信号存储带宽

单次信号存储带宽也称为有效存储带宽（实时带宽）。对于单次信号和慢速变化的信号，数字存储示波器采用实时取样方式工作，其有效存储带宽取决于最大采样速率和所采用的显示恢复技术，可表示为 $BW = f_{smax} / N$，其中 N 为带宽因子。带宽因子是根据采用的波形显示恢复技术来确定的：点显示取 $N = 25$，线性（矢量）插值显示取 $N = 10$，$\frac{\sin x}{x}$ 插值显示取 N

= 4，正弦插值显示取 $N = 2.5$。例如，采用 $\dfrac{\sin x}{x}$ 插值显示，取 $N = 4$，此时，具有 1 GSa/s 采样速率的 DSO 的有效存储带宽为 250 MHz。

b. 周期信号存储带宽

周期信号存储带宽也称为重复存储带宽。对于周期信号，数字存储示波器采用顺序取样或随机取样技术，将多个采样周期的采样点重新组合，才能显示被测波形。重复存储带宽表征数字存储示波器观测周期性信号频带宽度大小的能力；但在实际应用中，数字存储示波器观测周期性信号的实际带宽受到模拟带宽的限制，最多只能达到数字存储示波器的模拟带宽。

4.5.2.2   采样速率与时基因数

1）采样速率

采样速率表示单位时间内对模拟输入信号的采样次数。采样速率可用 f_s 表示，在时基因数 t/div 选定时，采样速率可由下式求出

$$f_s = \frac{N_{\mathrm{div}}}{t/\mathrm{div}} \quad （\mathrm{Sa/s}） \tag{4.19}$$

式中，N_{div} 为每格的采样点数，单位 Sa / s 表示每秒次。

若时基因数为 $10\,\mu\mathrm{s/div}$，每格的采样点数为 200，则采样速率为 20 MSa/s，即 20 MHz。

根据 Nyquist 采样定理，数字存储示波器的最小采样速率应为被测信号最高频率成分的 2 倍。但是，这个定理的前提是基于无限长时间和连续的信号，故通常需要采用较高的采样速率来精确地重现模拟输入信号。采样速率越高，数字存储示波器捕捉高频或快速信号的能力越强。

数字存储示波器的最高采样速率 $f_{s\max}$ 由 A/D 转换器的转换速度决定，最高采样速率表示数字存储示波器在时间轴上分辨信号细节的最大能力。

为了能在屏幕上清晰地观测不同频率的信号，数字存储示波器不能总是以最高采样速率工作，应选用不同的采样速率，数字存储示波器设置了多挡时基因数，对应不同的采样速率。

2）时基因数

时基因数 t/div 是指光点在屏幕的水平方向上移动单位距离所需要的时间，即

$$t/\mathrm{div} = \frac{N_{\mathrm{div}}}{f_s} \tag{4.20}$$

式中，N_{div} 为每格的采样点数，f_s 为采样速率。

时基因数的倒数称为扫描速度。时基因数越小（扫描速度越大），表明展宽高频信号波形或窄脉冲的能力越强。

4.5.2.3   存储容量

存储容量又称为存储深度或记录长度，是指获取模拟输入信号采样点的数量，用经 A/D 转换后的信号数据存入存储器的存储字的最大数量表示，即表示数字存储示波器一次测量中所能存储的被测信号的采样点数量。

存储容量越大，可以捕捉更长时间内的事件，就能为复杂波形提供更好的描述。对于某个数字存储示波器而言，其存储容量是一定的，但是实际测量时使用的存储容量是可以变化的。

在现代数字存储示波器中，实际使用的存储容量不受显示屏像素点数的限制时，存储容量与扫描速度、采样速率的关系是：

① 在给定扫描速度时，随着存储容量的增加，采样速率也可以增加，信号时间分辨力也越高，这有利于观察快速变化的信号。

② 当给定采样速率时，随着存储容量的增加，记录时间长度越长，对事件全过程的观测也就越完整，能显示一个长时间内的较复杂的波形。

③ 当给定存储容量时，随着采样速率的提高，记录时间长度相应地要缩短。

4.5.2.4 分辨力

分辨力是数字存储示波器的又一个重要技术指标，包括垂直分辨力和水平分辨力。

1）垂直分辨力

垂直分辨力又称为电压分辨力，由 A/D 转换器的位数 n 决定，常用量化结果的最低有效位（1 LSB）所对应的电压来表示其分辨力的高低。若某数字存储示波器采用的是 8 位 A/D，当测量的满度值为 10 V 时，其垂直分辨力为 $10 / 2^8$ V，即 39 mV。垂直分辨力也常用 A/D 转换器的位数来表示，如垂直分辨力为 8 位、10 位、12 位等。垂直分辨力越高，显示的信号细节越小。

2）水平分辨力

水平分辨力包括时间分辨力和空间分辨力两个概念。

时间分辨力，是指数字存储示波器水平方向上两相邻样点之间的时间间隔的大小。它由采样速率和存储器的存储容量决定。如某数字存储示波器存储容量为 1000 点，显示屏水平方向 10 格，时基因数为 0.1 ms/div，则水平分辨力为 0.001 ms/点。时间分辨力越高，观察高频或者快速变化信号的能力越强，信号变化的细节观察得更清晰，突发事件遗漏丢失的概率就越小。

空间分辨力是指显示屏在水平方向的像素点，常以每格能分辨多少个点来表示。若地址采用的是 10 位编码，则存储容量为 2^{10}（1 024）个点，如果将水平扫描长度调到 10.24 格，则水平分辨力为 100 点/div。

4.5.2.5 偏转因数

偏转因数指光点在显示屏的垂直方向上偏转单位距离所需的电压峰-峰值。其倒数称为偏转灵敏度。根据模拟示波器的习惯，数字示波器也按"1—2—5"的步进方式进行偏转因数分挡，每挡也可以细调。

偏转因数反映了示波器观测信号幅度范围的能力。偏转因数越小，观测微弱信号的能力越强。

4.5.2.6 波形刷新率

波形刷新率是指示波器每秒钟刷新波形的最高次数，有时也称为波形捕获速率。波形刷新率高意味着能组织更大数据量的信息进行处理与显示，这在显示动态复杂信号和对隐藏在波形信号中的异常信号的捕捉方面，有着特别重要的作用。

一般 DSO 采用串行处理机制，即先对采集的信号进行 A/D 转换与存储，再进行处理与显示，然后再采集下一帧信号，即两次采集时间存在盲区，在这个盲区内出现的异常信号将被漏失。相对而言，模拟示波器拥有较好的波形捕获率，这是因为模拟示波器从信号采集一直到屏幕上显示，仅仅在扫描的回扫时间及释抑时间内不采集信号。

现代数字存储示波器采用了并行处理机制，信号采集与存储以及数据处理与显示采用并列结构，分别由各自的处理器控制。这样，数字存储示波器在对信号进行采集、存储的同时，显示单元也在不断地刷新屏幕显示，使屏幕刷新率有了很大的提高。目前，现代数字存储示波器的波形刷新速率已能达到几百万次/秒以上。

4.5.3　数字存储示波器的功能特点

4.5.3.1　波形显示不受波形的采样和存储方式的限制

数字存储示波器在存储工作阶段，对快速信号采用较高的速率进行采样和存储，对慢速信号采用较低速率进行采样和存储；但在显示工作阶段，其读出速度可以采用一个固定的速率，不受采样速率的限制，因而可以获得清晰而稳定的波形。

4.5.3.2　多种信号采集方式

数字存储示波器在对模拟输入信号进行采集时，通常有多种采集方式。主要的采集方式有三种：取样、峰值检测、平均。

在取样采集方式下，数字存储示波器以某一时间间隔对信号进行采样以建立信号波形数据。采用这样的信号采集方式，在大多数情况下可以精确地表示信号，但也可能会漏掉采样间隔中的窄脉冲。

在峰值检测采集方式下，数字存储示波器在每一个采样间隔中找到输入信号的最大值和最小值，并用这些值来显示波形。采用这种采集方式，可以捕获毛刺或窄脉冲。

在平均采集方式下，数字存储示波器采集多个波形，并将它们进行平均，最后显示的是平均处理后的波形。采用这种采集方式，可以减少随机噪声并提高垂直分辨率。

4.5.3.3　具有预触发功能

普通示波器只能观察触发以后的信号，而利用数字存储示波器所具有的预触发功能，可以方便地观察触发点以前的信号。因为在数字存储器中，信号已被存储下来，它的触发点只是存储器内的一个参考点，而不是第一个数据点。例如，在图 4.51 中，从显示屏上可以观察到一个方波信号在触发点以前的波形。

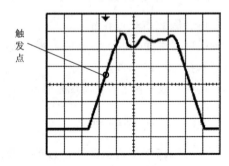

图 4.51　预触发功能

4.5.3.4　多种信号显示方式

信号波形的显示，实际上是由从存储器中取出信号数据的方式决定的。因此，信号数据的多种取出方式就导致了信号的多种显示方式。主要的显示方式有三种：基本显示方式、刷新显示方式和滚动显示方式。

基本显示方式是从存储器中读出已有的信号数据进行显示。

刷新显示方式是不断从存储器中读取最新采集存储的信号数据，使显示屏上的显示不断更新，如图 4.52 所示。

滚动显示方式是指在显示屏上显示的信号波形从右向左滚动，如图 4.53 所示。采用这种显示方式时，新的信号数据不断从显示屏的右端输入，原有的信号数据不断从左端退出。

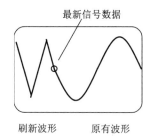

图 4.52　刷新显示方式　　　　图 4.53　滚动显示方式

4.5.3.5　多种测量方式

数字存储示波器通常可采用多种测量方式对信号进行测量，如利用刻度进行测量、利用光标进行测量以及自动进行测量。

1）刻度测量方式

刻度测量方式是利用显示屏上的刻度，快速地对信号进行简单的测量。这种测量方式的测量精度不高。

2）光标测量方式

光标测量方式是通过移动光标并根据显示屏上显示出的光标位置的读数来对信号进行测量。

光标有两类：电压光标和时间光标。电压光标在显示屏上以水平线出现，可测量垂直参数；时间光标在显示屏上以垂直线出现，可测量水平参数。

图 4.54 所示是利用时间光标对一个信号的上升时间进行测量。根据光标位置的显示值 $-3.200\,\mu s$ 和 $2.200\,\mu s$，可测出信号的上升时间为 $5.400\,\mu s$。

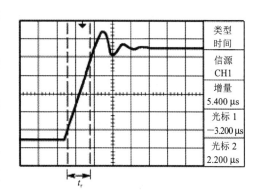

图 4.54　利用光标测量上升时间

3）自动测量方式

自动测量方式是对选定的信号参数进行自动测试和计算，测量结果直接显示在显示屏上。由于这种测量方式使用波形的记录数据，因此测量结果比前两种方式更精确。自动测量方式可自动测量多种信号参数，如测量信号的频率、周期、平均值、峰-峰值、均方根值、最大值、最小值、上升时间、下降时间等。

图 4.55 所示为数字存储示波器对一个方波信号的频率、周期、峰-峰值、上升时间和正频宽进行自动测量，从显示屏上可以直接读出该信号的频率为 1.000 kHz，周期为 1.000 ms，峰-峰值为 5.12 V，上升时间为 1.672 μs，正频宽为 500.0 μs。

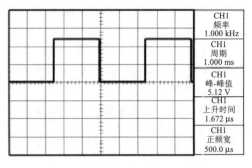

图 4.55   自动测量方波信号参数

4.5.3.6   便于对信号数据进行处理

在数字存储示波器中，输入波形是以数字形式存储的，因此能直接对信号进行各种处理分析。例如，信号的比较，对信号进行滤波处理，利用 FFT 分析信号的频谱、失真度、调制特性等。

数字存储示波器的上述特点，使其在对信号的测试方面具有明显的优势，因而得到广泛的应用。

4.6   示波器的应用

示波器的用途广泛，利用示波器可以进行大量电参量及非电参量的测量，若使用数字存储示波器则更加方便，可以直接使用自动设置、自动测量功能。下面以模拟示波器为例，介绍最基本的示波测试技术，即电压、时间、相位和频率的测量。

4.6.1   电压测量

示波器测量电压最常用的方法是直接测量法，即直接从示波器屏幕上量出被测电压波形上任意两点的高度，再乘以 Y 通道的偏转因数 D_y，则可得被测电压值

$$U = D_y \cdot h \qquad (4.21)$$

式中，U 为被测电压波形上任意两点间的电压值；D_y 为示波器的偏转因数（V/cm 或 V/div）；h 为被测电压波形上任意两点间的高度。

如果使用带衰减的探极，应考虑探极的衰减系数 k，则被测电压为

$$U = D_y \cdot h \cdot k \qquad (4.22)$$

偏转因数要影响测量结果，为保证测量结果的准确性，在进行定量测量之前，应将 y 轴微调置于"校准"位置，此时，Y 通道的增益为定值，偏转因数随输入衰减器的衰减量而变化。如果 y 轴微调不处于"校准"位置，则此时的偏转因数 D_y 应事先校准。下面介绍两种校准的方法：

4.6.1.1   利用示波器自身的校准信号发生器

校准信号发生器输出标准方波信号，这个方波信号的电压值是准确已知的，然后将此信

号接入 Y 输入端，调节增益微调，使波形恰好为 1 格或几格，从而确定 D_y。如方波信号的电压值为 20 mV，波形为 1 格，则 D_y 为

$$D_y = \frac{20}{1} = 0.02 \ （\text{V/div}）$$

4.6.1.2 利用直流电源

将示波器垂直通道的输入耦合开关置于"GND"位置，调节垂直位移旋钮，使荧光屏上的扫描基线移至荧光屏的中央位置，即水平坐标轴上，此后不再调节垂直位移旋钮；然后将示波器垂直通道的输入耦合开关置于"DC"位置，把一直流电源加入 Y 输入端，调节增益微调，使扫描线与水平坐标轴的垂直位移刚好为一格或几格，然后用较精确的电压表测出该直流电压的大小，确定 D_y 为

$$D_y = \frac{U_C}{h} \tag{4.23}$$

式中，U_C 为直流电源电压值；h 为信号加入后 y 方向的位移。

在测量中还要注意：偏转因数 D_y 一旦校准好后，增益微调旋钮应保持不动。

4.6.2 时间测量

利用示波器测量时间非常直观，测量方法有很多种，这里介绍其中最常用的直接测量法。直接测量法是直接从示波器屏幕上量出被测时间的宽度，然后换算成时间，即被测时间 t_x 为

$$t_x = D_t \cdot x \tag{4.24}$$

式中，D_t 为时基因数（单位 s / cm 或 s / div）；x 为被测时间的光迹在水平方向的距离（单位 cm 或 div）。

如果使用扫描扩展"×10"，相当于扫描速度增快 10 倍，则

$$t_x = \frac{D_t \cdot x}{10} \tag{4.25}$$

在测量前，时基因数微调应置于"校准"位置，否则应对时基因数进行校准。校准方法类似于偏转因数的校准，此处不再赘述。

4.6.3 相位测量

利用示波器测量信号间相位差的方法这里介绍两种。

4.6.3.1 线性扫描法

该方法利用示波器的多波形显示，是测量信号间相位差的最直观、最简便的方法。测量前将 Y_1 和 Y_2 的输入耦合开关置于"GND"（接地），调节 Y_1 和 Y_2 位移旋钮，使两时间基线

重合；测量时再将此开关拨到"AC"位置，以防止直流电平的影响。如将两个频率相同的被测正弦波电压信号 u_1 和 u_2 分别接入双线或双踪示波器的 Y_1 和 Y_2 输入端，在线性扫描情况下，可以在屏幕上得到以同一水平轴为标准的图 4.56 所示的两个稳定的波形，则被测相位差

$$\theta = \frac{t_1}{T} \times 360° = \frac{D_t \cdot x_1}{D_t \cdot x} \times 360° = \frac{x_1}{x} \times 360° \qquad (4.26)$$

用这种方法测量相位差应注意：只能用其中一个波形去触发各路信号，而不要用多个信号去分别触发，以便提供一个统一的参考点去进行比较。通常是用超前的那个信号去触发。

用这种方法测量时，由于光迹的聚焦不可能非常细，读数时又有一定误差，因此测量准确度不高，特别是当被观测波形间相位差较小时，会产生较大误差。

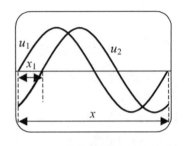

图 4.56　线性扫描法测相位差

4.6.3.2　李沙育图形法

把两个相位关系不同的正弦波分别加在示波器的 X、Y 偏转板上，可以得到不同的李沙育图形，如图 4.57 所示。调 x 和 y 位移，使图形的中心与荧光屏的坐标原点重合。根据所得出的李沙育图形，可以测出波形间的相位差为

$$\theta = \arcsin\left(\frac{A}{B}\right) \qquad (4.27)$$

式中，A 为李沙育图形被纵轴（横轴）相截的距离；B 为荧光屏上 y（x）方向的最大偏转距离。

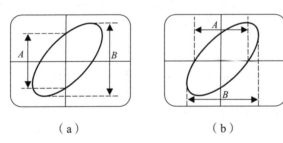

（a）　　　　　　　　　　　（b）

图 4.57　用李沙育图形测量相位差

若示波器本身的 x 轴、y 轴存在固有相移，即在 X、Y 通道输入相位差为 0 的信号时，李沙育图形不是一条直线，而是一个椭圆。测量时，两个信号的实际相位差应为示波器测出的相位差减去固有相移，即

$$\theta_{实} = \theta_{测} - \theta_{固} \qquad (4.28)$$

4.6.4　频率测量

下面介绍两种常用的使用示波器测量频率的测量方法。

4.6.4.1　线性扫描法

把被测信号送入 Y 输入端，调节示波器使其显示波形稳定且至少显示一个完整的周期，

测得一个周期的水平分度数为 x_T，可求得周期

$$T = D_t \cdot x_T \tag{4.29}$$

则被测频率

$$f = \frac{1}{T}$$

注意：时基因数 D_t 测量前应进行校准。

4.6.4.2　李沙育图形法

将一已知频率的信号送入 X 通道，被测频率的信号送入 Y 通道，示波器工作在 X-Y 方式，屏幕上会显示出一个李沙育图形，这时 X 和 Y 两通道内的信号对电子束的使用时间总是相等的，而且 X 和 Y 两通道内的信号分别确定的是电子束水平、垂直方向的位移，所以信号频率越高，波形经过垂直线和水平线的次数越多（如正弦波每个周期经过两次），即垂直线、水平线与李沙育图形的交点数分别与 X 和 Y 两通道内的信号的频率成正比。

在李沙育图形的水平和垂直方向上做两条相互垂直的直线，这两条直线都不通过李沙育图形上的任何一个交点。频率比即为水平线与图形的交点数 m 和垂直线与图形的交点数 n 之比，即

$$\frac{f_Y}{f_X} = \frac{m}{n} \tag{4.30}$$

$$f_Y = \frac{m}{n} \cdot f_X \tag{4.31}$$

只有当两个信号的频率为简单整数比时，屏幕上的李沙育图形才是清楚的。李沙育图形法只适合于测量频率稳定度较高的低频信号的频率，而且一般要求两频率比最大不超过 10 倍，否则图形过于复杂而难以测量。表 4.1 列出了常用的几种不同频率、不同相位的李沙育图形。

表 4.1　常用的几种不同频率、不同相位的李沙育图形

θ f_Y/f_X	0°	45°	90°	135°	180
1:1					
2:1					
3:1					
3:2					

习　题　4

4.1　示波管的结构由哪几部分组成？各部分的主要用途是什么？

4.2　荧光屏按显示余辉长短可以分为几种？各适用于何种场合？

4.3　通用示波器包括哪些单元？各有什么功能？

4.4　示波器显示稳定波形的条件是什么？

4.5　示波器的主要技术指标有哪些？

4.6　示波器的扫描电压有什么要求？怎样控制扫描电压的幅度？

4.7　如何判断探极补偿电容的补偿是否正确？如果不正确应该如何调整？

4.8　延迟线的作用是什么？延迟线为什么要在内触发信号之后引出？

4.9　示波器 Y 通道内为什么既接入衰减器又接入放大器？它们各起什么作用？

4.10　比较触发扫描和连续扫描的特点。

4.11　示波器的时基电路由哪几部分组成？各部分电路起什么作用？

4.12　试说明触发电平和触发极性调节的意义。

4.13　观测一个上升时间约为 51 ns 的脉冲波形，现有下列四种型号的示波器，问选用哪种型号最好？为什么？

① SBT-5 型：$f_{BW} = 10$ MHz，$t_R \leqslant 40$ ns；

② SR-8 型：$f_{BW} = 15$ MHz，$t_R \leqslant 24$ ns；

③ V222 型：$f_{BW} = 20$ MHz，$t_R \leqslant 12.5$ ns；

④ SBM-14 型：$f_{BW} = 100$ MHz，$t_R \leqslant 3.5$ ns。

4.14　示波器观测正弦信号时得到图 4.58 所示波形，已知信号连接正确，示波器工作正常，试分析产生这些情况的原因，并说明如何调节相关的开关旋钮才能正常显示波形。

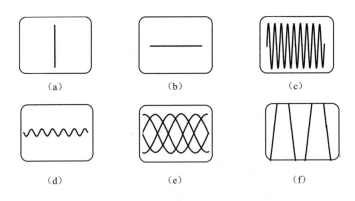

图 4.58　题 4.14 图

4.15　设示波器 X、Y 输入端的偏转灵敏度相同，在 X、Y 输入端分别施加下列电压，试画出荧光屏上显示的波形。

① $u_x = \sin(\omega t + 45°)$，$u_y = \sin \omega t$。

② $u_x = \sin \omega t$，$u_y = \sin(\omega t + 90°)$。

③ $u_x = \sin(\omega t - 30°)$，$u_y = 2\sin \omega t$。

4.16 某示波器的时基因数范围为 20 ns/div ～ 0.5 s/div，扫描扩展为"×10"，荧光屏 x 方向的可用长度为 10 div，如果要观察一个周期的波形，试计算该示波器能观察到的正弦波的上限频率。

4.17 某示波器荧光屏的水平长度为 10 cm，要求显示频率为 10 MHz 的正弦信号的两个完整周期的波形。求示波器应具有的时基因数。

4.18 有一正弦信号，使用偏转因数为 10 mV/div 的示波器进行测量，测量时信号经过 10∶1 的衰减探极加到示波器，测得荧光屏上波形的高度为 6.5 div，问该信号的峰-峰值是多少？

4.19 设连续扫描电压的扫描正程是扫描回程的 4 倍（不考虑扫描等待时间），要显示出频率为 2 kHz 的正弦波 4 个周期的波形，请问连续扫描电压的频率是多少？

4.20 有两路周期相同的脉冲信号，如图 4.59 所示，若只有一台单踪示波器，如何用它测量 u_1 和 u_2 前沿间的距离？

4.21 如果被测正弦信号频率为 10 kHz，理想的连续扫描电压频率为 4 kHz，试绘出荧光屏上显示出的波形。

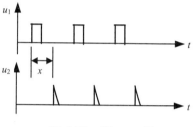

图 4.59 题 4.20 图

4.22 已知扫描电压正程、回程时间分别为 3 ms 和 1 ms，且扫描回程不消隐，试绘出荧光屏上显示出的频率为 1 kHz 的正弦波的波形图。

4.23 在通用示波器中调节下列开关、旋钮的作用是什么？在电路中靠调节什么来实现？

① 辉度；② 聚焦和辅助聚焦；③ 偏转因数粗调（V/cm）；④ 偏转因数微调；⑤ y 轴位移；⑥ 稳定度；⑦ 触发方式；⑧ 触发电平；⑨ 触发极性；⑩ 时基因数粗调；⑪ 时基因数微调；⑫ x 轴位移。

4.24 某示波器的上升时间为 $t_R = 3.5$ ns，探极的衰减系数为 10∶1，用该示波器测量一方波发生器输出波形的上升时间，从示波器荧光屏上测出的上升时间为 $t'_r = 11$ ns，问方波的实际上升时间 t_r 为多少？

4.25 已知示波器的偏转因数 $D_y = 0.2$ V/cm，荧光屏的水平方向长度为 10 cm。

① 若时基因数为 0.05 ms/cm，所观测的波形如图 4.60 所示，求被测信号的峰-峰值及频率。

② 若要在荧光屏上显示该信号的 10 个周期波形，时基因数应该取多大？

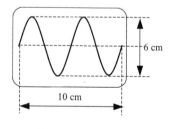

图 4.60 题 4.25 图

4.26 双踪示波器的"交替"与"断续"显示方式有什么区别？

4.27 一双踪示波器工作于交替方式，用它观察某被测电路两测试点信号的相位关系。采用零电平、正极性触发。图 4.61（a）所示为两个波形分别触发产生的扫描电压，图 4.61（b）所示为只用其中一路信号触发产生的扫描电压。试画出图（a）、图（b）两种情况下荧光屏上显示的波形，并指出双踪示波器为什么应由一路被测信号进行触发。

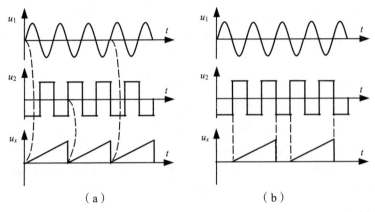

图 4.61　题 4.27 图

4.28　双踪示波器与双线示波器的区别是什么？

4.29　简述双扫描示波器的基本工作原理，并思考如何用两台单踪通用示波器通过适当连接获得双扫描的效果。

4.30　简述薄膜晶体管液晶显示器的工作过程。

4.31　为什么顺序采样只能观测触发点以后的波形，而随机采样可以观测触发前的波形？

4.32　用非实时顺序采样的示波器观测波形时，如果被测信号的周期为 T，延迟时间间隔为 t，每经过 m 个周期采样一点（其中 m 为正整数），问在显示器上采用点显示时，n 个采样点间的时间间隔应为多少？

4.33　数字存储示波器的存储容量大小会影响其采集波形的质量吗？请说明原因。

4.34　某数字存储示波器采集存储了 4 KB 个数据，在波形不被横向拉宽时这些数据刚好供一屏显示。在下列几种情况下，存储器写时钟应于触发后何时关闭？

①　显示触发前数据与触发后数据之比为 1:9，即触发点在靠屏幕前端 1/1 处。

②　触发点在屏幕中央。

③　如果从触发点开始向后算为第一屏波形，现在希望显示第三屏波形。

4.35　有 A、B 两台数字存储示波器，最高采样率均为 200 MSa/s，水平方向长度均为 10 div，但是数字存储示波器 A 的存储深度为 1 KB，数字存储示波器 B 的存储深度为 1 MB。当时基因数为 1 ms/div 时，计算两台数字存储示波器的采样率。

4.36　某数字存储示波器用 8 位 A/D 作为 Y 通道的 A/D 转换器，该 A/D 转换器的输入电压范围为 0~5 V。示波器采用线性插值显示，其时基因数的范围为 50 ns/div ~ 50 s/div，水平长度为 10 格，每格的采样点数为 400，试问：

①　该数字存储示波器 Y 通道能达到的有效存储带宽是多少？

②　信号的垂直分辨力是多少伏？

③　水平通道的 D/A 转换器至少应为多少位？

4.37　如何进行示波器的幅度校正和扫描时间校正？

4.38　u_1 和 u_2 为同频率的正弦信号，用双踪示波器测量相位差，显示图形如图 4.62 所示，测得 $x_1 = 1.5$ div，$x = 6$ div，求相位差 $\Delta\varphi$。

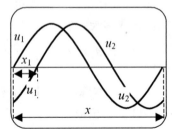

图 4.62　题 4.38 图

5 频域测量技术

本章课件

5.1 概 述

5.1.1 频域和时域的关系

对于信号，通常可以从时域和频域两方面来进行测量和分析。时域测量用于研究信号幅度与时间的关系，是对时间特性参数进行测量，例如，分析通过电路后信号的放大、衰减及畸变情况，测量周期信号的幅值、周期，脉冲信号的上升和下降时间等。频域测量是观测信号幅度或能量与频率的关系，是对频率特性参数进行测量，例如，分析信号的频谱，测量电路的幅频特性、频带宽度等。时域测量和频域测量是从不同的方面反映信号特征，在电子测量中均占有重要的地位。

信号 $f(t)$ 的时间-频率关系如图 5.1 所示，其中图（a）为信号 $f(t)$ 的时间波形，图（b）为信号的频谱图，图（c）为信号的时频图。

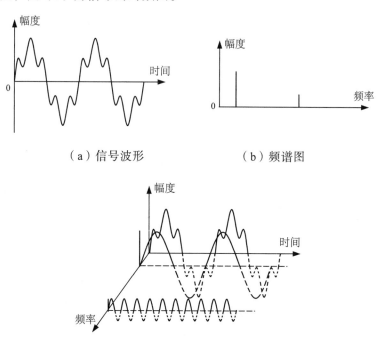

（a）信号波形   （b）频谱图

（c）时频图

图 5.1 信号的时频关系

从图 5.1（a）中可以看出，信号 $f(t)$ 是一个非正弦波周期信号，但信号中所含频率分量的情况无法了解。图 5.1（b）中清楚地显示出信号是由两个不同频率分量的正弦信号构成，这两个频率分量的频率值及其幅度可根据频谱图定量测出，但信号随时间变化的情况以及信号相位的情况无法了解。图 5.1（c）既显示了信号 $f(t)$ 的时域特性，又显示了信号 $f(t)$ 的频域特性，使对于信号的了解变得非常清晰、直观和全面。

5.1.2　频谱分析

频谱分析实际上就是在频域中分析信号的频率分量情况，通过对信号进行傅里叶变换，将信号表示成一个基波分量和许多谐波分量之和的形式，确定信号的频谱。

对于满足狄里赫利条件的周期信号，可将其展开为傅里叶级数，求出频谱图，即

$$f(t) = \frac{A_0}{2} + \sum_{n=1}^{\infty} A_n \cos(n\omega_1 t + \varphi_n) \qquad (5.1)$$

式中，$\frac{A_0}{2}$ 为直流分量的大小；A_n 为 n 次谐波分量的幅值，其中，A_1 为基波分量的幅值，ω_1 为基波角频率，φ_n 为 n 次谐波分量的相位。周期性信号的频谱是由一组离散的谱线组成的离散谱，其横坐标为谐波角频率 $n\omega_1$。若每一谱线的高度反映谐波分量的幅值，则该频谱为幅值频谱；若每一谱线的高度反映谐波分量的初相角，则该频谱为相位频谱。

例如，对于一周期电压信号 $U(t)$，其傅里叶级数为

$$U(t) = \frac{\pi}{5} + \cos\omega_1 t + \frac{1}{3}\cos(3\omega_1 t) + \frac{1}{5}\cos(5\omega_1 t + \pi) + \frac{1}{7}\cos(7\omega_1 t + \pi)$$

其幅值频谱和相位频谱分别如图 5.2（a）、（b）所示。

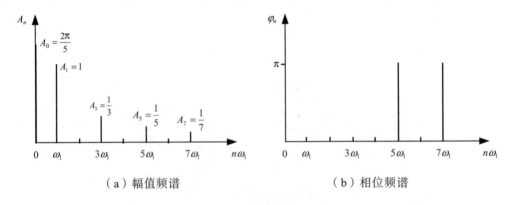

（a）幅值频谱　　　　　　　　　（b）相位频谱

图 5.2　周期信号的频谱

对于非周期信号，可以看成是周期为无限大的周期信号，由无限多的频率分量叠加而成，其频谱为连续谱，用傅里叶变换表示为

$$
\left.
\begin{aligned}
F(\mathrm{j}\omega) &= \int_{-\infty}^{\infty} f(t)\mathrm{e}^{-\mathrm{j}\omega t}\mathrm{d}t \\
f(t) &= \frac{1}{2\pi}\int_{-\infty}^{\infty} F(\mathrm{j}\omega)\mathrm{e}^{\mathrm{j}\omega t}\mathrm{d}\omega
\end{aligned}
\right\}
\tag{5.2}
$$

式中，$F(\mathrm{j}\omega)$ 为信号 $f(t)$ 的频谱函数，一般为复函数，可表示为

$$
F(\mathrm{j}\omega) = \left|F(\mathrm{j}\omega)\right|\mathrm{e}^{\mathrm{j}\varphi(\omega)}
\tag{5.3}
$$

其中，$\left|F(\mathrm{j}\omega)\right|$ 为信号的幅值频谱，$\varphi(\omega)$ 为相位频谱。

图 5.3 所示为一脉宽为 t、幅值为 U 的矩形电压脉冲，其表达式为

$$
u(t) =
\begin{cases}
U & -\dfrac{\tau}{2} \leqslant t \leqslant \dfrac{\tau}{2} \\
0 & t < -\dfrac{\tau}{2} \text{ 或 } t > \dfrac{\tau}{2}
\end{cases}
$$

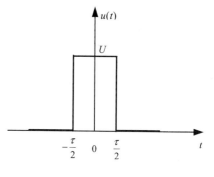

图 5.3　矩形电压脉冲

该非周期矩形电压脉冲的频谱函数为

$$
U(\mathrm{j}\omega) = \int_{-\infty}^{\infty} u(t)\mathrm{e}^{-\mathrm{j}\omega t}\mathrm{d}t = U\tau\frac{-\sin(\omega\tau/2)}{\omega\tau/2}
$$

其幅值频谱和相位频谱分别如图 5.4（a）、（b）所示。

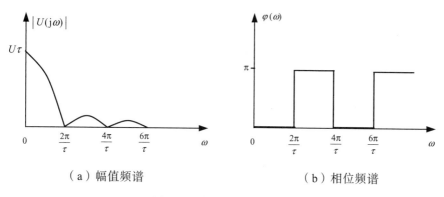

（a）幅值频谱　　　　　　　　　　（b）相位频谱

图 5.4　非周期信号的频谱

5.1.3　常用频域测试仪器

能对信号进行频域分析和测量的仪器很多，常见的主要有以下几种：

① 频率特性测试仪，通常也称为扫频仪，主要用于电路频率特性的测量，包括幅频特性、频带宽度、品质因数以及特性阻抗等。

② 频谱分析仪，是频域分析的一种很重要的仪器，主要用于测量信号的各谐波分量、频率及频率响应、谐波失真及噪声分析等。

③ 网络分析仪，主要用于测量电子网络的频率响应，包括对幅度响应、相位响应以及群时延特性的测量，在非线性、大功率网络的测试和分析中发挥着重要作用。

5.2　频谱分析仪

频谱分析仪是分析被测信号频谱的主要工具，它采用滤波或傅里叶变换方法，对信号中所含的各个频率分量的幅值、功率和能量进行分析，并将幅值或能量的分布情况作为频率的函数在显示器上直观地显示出来；此外，它还具有多种其他测量功能，如测量信号电平、频率响应、谐波失真、频率稳定度以及频谱纯度等。因此，频谱分析仪在电子测量中得到广泛的应用。

5.2.1　频谱分析仪的种类

频谱分析仪的种类很多，能适应不同信号的分析要求，因此能分析很多复杂的信号。频谱分析仪按信号处理方式的不同，可分为模拟式频谱分析仪、数字式频谱分析仪和模拟数字混合式频谱分析仪；按工作频带的不同，可分为高频频谱分析仪和低频频谱分析仪；按工作原理的不同，可分为实时型频谱分析仪和非实时型频谱分析仪；按通道数量的不同，可分为单通道频谱分析仪和多通道频谱分析仪。在多种分类方式中，按信号处理方式不同进行的分类是一种最基本的分类，下面按此种分类对频谱分析仪进行介绍。

5.2.1.1　模拟式频谱分析仪

模拟式频谱分析仪以模拟滤波器为基础，用滤波器来实现信号中各频率成分的分离，分离出的频率分量经检波器检波成直流后，由显示器显示出来。

模拟式频谱分析仪主要用于射频和微波频段，按工作方式的不同又可分为以下四种。

1）并行滤波式频谱分析仪

并行滤波式频谱分析仪的原理如图 5.5 所示。

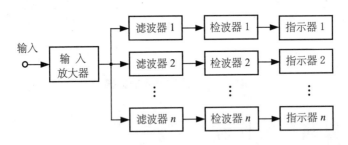

图 5.5　并行滤波式频谱分析仪的原理示意图

被测信号经过输入放大器后，同时加到并联的多个带通滤波器（BPF₁ ~ BPFₙ）上，这些带宽极窄的滤波器在同一时刻分别滤出被测信号的不同频率分量，经检波器检波后，送到各指示器保持并显示。该类频谱分析仪能对信号进行实时分析，显示瞬变信号的实时频谱，测量速度快，动态范围宽；但各滤波器带宽固定，分辨力不能调节，而且需要大量的硬件。例如，一台频率范围为 0 ~ 1 MHz 的并行滤波式频谱分析仪，若其带通滤波器的带宽为 1 kHz，则需要 1 000 个滤波器、1 000 个检波器和 1 000 个指示器。

2）顺序滤波式频谱分析仪

顺序滤波式频谱分析仪的原理如图 5.6 所示。

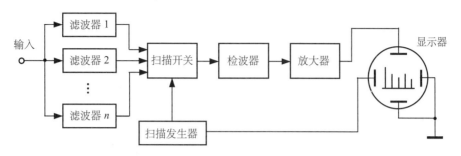

图 5.6 顺序滤波式频谱分析仪的原理示意图

被测信号从输入端同时加到并联的多个带通滤波器（$BPF_1 \sim BPF_n$）上，由电子扫描开关控制，轮流将各个滤波器的输出接到共用的检波器上，经放大后加到显示器垂直偏转板，和扫描发生器输出的水平偏转信号共同作用，按一定顺序对各频率分量进行测量和显示。该类频谱分析仪共用检波及显示设备，对信号的测量实际上是以非实时方式进行的，主要用于周期和准周期信号的分析。若要保证测量结果与实时测量结果相同，可在各滤波器后放置一波形存储器，但这需要增加大量硬件。

3）扫描式频谱分析仪

扫描式频谱分析仪的原理如图 5.7 所示。

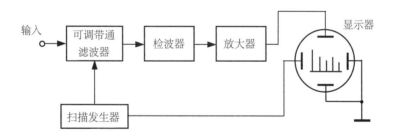

图 5.7 扫描式频谱分析仪的原理示意图

该类频谱分析仪是在顺序滤波式频谱分析仪的基础上，用一个中心频率可电控调谐的带通滤波器取代带通滤波器组来进行各频率分量的测量。带通滤波器的中心频率自动地在信号的整个频谱范围内扫描，依次提取出被测信号的各频率分量，经检波和放大后加到显示器的垂直偏转板上。这类频谱分析仪的结构简单；但可调带通滤波器不易满足通带较窄的要求，且调谐范围窄，频率特性也不均匀。扫描式频谱分析仪主要用于被测信号较强、频谱稀疏的情况。

4）外差式频谱分析仪

外差式频谱分析仪是在实际中应用广泛的一类频谱分析仪，该类频谱分析仪利用扫频技术，采用外差接收方法进行频率调谐，实现频谱分析。它具有频率范围宽、灵敏度高、频率分辨力可变等优点；但不能进行实时分析。在 5.2.2 节中将专门对外差式频谱分析仪进行详细介绍。

5.2.1.2 数字式频谱分析仪

数字式频谱分析仪以数字方式对信号进行频谱分析，具有精度高、动态范围宽、性能灵活的特点，其工作频率不高，但能处理低频和超低频的实时信号。按工作方法的不同，数字式频谱分析仪可分为以下两种。

1）数字滤波式频谱分析仪

数字滤波式频谱分析仪的原理如图 5.8 所示。和模拟式频谱分析仪不同，它采用一个数字滤波器替代多个模拟滤波器，具有精度高、使用方便等优点。

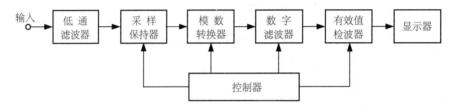

图 5.8   数字滤波式频谱分析仪的原理示意图

被测信号经过低通滤波器滤波后，由采样保持电路和模/数转换器实现从模拟量到数字量的转换，并送入数字滤波器进行滤波。数字滤波器输出的数字序列经有效值检波器检波后送显示器进行显示。在该类频谱分析仪中，数字滤波器的中心频率和采样保持器及模/数转换器的工作状态由控制器控制。

2）快速傅里叶变换（FFT）频谱分析仪

快速傅里叶变换频谱分析仪利用快速傅里叶变换（FFT）技术，根据被测信号的时域波形直接计算出信号的频谱或功率谱。由于其频率上限受到模/数转换器速度的限制，因此主要用于低频频谱分析。其简化原理示意图如图 5.9 所示。

输入信号经低通滤波器滤去信号中高于 1/2 采样率的频率，消除潜在的混叠成分后，由采样电路和模/数转换器实现信号从模拟量到数字序列的变化。在对信号进行采样时，按照采样定理，采样率应保证大于信号最高频率的两倍。存储器存储接收的数字信息由数字信号处理器完成 FFT 运算，最后将频谱显示出来。在需要进行高频率、高分辨力和高速运算时，数字信号处理器要选用高速的 FFT 硬件或相应的数字处理器（DSP）芯片。

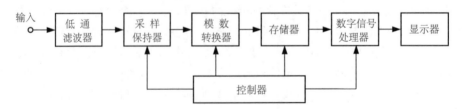

图 5.9   FFT 频谱分析仪的简化原理示意图

5.2.1.3 模拟数字混合式频谱分析仪

外差式频谱分析仪频带覆盖广，但频率分辨力不高；数字式频谱分析仪分辨力较高，但频带范围窄，只能用于低频分析。将外差扫频技术和数字技术结合起来构成的模拟数字混合式频谱分析仪，不仅具有频率覆盖范围广的特点，而且能实现对信号的窄带实时分析。

模拟数字混合式频谱分析仪主要有以下两种。

1）时间压缩式实时分析仪

时间压缩式实时分析仪的原理如图 5.10 所示。

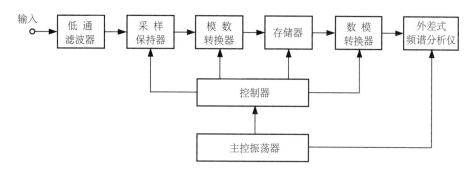

图 5.10　时间压缩式实时分析仪的原理示意图

被测信号经低通滤波器滤波后，以高于信号频率的采样率进行采样，经 A／D 转换器变为数字信号并以较低的速度将数据记录在存储器中；然后这些数字信号再以高倍速度取出，经 D／A 转换器转换为模拟信号进入外差式频谱分析仪并显示出频谱。

这种频谱分析仪利用时间压缩技术，低速记录信号，高速重放信号，增大了滤波器的带宽，实现了对信号的实时分析，但存在信号被截断带来的频谱泄漏效应。

2）采用数字中频的外差式频谱分析仪

这种频谱分析仪在外差式频谱分析仪的中频部分采用了数字技术，即用数字带通滤波器取代了模拟中频滤波器，此外还采用了 FFT 实时分析技术，大大提高了带宽分辨力和分析速度，使频谱分析仪的性能得到很大提高。例如，惠普公司生产的 HP3588A 以及 HP3589A 就属于此类频谱分析仪。

5.2.2　外差式频谱分析仪

外差式频谱分析仪由于工作频率范围宽且具有很高的灵敏度，因此在频谱分析仪中占有重要的地位，成为目前使用最为广泛的一类频谱分析仪。

5.2.2.1　工作原理

外差式频谱分析仪采用外差技术来提取信号的频率分量，即将通带固定的中频放大器作为选频滤波器，将本地振荡器作为扫频器件，本地振荡器输出的振荡频率从低到高连续扫动，和输入被测信号中的各频率分量逐个混频，使信号中的各频率分量依次进入中频放大器从而被提取出来。外差式频谱分析仪的原理如图 5.11 所示。

假设被测信号 f_x 包含 n 个频率分量 f_{xi}（$i = 1, 2, \cdots, n$），这些频率分量进入混频器与来自

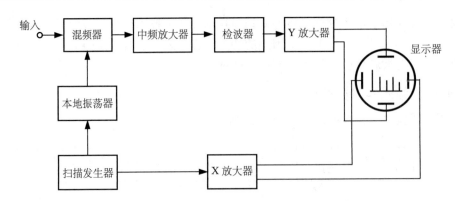

图 5.11   外差式频谱分析仪的原理示意图

本地振荡器的可调本振频率 f_L 在混频器内产生频率的和与差，得到和频与差频：

和频 $$f'_{i+} = f_L + f_{xi} \qquad (i = 1, 2, \cdots, n) \tag{5.4}$$

差频 $$f_{i-} = f_L - f_{xi} \qquad (i = 1, 2, \cdots, n) \tag{5.5}$$

中频放大器提取差频 $f_{i-}(i = 1, 2, \cdots, n)$ 中的进入中频通带的频率分量 f_I，再送入检波器，检波器对频率为 f_I 的正弦信号进行检波产生直流电平。该直流电平经 Y 放大器放大后加到显示器的垂直偏转系统，由显示屏上光点的垂直偏移显示出该频率分量的电平大小。

由于本地振荡器为扫频压控振荡器，其产生的本振频率 f_L 随着扫描发生器产生的锯齿波电压的变化而由低到高线性地扫动，因此当它和被测信号混频后，可保证被测信号的各频率分量 f_{xi} 能依次进入中频放大器的通带内而被提取出来。

同时，与本振频率 f_L 呈线性关系的锯齿波电压又作为水平扫描信号加到显示器的水平偏转系统，使显示屏上光点的水平偏移与频率成正比，水平轴成为频率轴。这样，当本地振荡器受锯齿波电压控制进行扫频时，在显示屏上就依次显示出被测信号的频率分量。

对于外差式频谱仪所采用的外差技术，下面通过一个例子使读者更易于理解。例如，一台 0 ~ 20 MHz 的外差式频谱分析仪，其中本地振荡器工作在 40 ~ 60 MHz 之间，中频放大器的中心频率为 40 MHz。被测信号含有三个频率分量，分别为 $f_1 = 5\,\mathrm{MHz}$、$f_2 = 10\,\mathrm{MHz}$ 和 $f_3 = 18\,\mathrm{MHz}$。当本地振荡器的本振频率 f_L 从 40 MHz ~ 60MHz 连续变化时，假设在某时刻 t，本振频率为 $f_{Lt} = 45\,\mathrm{MHz}$，则此时本振频率与信号频率的差频分别为

$$f_{1-} = f_{Lt} - f_1 = 45 - 5 = 40 \ (\mathrm{MHz})$$

$$f_{2-} = f_{Lt} - f_2 = 45 - 10 = 35 \ (\mathrm{MHz})$$

$$f_{3-} = f_{Lt} - f_3 = 45 - 18 = 27 \ (\mathrm{MHz})$$

在这些差频中，只有 f_{1-} 能通过中心频率为 40 MHz 的中频放大器成为中频输出，f_{2-} 和 f_{3-} 被滤掉了，也就是说，这时中频放大器将信号中的 5 MHz 的频率分量提取出来。

在时刻 t'，假设本振频率变为 $f_{Lt'} = 50\,\mathrm{MHz}$，它与被测信号的差频分别为

$$f'_{1-} = f_{Lt'} - f_1 = 50 - 5 = 45 \ (\mathrm{MHz})$$

$$f'_{2-} = f_{Lt'} - f_2 = 50 - 10 = 40 \ (\mathrm{MHz})$$

$$f'_{3-} = f_{Lt'} - f_3 = 50 - 18 = 32 \ (\mathrm{MHz})$$

此时只有 f'_{2-} 能通过中频放大器，即 10 MHz 的频率分量被提取出来；同理，当本振频率变为

58 MHz 时，18 MHz 的频率分量被提取出来。这样，当本振频率 f_L 从 40～60 MHz 线性扫频时，信号中 5 MHz、10 MHz 和 18 MHz 的频率分量就被依次提取出来了。

5.2.2.2 提高性能的措施

实际上，在对外差式频谱分析仪进行设计制造时，采用了一些具体的措施来提高其性能指标。

1）多次变频

为了获得较高的灵敏度和频率分辨力，采用了多次变频（通常为三次）的方法，即在频谱分析仪的混频和选频部分，采用多个混频和中频滤波放大环节，如图 5.12 所示。

在图 5.12 中，扫频是在第三个本地振荡器中进行的，这样可实现窄带扫频；若扫频在第一个本地振荡器中进行，则可实现宽带扫频。

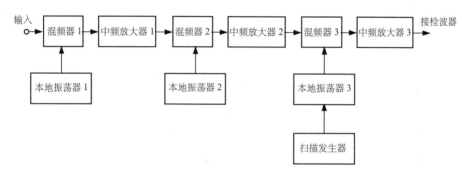

图 5.12 三次变频的原理示意图

2）采用锁相频率合成技术

对于频谱分析仪来说，本地振荡器的频率稳定度非常重要。本地振荡器的频率不稳定，将使屏幕上显示的谱线产生漂移和晃动，从而降低频率分辨力。因此，为了保证在显示屏上稳定地显示频谱，采用了锁相频率合成技术来提高本地振荡器的频率稳定度。

此外，为了提高频谱显示的动态范围，在检波器和 Y 放大器之间接入对数放大器；为了扩大量程，衰减较大信号，在输入端设置有衰减器。

5.2.3 频谱分析仪的主要性能指标

5.2.3.1 频率分辨力

频率分辨力是反映频谱分析仪频率特性的主要性能指标。

频率分辨力是指频谱分析仪能够分辨的最小谱线间隔，它表征了频谱分析仪能够区分两个频率相邻的信号的能力。

实际上，频率分辨力是由频谱分析仪中窄带滤波器的带宽决定的，因此通常把窄带滤波器的 3 dB 带宽认为是频谱分析仪的频率分辨力。若频谱分析仪最窄的滤波器的 3 dB 带宽为 20 kHz，则该频谱分析仪能分辨的两个信号的最小频率间隔为 20 kHz，也就是说，频率间隔小于 20 kHz 的两个信号不能被分辨出来。

频率分辨力的数值越小，其频率分辨力越强。例如，10 kHz 的频率分辨力就比 30 kHz 的频率分辨力强。对于由幅度相等的 900.00 MHz 和 900.03 MHz 信号合成的信号，利用频谱分析仪在 30 kHz 和 10 kHz 频率分辨力下分别进行测量，测出的频谱图如图 5.13（a）、（b）所示。

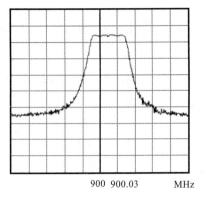
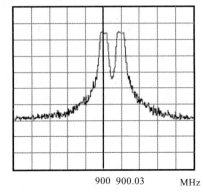

（a）频率分辨力为 30 kHz 时测得的信号频谱图　　　　（b）频率分辨力为 10 kHz 时测得的信号频谱图

图 5.13　频率分辨力强弱的比较

在图 5.13（a）中，不能分辨出 900.00 MHz 和 900.03 MHz 的信号；而在图 5.13（b）中可清楚地分辨出在 900.00 MHz 和 900.03 MHz 处的两个信号。通过图 5.13（a）和图 5.13（b）的比较可以知道，10 kHz 的频率分辨力强于 30 kHz 的频率分辨力。

频谱分析仪的频率分辨力和本地振荡器的扫频速度有关，这是由于频谱分析仪的窄带滤波器的幅频特性曲线与扫频速度有关。因此，当扫频速度为零时，窄带滤波器的幅频特性曲线的 3 dB 带宽称为静态分辨；当扫频速度不为零时，窄带滤波器的幅频特性曲线的 3 dB 带宽称为动态分辨力。

实际的频谱分析仪通常在面板上设置几挡频率分辨力，以便于测量时进行选择。例如，BP-1 型高频频谱分析仪，其频率分辨力有 6 Hz、30 Hz、150 Hz 三挡；PSA-75A 型便携式微波频谱分析仪，其频率分辨力有 10 kHz、75 kHz、150 kHz、300 kHz 和 1 MHz、3 MHz 共六挡。

5.2.3.2　灵敏度与动态范围

灵敏度和动态范围是反映频谱分析仪幅度特性的两个主要的性能指标。

1）灵敏度

灵敏度是指在给定分辨带宽、显示方式和其他影响因素的条件下，频谱分析仪能测量最小信号电平的能力。

频谱分析仪的灵敏度主要取决于仪器内部的噪声电平。噪声电平的大小由系统带宽、玻尔兹曼常数以及绝对温度决定，通常小于 – 90 dBm。一般情况下，频谱分析仪能测量的最小信号电平通常应高于噪声电平 10 dB。

对于外差式频谱分析仪，其灵敏度不仅与噪声电平有关，还与扫频速度有关，扫频速度的加快会导致灵敏度的下降。

2）动态范围

动态范围是指频谱分析仪能够同时测量的最大信号电平与最小信号电平之差，如图 5.14 所示。

频谱分析仪能测量的最大信号电平由频谱分析仪的最佳输入电平决定，典型值为 − 30 dBm；最小信号电平由频谱分析仪的灵敏度决定。频谱分析仪的动态范围一般为 60 ~ 90 dB。

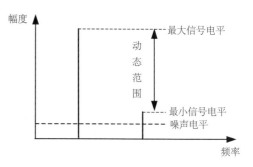

图 5.14　频谱分析仪的动态范围

5.2.3.3　扫频宽度、分析时间与扫频速度

扫频宽度、分析时间和扫频速度是反映频谱分析仪扫频特性的三个主要的性能指标。

1）扫频宽度

扫频宽度是指频谱分析仪在一次频谱分析过程中显示的频率范围，即与显示屏水平轴起止点相对应的频率之差。

频谱分析仪的扫频宽度一般是可以调节的，调宽扫频宽度，便于观察信号频谱的全貌；调窄扫频宽度，便于分析信号频谱的细节。

2）分析时间

分析时间是指完成一次扫频过程所需要的时间，也即从频谱分析仪显示屏水平轴最左端到最右端扫频一次所需要的时间。

分析时间主要受分辨带宽滤波器的限制。

3）扫频速度

扫频宽度与分析时间之比称为扫频速度。

要注意，扫频速度的大小对频谱分析仪的频率分辨力有较大影响，因此，测量信号频谱时要对扫描速度进行合理选择，通常应满足下面的经验准则

$$\gamma \leqslant B_q^2 \tag{5.6}$$

式中，γ 为扫频速度，B_q 为静态分辨力。

为了能使频谱分析仪处于最佳测量状态，大多数频谱分析仪都设有自动挡。它能根据输入信号自动设置最佳频率分辨力、扫描速度等重要测量参数，保证频谱测量具有高分辨力和高精度。

5.2.4　频谱分析仪实例

MS2711B 型频谱分析仪如图 5.15 所示，是 Anritsu 公司生产的手提式频谱分析仪。它实际上是一种智能化的外差式频谱分析仪，具有菜单驱动的用户界面，能存储和调用 10 次测量设置以及频谱信息，并能将信息通过串口下载到 PC 机或通过打印机打印出来。

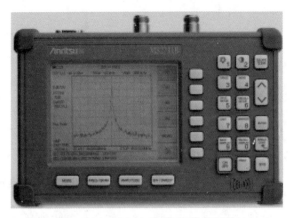

图 5.15　MS2711B 型频谱分析仪

5.2.4.1　性能指标

频率范围：100 kHz ~ 3.0 GHz。

频率分辨力：10 kHz、30 kHz、100 kHz 和 1 MHz。

测量范围：+ 20 dBm ~ − 95 dBm。

动态范围：> 65 dB。

幅度精度：±3 dB（< 500 kHz），±2 dB（≥ 500 kHz）。

输入阻抗：50 Ω。

5.2.4.2　面板介绍

MS2711B 型频谱分析仪的面板设置有功能键、键盘硬键和软键，如图 5.16 所示。

1）功能键

如图 5.16 所示，位于显示屏下方的四个键是功能键，从左到右依次是模式、频率/扫频宽度、幅度和带宽/扫频键。

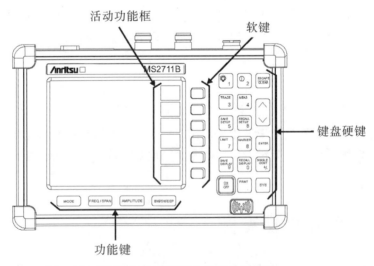

图 5.16　MS2711B 型频谱分析仪的面板图

① 模式键（MODE）：用于激活与模式有关的功能菜单以选择测量模式。可供选择的测量模式有四种：频谱分析模式，功率监视模式，跟踪发生器模式以及快速调谐跟踪发生器模式。

② 频率/扫频宽度键（FREQ/SPAN）：用于激活与频率有关的功能菜单以设置中心频率、扫频宽度、起始频率和终止频率等参数。

③ 幅度键（AMPLITUDE）：用于激活与幅度有关的功能菜单以设置参考电平、幅度范围、输入衰减器以及幅度单位等。

④ 带宽/扫频键（BW/SWEEP）：用于激活与带宽和扫频有关的功能菜单以设置频率分辨力、视频带宽以及要测试的参数（正、负峰值或平均值）等。

2）键盘硬键

图 5.16 中，位于面板右方的 17 个键是键盘硬键，其中有 12 个键具有双重功能：数字功能和操作功能。数字功能包括输入 0 ~ 9 十个数字、+/-符号以及小数点；操作功能包括液晶显示屏的设置、光迹的处理，利用标记进行测量、存储、调用显示图以及进行打印等。除此之外的另外 5 个键分别为开关键、系统键、键入键、上/下箭头键和清除键。

3）软键

图 5.16 中，紧靠显示屏右侧的六个键是软键。软键的功能随其左侧显示屏中活动功能框显示的菜单不同而变化。

5.2.4.3　频谱测试

利用 MS2711B 型频谱分析仪对信号进行频谱测试，和用传统的频谱分析仪进行测试是类似的。若要测试一个 900 MHz 的信号，具体测试步骤如下：

第一步：打开频谱分析仪的电源。

第二步：将信号发生器产生的 – 10 dBm、900 MHz 的信号接入频谱分析仪的输入端。

第三步：设置中心频率。

① 按下频率/扫频宽度功能键以显示频率菜单。

② 选择中心频率设置。

③ 利用数字键盘键入 900，再从菜单中选择频率单位为 MHz。

此时，显示屏的显示如图 5.17 所示。

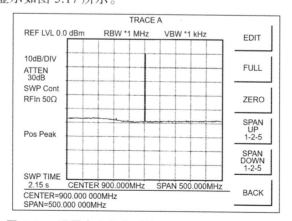

图 5.17　设置中心频率后的 900 MHz 信号的频谱图

从图 5.17 中可以看到，在中心频率 900 MHz 附近有一条频谱线，其幅度接近 – 10 dBm（参考电平为 0.0 dBm，幅度比参考电平低一格，即低 10 dB）。由于此时频谱分析仪的扫频宽度为 500 MHz（默认值），从显示屏上不易分辨信号频谱的细节，因此，为了更清楚地观测该信号的频谱，需要进行扫频宽度的设置。

第四步：设置扫频宽度。

① 按下频率/扫频宽度功能键显示出频率菜单。

② 选择扫频宽度设置。

③ 按下扫频宽度编辑软键，从键盘键入数字 20，再从已改变的菜单中选择频率单位 MHz。

此时，显示屏显示的频谱如图 5.18 所示。由于扫频宽度由 500 MHz 变为 20 MHz，因此能更清楚地看到信号频谱的细节。

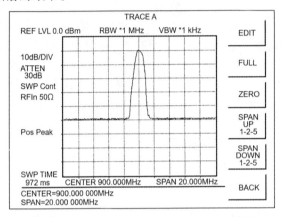

图 5.18 扫频宽度为 20 MHz 时信号的频谱图

通常，为了保证频谱幅度的测试获得最高的精度，需将信号的频谱峰值设为参考电平。因此，下面需要对频谱幅度的显示进行调节，将 − 10 dBm 设为参考电平。

第五步：设置幅度显示。

① 按下幅度功能键以显示幅度菜单。

② 在幅度菜单中选择输入衰减器设置。

③ 设置输入衰减器为"自动"并选择幅度单位为 dBm。

④ 在幅度菜单中选择参考电平设置。

⑤ 按下键盘上的 + / − 键并输入数字 10，将参考电平设置为 − 10 dBm。

⑥ 在幅度菜单中选择幅度的刻度设置，并利用上 / 下箭头键选择为 10 dB/格，这时，显示屏显示的频谱图如图 5.19 所示。

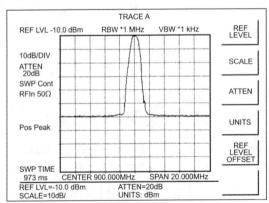

图 5.19 参考电平为 − 10 dBm 时信号的频谱图

第六步：激活标记器。

① 按下标记器键调出标记器设置菜单。

② 选择 M1 标记器。

③ 设置频谱最高点为 M1 标记器的跟踪测试点。

④ 在频谱分析仪显示屏（见图 5.20）的底部，读出 M1 标记器测得的频谱最高点的幅度和频率值：– 9.98 dBm，899.874 MHz。

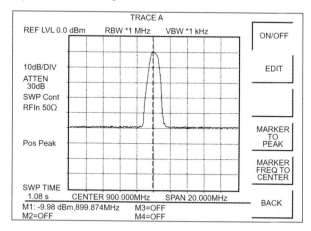

图 5.20 激活 M1 标记器后信号的频谱图

这样，利用频谱分析仪显示的信号频谱图就较精确地测出了该信号的频率。对于含有几个频率成分的信号，可利用类似的操作进行测试。

习 题 5

5.1 外差式频谱分析仪主要包含哪些部分？

5.2 简述外差式频谱分析仪的工作原理。

5.3 数字式频谱分析仪可分为哪几类？试简述它们的工作原理。

5.4 什么是频谱分析仪的频率分辨力？试说明在外差式频谱分析仪中，频率分辨力与哪些因素有关？

5.5 用并行滤波式频谱分析仪分析从 100 kHz ~ 30 MHz 的频率信号，要求频率分辨力为 30 kHz，问需要多少个滤波器？

5.6 在外差式频谱分析仪中，用 100 Hz 频率分辨力分析 20 Hz ~ 20 kHz 的频率信号，问需要多长的分析时间？

5.7 外差式频谱分析仪常利用多级混频器与多级本振单元实现频率搬移以提高其分辨能力。为了实现宽带扫频以观测全景频谱，问哪一级本振应作为扫频振荡器？

6 数据域测量技术

本章课件

6.1 概 述

随着计算机和微电子技术的迅速发展，微处理器及大规模、超大规模集成电路得到广泛的应用。相应地，如何正确有效地监测、分析和检修数字电路及计算机系统，就成为一个重要的问题。由于在数字系统中，传输的主要是由高、低电平构成的二进制数据流，而不是信号波形，因此，为了有效地监视和分析数字系统，有效地解决数字系统的检测和故障诊断问题，数据域测量这一新的电子测量技术就应运而生了。

6.1.1 数据域测量的基本概念

数据域测量是对以离散时间或事件序列为自变量的数据流进行的测量。在数据流中，自变量可以是离散的等时间序列，但在大多数情况下，数据流是以事件序列作为自变量的。

图 6.1 所示为一个简单的十进制计数器的数据域图形。

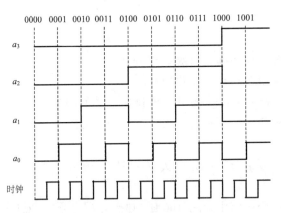

图 6.1 十进制计数器的数据域图形

图 6.1 中，a_3、a_2、a_1、a_0 为十进制计数器的 4 位输出，反映出计数器从 0000～1001 的计数状态，其中每一位输出都是以时钟信号作为自变量的二进制数据流。

和时域测量及频域测量不同，在数据域测量中，通常关注的不是每条信号线上的电压确切数值及测量的准确度，而是关注信号在自变量对应点处的电平状态是高还是低，以及各个信号相互配合在整体上所表达的意义。因此，数据域测量通常用于研究以数据流、数据格式、设备结构和状态空间概念表征的数字系统的特征。

6.1.2　数据域测量的特点

1）信息的传递方式具有多样性

不同的数字系统，其结构及数据的格式往往差别很大；数据的传递方式也较多。例如，在同一个数字系统中，数据和信息的传递方式有串行和并行、同步和异步之分，有时在串行和并行之间还要进行转换。因此，在数据域的测量中要注意设备的结构、数据的格式、测试点的选择以及彼此间的逻辑关系，以便捕获有意义的数据。

2）数据信号是有序的数据流

由于数据流严格地按照一定的时序进行设计，因此，测量各信号间的时序和逻辑关系是数据域测量的主要任务之一。

3）数据信号具有非周期性

在执行一个程序时，许多信号只出现一次，有些信号虽然重复发生，但却是非周期性的，如子程序的调用。这一特点决定了数据域测量仪器必须具有存储功能以及捕获所需要信号的功能。

4）数据信号持续时间短

数据信号为脉冲信号，在时间和数值上是不连续的，它们的变化总是发生在一系列离散信号的瞬间。因此，要求数据域测量仪器不仅能存储和显示变化后的测量数据，还应具有负延迟功能，能存储和显示变化前的测量数据。

5）定位数据信号的故障较难

由于在数字系统中，许多器件都与同一条总线相连接，因此，当发生故障时，用一般方法进行故障定位比较困难。一般来说，数字系统的故障通常来自系统内部和外界的干扰，因此，数据域测量仪器应具有捕捉和显示干扰信号的功能。

6.1.3　数据域测量仪器

6.1.3.1　逻辑分析仪

逻辑分析仪是数据域测量中最典型的仪器，主要用于数字系统或计算机系统的定时分析和状态显示。它一方面是对数字系统和计算机系统进行分析和故障诊断的有效工具，另一方面又与计算机紧密结合从而产生出多种智能逻辑分析仪以及逻辑分析仪插件。

逻辑分析仪具有多个输入通道，能同时对多条线路上的信号进行检测，先进的逻辑分析仪可以同时检测几百条线路上的速度不同、电平标准不同的数字信号；逻辑分析仪还具有灵活多样的触发方式，可以在很长的数据流中进行准确定位，捕获和分析所需要的信息；此外，利用逻辑分析仪的负延迟功能还可以观测触发前的数据流，并具有多种灵活而直观的显示方式。如今逻辑分析仪已成为设计、调试、检测和维修复杂的数字系统和计算机系统及其相关产品的最有效工具。

逻辑分析仪根据其显示方式和定时方式的不同，主要可分为两类：逻辑状态分析仪和逻辑定时分析仪。

　　逻辑状态分析仪以"1""0"逻辑值字符或助记符来显示被测系统的逻辑状态，如图 6.2（a）所示。由于逻辑状态分析仪显示直观，易于迅速发现错码，因此很适合对软件进行测试或动态调试。逻辑定时分析仪则采用时间图形来显示被测信号，如图 6.2（b）所示。和示波器的显示波形不同，逻辑定时分析仪显示的是逻辑值"1""0"所代表的高、低电平的逻辑状态关系图，是一连串类似方波的伪波形。

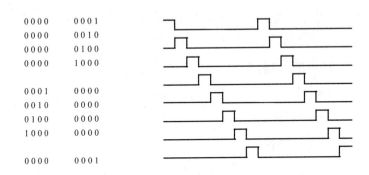

　（a）逻辑状态分析仪的状态显示　　　（b）逻辑定时分析仪的定时显示

图 6.2　逻辑分析仪的两种典型显示

　　逻辑状态分析仪与被测系统同步工作，分析系统的实时状态，因此其内部并不需要时钟发生器，而采用外同步采样方式。逻辑定时分析仪与被测系统异步工作，检测系统或计算机硬件电路的性能，因此其内部装有时钟发生器，在内部时钟的控制下记录数据，为异步采样方式。

　　现代逻辑分析仪通常将状态分析仪和定时分析仪合二为一，既能进行状态显示，又能进行定时显示。

6.1.3.2　逻辑笔

　　逻辑笔是一种简易的逻辑电平测量设备，用于测试单路信号的高、低电平和坏电平[①]，主要用来判断信号的稳定电平，捕捉单脉冲以及对脉冲进行计数。

　　逻辑笔一般由输入保护、电平检测、脉冲检测与扩展、脉冲计数以及驱动显示五个部分组成，其原理如图 6.3 所示。

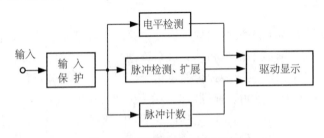

图 6.3　逻辑笔的原理示意图

　　图 6.3 中，输入保护部分用于防止输入信号过大而损坏测量电路；电平检测部分包括高电平检测电路和低电平检测电路，用于检测信号的高、低电平；脉冲检测与扩展部分用于窄

---

① 坏电平——介于高电平和低电平之间的无定义电平。

脉冲的检测；脉冲计数部分用于检测脉冲的个数；驱动显示部分利用指示灯来显示高电平、低电平、脉冲信号以及脉冲个数等信息状态。

逻辑笔通常有五个指示灯，其中前两个用于显示测试点的逻辑状态，若为逻辑"1"（高电平），红灯亮；若为逻辑"0"（低电平），绿灯亮；中间一个用于指示脉冲信号；后两个用于显示测试点出现的脉冲个数。

除了能显示测试信息外，逻辑笔还具有记忆功能。例如，当测试点为高电平时，红灯亮，此时移走逻辑笔，红灯继续亮，这样便于对被测状态进行记录。当不需要记录此状态时，可扳动逻辑笔的复位开关使其复位。

6.1.3.3 逻辑夹

逻辑夹也是一种简易的逻辑电平测量设备，与逻辑笔的工作原理相同，用于对多路信号进行测量。

6.1.3.4 逻辑触发器

逻辑触发器也称为逻辑触发探头，常与示波器配合，使示波器能对需要确定的并行信号进行触发。

逻辑触发器是一个多位的数字比较器，它把输入的多路信号与设置的触发字进行比较，如果相同就产生触发信号。逻辑触发器与示波器这样配合后，就可以实现用数据字触发并通过示波器来观测数据流。

6.1.3.5 特征分析仪

特征分析仪是一种对数字系统进行现场测量和维修的设备，它通过对系统特定节点的"特征"进行测量，并将测量值与正常工作时的特征值进行比较来检测出数据流中的错误。

特征分析仪的组成如图 6.4 所示。

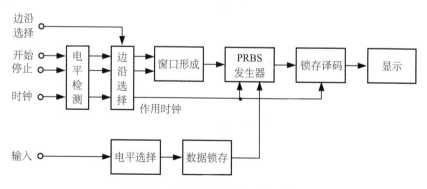

图 6.4 特征分析仪的组成示意图

图 6.4 中，"开始"信号、"停止"信号、时钟信号以及边沿选择用于形成一个观测窗口。PRBS 发生器是伪随机二进制序列发生器，由一个带反馈的移位寄存器组成，并通过一个"异或"门向移位寄存器提供信号。在作用时钟的控制下，由被测点输入的经电平选择和数据锁存后的信号列进入 PRBS 发生器，在观测窗口规定的时间内通过"异或"门后进行移位，并

将最后留存在移位寄存器中的余数经过锁存译码，由数码管进行显示。

6.2 逻辑分析仪

逻辑分析仪，又称为逻辑示波器，它通过单通道或多通道实时地获取与触发事件相关的逻辑信号，并显示触发事件前、后所获取的信号，是进行软件及硬件分析的一种重要仪器。

6.2.1 逻辑分析仪的基本组成及工作原理

逻辑分析仪虽然型号繁多，但其组成结构都基本相同，主要由数据获取、触发识别、数据存储及数据显示四大部分构成。图 6.5 所示为逻辑分析仪的基本组成示意图。

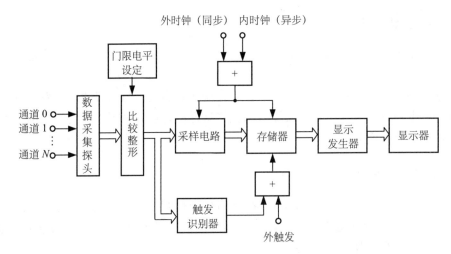

图 6.5 逻辑分析仪的基本组成示意图

逻辑分析仪的工作原理是：多路被测信号经过多通道数据采集探头形成并行数据，送入比较整形电路；在比较整形电路中，被测信号与设定的门限电平进行比较，整形为理想的逻辑波形；经整形后的信号送到采样电路，在时钟脉冲的控制下进行采样；被采样的信号按顺序存储在先进先出（FIFO）的存储器中，当存储器存满数据后，就不断用新获取的数据依次代替旧数据；在存储阶段结束后，逻辑分析仪将已存入存储器的内容逐字取出，在显示发生器的控制和配合下，以便于观察分析的形式将数据显示在显示屏上。

6.2.2 逻辑分析仪的数据获取

6.2.2.1 数据获取的方式

在逻辑分析仪中，对数据的获取主要有两种方式：采样方式和锁定方式。采样方式是逻辑分析仪最基本的数据采集方式，此方式在时钟信号的跳变沿上获取数据；锁定方式是逻辑定时分析仪特有的一种数据获取方式，专门用来捕获信号中的毛刺。

6.2.2.2 数据采样的方式

根据逻辑分析仪的用途不同，数据采样可分为同步采样和异步采样。

1）同步采样

同步采样是利用被测电路的时钟或某些信号作为逻辑分析仪的时钟进行采样。同步采样能保证逻辑分析仪按被测系统的节拍同步工作，获取一系列有意义的信号数据。

对于逻辑分析仪来说，从被测电路获取的时钟是外时钟。用于采样的外时钟可以是等时间间隔的，也可以是非等时间间隔的。例如，测试计算机程序时，若选用它的读信号作为采样时钟，就往往不是等时间间隔的。

同步采样可以对采样时钟进行限定，如图 6.6 所示，即只有符合条件的时钟才能采样，这样就增强了逻辑分析仪挑选数据的能力。

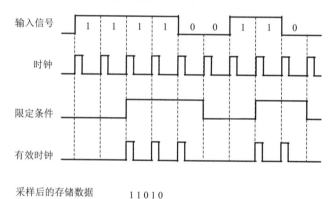

图 6.6　时钟限定

由图 6.6 可知，同步采样获取的数据流不是以时间为自变量，而是以事件序列（采样信号的指定跳变沿出现且满足限定条件）为自变量。

2）异步采样

采样时钟如果与被测系统没有同步关系，则称为异步采样。异步采样通常利用的是逻辑分析仪内部的等时间间隔的时钟。

异步采样采集的是等时间间隔离散点上的数据，如果时钟周期选择恰当，显示器显示的图形基本上能反映信号电平随时间的变化；但如果时钟周期选择不当，采样后的波形将会严重失真或没有显示。通常应选择时钟频率为被测信号频率或最窄观察脉冲对应频率的 5 ~ 10 倍。

6.2.3　逻辑分析仪的触发识别

逻辑分析仪的触发识别部分用于从数据流中寻找触发字或触发事件，从而选择出有分析意义的数据进行存储和显示。逻辑分析仪通常有以下七种触发方式。

1）始端触发

始端触发也称为触发开始跟踪，是指一旦识别出触发字，就立即开始存储有效数据，直到存储器存满为止。这时触发字是存储及显示的第一个有效数据。

2）终端触发

终端触发也称为触发终止跟踪。在触发以前，逻辑分析仪以先入先出的方式在存储器中存储数据，当存储器存满后，逻辑分析仪开始搜索触发字，同时，存储数据也在不断更新，一旦发现触发字或触发事件，就立即停止存储。因此，在这种触发方式下，触发字就是存储及显示的最后一个有效数字。由于终端触发方式获取的是触发以前的数据，因此，如果选择一个出错数据作为触发字，则可以获取出错前的一段数据，根据显示的这些数据，便能分析出出错的原因。

3）延迟触发

逻辑分析仪在触发产生时并不立即跟踪，而是经过一定的延迟后才开始跟踪，这是通过数字延迟电路来实现的。

延迟的方式主要有两种，一种是时钟延迟，一种是事件延迟。时钟延迟是在触发后，经过一定的采样时钟才开始或终止存储有效数据；事件延迟通常是对触发字进行延迟，即检出一定数目的触发字后再触发。

采用延迟触发方式可以逐段地观测数据流，对于发现和排除故障具有重要意义。

4）序列触发

序列触发是为了检测复杂分支程序而设计的一种重要的触发方式。它由多个触发字按照预先确定的顺序排列，只有当被测试程序按触发字的先后顺序出现时，才能产生一次触发。

5）限定触发

限定触发是对设置的触发字加限定条件的触发方式。有时，选定的触发字在数据流中出现较为频繁，为了有选择地捕捉、存储和显示特定的数据流，可以附加一些约束条件。这样，只要在数据流中未出现这些条件，即使触发字频繁出现，也不能进行有效地触发。

6）计数触发

采用计数的方法，当计数值达到预置值时才产生触发。在较复杂的有嵌套循环的软件系统中，常采用计数触发对程序循环进行跟踪。

7）毛刺触发

毛刺触发是利用滤波器从信号中取出一定宽度的干扰脉冲作为触发信号去触发定时分析仪，实现跟踪。采用毛刺触发方式，逻辑分析仪能存储和显示毛刺出现前后的数据流，有利于观察外界干扰所引起的数字电路误动作的现象，并能确定其产生的原因。

6.2.4　逻辑分析仪的数据存储

逻辑分析仪采用存储器对采样的数据进行存储，以便进行观察和分析。

逻辑分析仪的存储器主要有两种：随机存取存储器（RAM）和移位寄存器。随机存取存储器对数据的存储一般采用顺序存储方式，其读写顺序是由地址计数器给出的，每当写时钟到来时，存储器便存入一个新的数据，计数值加 1，并循环计数；在存储器存满数据后，若继续写入数据，则新存入的数据将覆盖旧的数据，并以先入先出的方式存储。

移位寄存器也可以对数据进行存储。移位寄存器每存入一个新数据，以前存储的数据就移位一次。当移位寄存器存满后，若再存入数据，则最早存入的数据就会被移出而丢弃，这样的过程一直持续到产生触发为止。

目前，在逻辑分析仪中多采用随机存取存储器（RAM），其电路组成如图 6.7 所示。

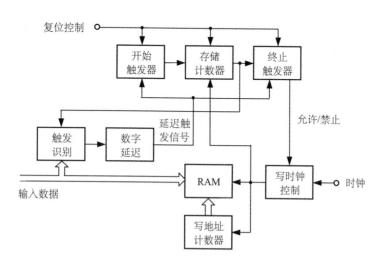

图 6.7 逻辑分析仪的存储电路组成示意图

在逻辑分析仪中，数据存储和显示是交替进行的。每当显示结束后，就会产生一个复位信号，使开始触发器、存储计数器和终止触发器复位，终止触发器向写时钟发出"允许"信号，写时钟控制器使写时钟起作用，输入数据就按写时钟的节拍写入随机存取存储器（RAM），但此时存入的数据不一定是有效数据，即将来不一定在显示器上显示，真正要在显示器上显示的是由触发方式决定的窗口中的数据流。

6.2.5 逻辑分析仪的显示

逻辑分析仪的显示部分用于将存在存储器中的数据逐个取出，并按要求的显示方式进行显示。

逻辑分析仪的显示方式多种多样，主要有状态表显示、定时图显示、图形显示、映射图显示以及电平显示；而逻辑定时分析仪则常采用定时图显示。

6.2.5.1 状态表显示

逻辑状态分析仪通常采用各种状态表进行显示，即采用各种进制数或 ASCII 码以表格形式来显示状态信息。

表 6.1 所示为对一个仪器的接口总线进行测试所得出的状态表，其中地址和数据信息分

别用十六进制数（HEX）和八进制数（OCT）显示，控制信息用二进制数（BIN）显示，计数值用十进制数（DEC）显示。

表 6.1 多码制显示的状态表

地址（HEX）	数据（OCT）	状态（BIN）	计数值（DEC）
2000	344	0000	1
2001	010	0000	1
2002	010	0000	1
2002	010	0000	1
2003	112	0000	1
2003	112	0000	1
2004	052	0000	1
2004	052	0000	1
2005	372	0000	1
2001	010	0000	1
2002	010	0000	1
⋮	⋮	⋮	⋮

近年来，国内外出现的先进的逻辑分析仪通常都具有反汇编功能，能将总线上出现的数据翻译成微处理器的汇编语言进行显示，如表 6.2 所示。

表 6.2 反汇编显示的状态表

地址（HEX）	数据（HEX）	操作码	操作数/数据（HEX）
2000	214200	LD	HL，0042H
2003	0604	LD	B，04H
2005	97	SUB	A
2006	23	INC	HL
⋮	⋮	⋮	⋮

6.2.5.2 定时图显示

定时图显示是把多通道中每个通道输入的数据分为高电平"1"和低电平"0"两种状态，按离散的时间序列显示出来。这种显示类似于多通道示波器的显示，只是显示出的是一连串类似方波的伪波形，而不是随时间连续变化的信号波形。

图 6.8 所示为一个 3/8 译码器的输出信号定时图，它由与被测系统异步的逻辑分析仪内时钟进行采样，每个通道的波形反映出该通道在等时间间隔的离散时间点上信号的逻辑电平值。从该定时图可以看出，对应存储的第一个有效数据字为 01111111。

定时图显示多用于硬件分析，例如，分析集成电路各输入/输出端的逻辑关系，计算机外部设备的中断请求与 CPU 应答信号的定时关系等。

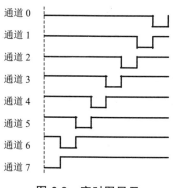

图 6.8 定时图显示

6.2.5.3 图形显示

状态表显示能详细地提供被测数据，但却不适合快速、直观地反映较长程序的运行情况。图形显示利用 D/A 转换器，将要显示的数字量转化为模拟量，在显示屏上以图像点阵方式显示出来。在显示屏上，x 轴反映数据出现的实际顺序，y 轴反映数据通道的模拟数值。

图 6.9 所示是对一个程序执行情况进行观测所得出的图形显示，其中水平方向为程序的执行顺序，垂直方向为程序地址。

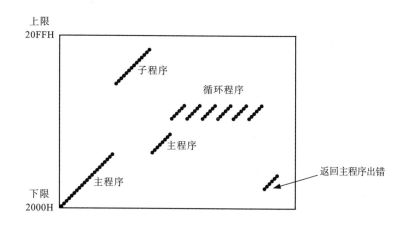

图 6.9 程序运行的图形显示

从图 6.9 中可以看到，主程序从地址 2000H 开始执行，之后执行一段子程序（地址跳变），然后返回主程序执行，再进入循环程序，最后在返回主程序时出错。

在利用图形显示进行故障分析时，要特别注意图中不连续的地方是否是程序跳转出错。

6.2.5.4 映射图显示

映射图显示方式也用于宏观分析数据流，但它对数字系统的观察范围比图形显示更为广泛。在映射图显示中，把采集到的每一个数据分成高位和低位，再分别经两个 D/A 转换器转换成模拟量后加到垂直偏转部分和水平偏转部分，形成光点显示。

在正逻辑情况下，映射图把一个全"0"的数据字显示在屏幕的左上角，一个全"1"的数据字显示在屏幕的右下角。负逻辑的情况与此相反。

　　图 6.10 所示为一个数据字的映射图显示，显示的光点对应数据字 805CH，其中数据的高 8 位 80H 控制光点的垂直位置，数据的低 8 位 5CH 控制光点的水平位置。

　　图 6.11 所示是一个 BCD 计数器的映射图显示。图中，矢量线将计数值 0000～1010 所对应的光点连接起来构成映射图。若计数出错，映射图就会产生变化。根据映射图形状的变化，就能较快地确定出错的计数值。

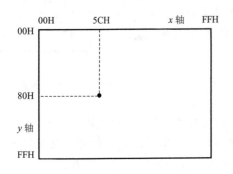

图 6.10　数据字的映射图显示

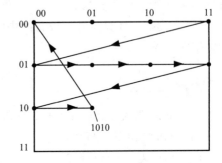

图 6.11　BCD 计数器的映射图显示

　　逻辑分析仪以多种方式显示数字系统的状态序列，能够在复杂的数字系统中较快地进行错误数据定位。对于一个有故障的系统，一般可先运用映射图对系统进行全面观察，根据映射图形状的变化，确定出问题的大致范围，然后利用图形显示对问题进行深入考察，根据图形的不连续性，缩小故障范围，最后用状态表找出错误的字和位。

习　题　6

　6.1　什么是数据域测量？它有什么特点？

　6.2　逻辑状态分析仪与逻辑定时分析仪的主要差别是什么？

　6.3　什么是同步采样？其采样时钟取自何处？

　6.4　什么是异步采样？其采样时钟取自何处？

　6.5　逻辑分析仪有哪些触发方式？

　6.6　逻辑分析仪有哪些显示方式？其各自的特点及作用是什么？

7 自动测试系统

本章课件

7.1 概　述

随着现代科学技术和生产力的发展，测量任务越来越复杂，不仅测试的工作量加大，而且对测量速度和测量准确度的要求也越来越高，测量中还常常伴随着大量的数据处理工作，这种情况下传统的电子测量技术已不能满足要求，必须采用自动测试系统。

自动测试系统（automatic test system）是指依靠具备计算、处理能力的控制器（电子计算机），能按程序自动生成及改变输入信号（激励源），自动控制被测对象输入端及输出端的通断以构成不同测试方案，自动测量及记录输出信号，自动对测量数据进行处理，自动显示与打印最终结果，并能在测试过程中进行各种复杂的分析、统计、判断、处理，具有自校正和自检查功能，甚至还能进行自诊断和自修复的自动化系统。简单地说，自动测试系统就是能自动进行测量、数据处理并以适当方式输出或显示测试结果的自动化系统。

7.1.1 自动测试系统的组成

自动测试系统应用面广，根据测试任务的不同，其组成结构可大可小。通常情况下自动测试系统由以下五个部分组成：

① 控制器，主要是指计算机，如小型机、个人计算机、微处理器、单片机等，是系统的指挥和控制中心。

② 程控仪器、设备，包括各种程控仪器、激励源、程控开关、伺服系统、执行元件，以及显示、打印、存储记录等器件，能完成一定的测试、控制任务。实际上，当今的程控仪器都是内置了微处理器、能独立工作的智能仪器。

③ 总线与接口，是连接控制器与各个程控仪器、设备的通路，包括机械接插件、插槽、电缆等，用来完成消息、命令、数据的传输与交换。

④ 测试软件，是为了完成系统测试任务而编制的各种应用软件，如测试主程序、驱动程序、I/O软件等。

⑤ 被测对象。被测对象随测试任务不同而不同。被测对象一般采用非标准方式通过电缆、接插件、开关等与控制仪器和设备相连。

7.1.2 自动测试系统的发展概况

自动测试系统的发展过程大体可以分为以下三个阶段。

7.1.2.1　第一代自动测试系统——专用型

第一代自动测试系统往往是针对具体测试任务而设计的，已经采用了计算机技术，主要功能是进行数据自动采集和自动分析，能完成大量的测试任务，承担繁重的数据分析和运算工作，可以快速、准确地给出测试结果。第一代自动测试系统是从人工测试向自动测试迈出的重要一步，使用这类系统能够完成一些人工测试无法完成的任务。

第一代自动测试系统至今仍在应用，针对特定测试对象的智能检测仪就是典型例子。近年来，随着计算机技术的发展，特别是随着单片机与嵌入式系统应用技术以及能支持第一代自动测试系统快速组成的计算机总线技术的飞速发展，这类自动测试系统已具有新的测试思路、研制策略和技术支持。

第一代自动测试系统的缺点突出表现在接口和标准化方面。在组建这类系统时，设计者要自行解决系统中仪器与仪器之间以及仪器与计算机之间的接口问题，因此系统的通用性差、适应性弱。此后很快又推出了采用标准化接口总线的第二代自动测试系统。

7.1.2.2　第二代自动测试系统——台式仪器积木型

为了使系统组建方便，第二代自动测试系统中的仪器采用标准化的通用接口。所有的程控仪器、设备都简称为器件，各器件均配备标准接口。这些器件可以作为仪器单独使用，在组装系统时，用标准的接口总线电缆将系统所含的各器件连在一起就构成了自动测试系统。一个自动测试系统也可以作为另一个自动测试系统中的子系统（此时也可称它为该测试系统的器件），此类系统更改、增减测试内容很灵活，而且设备资源的复用性好。

目前，组建这类自动测试系统普遍采用的接口总线是通用接口总线系统 GPIB。采用GPIB 总线组建的自动测试系统特别适合于科学研究或武器装备研制过程中的各种试验、验证测试，它已广泛应用于工业、交通、通信、航空航天、核设备研制等多个领域。

基于 GPIB 总线的自动测试系统的主要缺点有：总线的传输速率不够高，难以组建体积小、重量轻的自动测试系统。对于某些应用场合，特别是军事领域，GPIB 总线无法满足应用的需要。

除了 GPIB 接口总线系统外，还有其他的通用接口系统，如 CAMAC（computer aided measurement and control），主要用于核工业、航空航天、国防等领域的自动测试系统，它们也可以和 GPIB 总线系统结合起来使用。

在第二代自动测试系统中使用的程控仪器已发展为各种台式的智能仪器，如数字电压表、信号源、数字示波器等，它们可以独立使用，也可以通过 GPIB 接口组建自动测试系统。

7.1.2.3　第三代自动测试系统——模块化仪器集成型

第三代自动测试系统是基于 VXI、PXI、LXI 等总线，由模块化的仪器、设备所组成的自动测试系统。在 VXI 或 PXI 总线系统中，仪器、设备或嵌入式计算机均以 VXI 或 PXI 总线插卡的形式插入 VXI 或 PXI 总线机箱中，仪器的操作及显示面板用统一的计算机显示屏以软面板的形式来实现，从而避免了系统中各仪器、设备在机箱、电源、面板、开关等方面的重复配置，大大降低了整个系统的体积和重量。

这一代的自动测试系统具有数据传输速率高、数据吞吐量大、体积小、重量轻、系统组建灵活、扩展容易、资源复用性好、标准化程度高等多个优点，是当前先进的自动测试系统特别是军用自动测试系统的主流组建方案。

第一、二代自动测试系统虽然比人工测试具有无比的优越性，但计算机的能力并未得到充分发挥。第三代自动测试系统则充分发挥了计算机的能力，以计算机为核心，用软件代替传统仪器的某些硬件功能，使计算机成为测量仪器一个不可分割的组成部分，使整个自动测试系统简化到仅由计算机、通用硬件和应用软件三部分组成。另一方面，软件也使仪器总的性能大大提高，虚拟仪器的出现更加速了这种趋向。虚拟仪器作为以计算机软件实现为核心的新型仪器系统，具有功能强、测试精度高、测量速度快、自动化程度高、人机界面优异、灵活性极强等优点。

本章主要介绍测试总线技术和虚拟仪器的相关基础知识。

7.2 测试总线技术

总线是指由计算机和测试仪器构成的测试系统内部以及相互之间信息传递的公共通路，是测试系统的重要组成部分，其性能在计算机和测试系统中具有举足轻重的作用。利用总线技术，能够大大简化系统结构，增加系统的兼容性、开放性、可靠性和可维护性，便于实行标准化以及组织规模化生产，从而显著降低系统成本。在自动测试技术的发展过程中，先后出现了多种仪器总线标准，比较典型的有 RS-232 总线、GPIB 总线、VXI 总线、PXI 总线、LXI 总线、USB 总线等。

7.2.1 GPIB 总线

GPIB 是国际通用的仪器接口标准，是美国 HP 公司于 20 世纪 70 年代首先推出的，定名为 HP-IB 接口，后来被国际电气与电子工程师学会（IEEE）接受并颁布为 IEEE 488 标准，由国际电工委员会接受后颁布为 IEC-625 标准。在欧洲、日本常称它为 IEC-625，我国则称它为 GPIB 或 IEEE 488，并已公布了相应的国家标准。

GPIB 总线规定了接口在机械、电气和功能三个方面的有关要求和标准，保证了系统中仪器相互连接的兼容性，规定了数据传输的三线挂钩方式。

GPIB 标准包括接口与总线两部分。接口部分由各种逻辑电路组成，与各个仪器装置安装在一起，用于对传送的信息进行发送、接收、编码和译码；总线部分是一条无源的多芯电缆，是传输各种信息的通道。

7.2.1.1 GPIB 总线系统的基本特性

GPIB 总线是广泛用于自动测试系统的一种并行总线标准，该总线是专为仪器控制应用而设计的，它具有以下基本特性：

① 系统各器件采用总线方式连接，总线连接器包括插头和插座。总线上最多可连 15 台仪器（包括控制器在内），每增加一个接口，可以多连 14 台仪器。

② 互连电缆无论是星形连接还是链形连接，其传输总长度不超过 20 m。

③ 总线由 24 芯无源电缆组成，其中有 8 条数据线、3 条挂钩线、5 条接口管理线，其余为屏蔽线和地线。

④ 总线信息传输以位并行、字节串行的方式进行非同步数据传输，采用三线挂钩技术实现双向异步通信。

⑤ 总线最大的传输速率为 1 Mbit/s。实际的传输速度根据总线上的仪器能力而定。

⑥ 系统内的仪器地址采用 5 位二进制编码，共有 31 个讲地址和 31 个听地址，如果扩展的话，则可有 961 个讲地址和 961 个听地址；但同一时刻最多只有一个讲者和 14 个听者在系统总线内工作。

⑦ 总线上的逻辑电平采用 TTL 负逻辑标准电平，低电平（≤0.8 V）记为逻辑"1"；高电平（≥2.0 V）记为逻辑"0"。

⑧ 总线接口功能库中共配置了 10 种接口功能。

7.2.1.2　GPIB 总线系统的结构

GPIB 总线系统的组成结构如图 7.1 所示。由 GPIB 接入自动测试系统的器件从作用和功能上来讲只有控者、讲者、听者三种。控者要控制管理接口系统，与系统内各有关器件交换测量数据等信息，故担任控者的器件一般要能控、能讲、能听，常由计算机担任。在同一总线上可以有许多控者存在，但在同一时刻只允许一个控者有指挥和管理总线的实权。有些仪器设备能够通过接口接收数据，称为听者，如打印机和绘图仪等；有些仪器设备可以通过接口发送各种数据和信息，称为讲者，如数据读出器、数字电压表等，其中数字电压表既能讲又能听。系统工作时，在某一时刻只能有一台设备是控者，一台设备作为讲者，其余作为听者或处于空闲状态，否则就会使系统的工作发生混乱。在一个 GPIB 标准接口总线系统中，要进行有效的通信联络，至少要有讲者、听者、控者三类仪器装置。

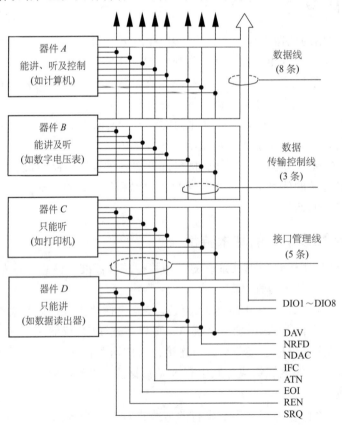

图 7.1　GPIB 总线系统的组成

　　系统中各器件都有自己的功能，一般都是可以单独使用的仪器设备，它们只有配置了接口功能后才能接入自动测试系统。

　　自动测试系统中，在总线上传送的所有信息统称为消息。消息可以分为接口消息和器件消息。GPIB 仪器之间的通信是通过接口系统发送器件消息和接口消息来实现的，如图 7.2 所示。接口消息通常称为命令，执行诸如总线初始化、对仪器寻址、将仪器设置为远程方式或本地方式等操作，它只能为器件的接口功能所接收和利用。接口消息可以通过 8 条 DIO 线来传送。器件消息通常称为数据，其中包括该器件的编程指令、测量结果、机器状态和数据文件等，它是与仪器设备本身的工作密切相关的一些信息和数据。器件消息也可以通过接口总线传送，但它穿越接口功能区，仅为器件功能所接收和利用。

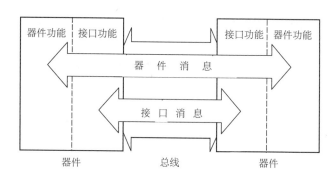

图 7.2　接口消息和仪器消息传送示意图

　　在实际工作中，根据消息的来源可把消息分为远地消息和本地消息。只有远地消息通过总线传送，而本地消息仅在仪器内部传送，不会进入总线。

　　系统中的消息都在总线中传输。IEC 标准规定总线电缆为 25 线，在机械连接方式上采用 RS-232（25 针）"D" 微型连接器。IEEE 488 标准规定总线电缆为 24 线、采用 24 针引脚双排扁线的连接器。两种标准中的总线及其插头虽然略有差别，但用于传递消息的 16 条信号线在各个标准中是完全相同的，其余几条是地线和屏蔽。16 条信号线可以分为三组：8 条数据总线、3 条数据传输控制总线和 5 条接口管理总线。

1）数据总线

　　GPIB 中的数据总线（$DIO_1 \sim DIO_8$）有 8 条，用于传送数据和各器件的地址及控者发布的命令字等。数据采用 ASCII 码传送，前 7 位是数据，第 8 位是奇偶校验位，各位并行，字节串行传输。命令字有 7 位，设备地址有 8 位，有效位有 7 位，均用 ASCII 码传送。

2）数据传输控制总线

　　数据传输控制总线有 3 条，可以保证多线消息能双向、异步、准确可靠地传递，用来实现讲者和听者之间的通信联络。这种传输方式称为三线挂钩，因此这三条数据传输控制总线又称为挂钩线。

　　① 数据有效线 DAV（data valid）。当数据有效线为低电平（逻辑 "1"）时，源方向受者表示 DIO 线上载有信息，并且有效，各听者可以接收；当 DAV 为高电平（逻辑 "0"）时，听者不接收。

② 未准备好接收数据线 NRFD（not ready for data）。未准备好接收数据线为各听者所共用，用来向源方表明听者接收数据的准备情况。当 NRFD 为高电平（逻辑"0"）时，表示所有听者还没有准备好接收数据；当 NRFD（逻辑"1"）为低电平时，则表明至少有一个听者还没有准备好接收数据。

③ 未接收数据线 NDAC(not data accepted)。未接收数据线为各听者共同使用。当 NDAC 为低电平（逻辑"1"）时，表明至少有一个听者未接收完数据，讲者或控者必须继续等待，不更新 DIO 线上的数据，直到全部听者都已接收完数据即 NDAC 变为高电平（逻辑"0"）为止。

3）接口管理总线

接口管理总线有 5 条，用于管理接口本身的工作。它们所载有的信息为系统中各器件通用，被控者选定的器件必须接收。

① 注意信号线 ATN（attention）。ATN 线由控者使用，用来区分数据线上所载信息的类型。当 ATN 为低电平时，表示数据总线上由控者发布的信息是接口信息，除控者外的所有器件都要注意接收；当 ATN 为高电平时，表示数据总线上所载信息是由讲者输出的器件信息，只有已经被寻址为听者的那些器件才能接收，发、收数据的过程是依靠三线挂钩的时序来控制的。

② 远程控制信号线 REN（remote enable）。REN 信号线由控者使用，用来设定程控仪器的工作方式。当 REN 为高电平时，仪器的工作只受面板的控制；当 REN 线为低电平时，仪器可能处于远程控制状态。

③ 服务请求信号线 SRQ（service request）。具有服务请求功能接口的器件需要向控者请求服务时，可将 SRQ 线由高电平变为低电平，以便向控者提出服务请求，然后控者再通过依次查询确定提出服务请求的器件。

④ 接口清除信号线 IFC（interface clear）。接口清除信号线由控者使用，当 IFC 线为低电平时，系统中所有仪器的接口功能都被置于预先确定的初始状态；当 IFC 线为高电平时，各仪器接口功能不受影响，仍按各自状态运行。

⑤ 结束或识别信号线 EOI（end or identify）。EOI 线由控者使用。EOI 线与 ATN 线配合使用有两个作用：当 EOI 线为低电平、ATN 线为高电平时，表示讲者已经传送完一个字节的数据；当 EOI 线为低电平、ATN 线也为低电平时，由控者进行点名，用来识别是哪个设备提出了服务请求。

7.2.1.3　GPIB 总线接口的功能

系统中的器件除了本身具有的特殊功能外，还有一项功能是接口功能。接口功能是系统中各器件和总线连接时接收、处理和发送消息的能力，GPIB 共定义了十种接口功能。

1）源挂钩功能 SH（source handshake）

源挂钩功能是指在数据传送过程中，源方用来向受方进行挂钩联络的功能。SH 功能利用 DAV、NRFD、NDAC 等信号线来控制多线信息的非同步传送。SH 功能是系统中的讲者或控者必须配置的接口功能。

2）受者挂钩功能 AH（acceptor handshake）

受者挂钩功能是指在数据传送过程中，受方用来向源方进行挂钩联络的功能。AH 功能控制 NRFD 和 NDAC 线的逻辑电平和标准。允许一个或多个 AH 功能与一个 SH 功能同时运行，完成信息的异步传输和正确接受消息。AH 功能是系统中的听者必须配置的接口功能。

3）讲者或扩大讲者功能 T 或 TE（talker or extended talker）

讲者或扩大讲者功能用来将程控数据、测试数据或状态字节通过接口系统发送给其他设备。只有被寻址为讲者的设备在发送信息时才具有这种能力。T 是单字节定址，TE 是双字节定址。具有讲者功能的设备必须同时具备源挂钩功能。

4）听者或扩大听者功能 L 或 LE（listener or extended listener）

听者或扩大听者功能使器件被定址为听者时能从总线上接收来自讲者或控者的消息，L 是单字节定址，LE 是双字节定址。系统中的所有仪器一般都具有听者功能。

5）控者功能 C（controller）

控者功能用来向系统中的其他设备发送各种接口信息或对各部分进行串行点名或并行点名，以便确定是哪台设备提出了服务请求。只有在系统中起控制作用的设备才具有控者功能。

6）服务请求功能 SR（service request）

当系统中的某一个设备在运行过程中遇到诸如过载、程序不明、测量结束或出现故障等情况时，该设备的 SR 功能就通过 SRQ 线通知控者。当控者完成了正在进行的一个信息传输后，立即中断正在执行的程序，转向串行点名，找到"请求服务者"，了解请求内容并采取响应措施。

7）远地/本地控制功能 RL（remote local）

在没有进行远地控制之前，系统中的所有程控设备都在各自的本地控制下工作。当控者使 REN 线从高电平变为低电平时，同时令 ATN 线为低电平，再发出一个本地封锁命令，使所有设备面板上的返回本地按钮不起作用，而处于远地控制状态。

8）并行点名功能 PP（parallel poll）

控者为了定期检查并获知系统中各台仪器的工作状态，要向系统中各仪器设备同时发出并行点名的信息，各设备接收到此信息后，只有那些配有 PP 功能的仪器通过预先分配给它的某条 DIO 线作为响应线做出响应，控者根据 8 条数据总线的电平高低就可以知道有无服务请求以及是哪些设备提出了服务请求。

9）器件触发功能 DT（device trigger）

器件触发功能用来启动系统中的某一台或几台设备。具有 DT 功能的某设备收到控者发来的要求触发的接口信息之后，就通过接口中的仪器的触发功能发出一个内部信息，启动本设备工作，并开始执行规定的操作。

10）器件清除功能 DC（device clear）

当设备收到控者发来的仪器清除信息后，通过仪器接口内的 DC 功能发出一个内部信息，使该设备恢复到初始状态。DC 是通过数据总线发送过来的，而接口清除信息 IFC 是通过接口清除线发送的。

上述十种接口功能中，源挂钩、受者挂钩、讲者、听者和控者五种接口功能是最基本的功能。并非每台仪器都要将十种接口功能配置齐全。例如，信号源只能听，就只需配置 AH、L、RL 和 DT 等接口功能就行了；数字电压表既能听又能讲，需要配置 AH、SH、L、T、SR、RL 和 DC 等功能。

7.2.1.4　三线挂钩技术

三线挂钩技术就是利用 DAV、NRFD 和 NDAC 三条线来控制信息从源方向受者进行传送的过程。三线挂钩技术的工作过程如图 7.3 所示，分述如下：

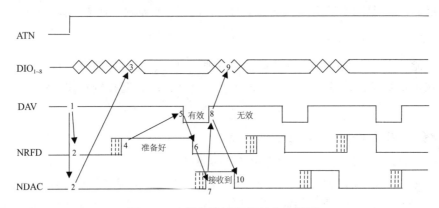

图 7.3　三线挂钩过程的时序波形图

① 源方使数据有效线 DAV 为高电平，表示数据线上的数据无效。

② 受者令 NRFD 线和 NDAC 线为低电平，表示所有受者都没有准备好接收数据，也没有一个受者接收到数据。

③ 源方检查 NRFD 线和 NDAC 线是否都为低电平，如果是，就将第一个字节的数据放到数据总线上去。

④ NRFD 线由低电平变为高电平，表示各受者都已准备好接收数据，其中虚线表示不同受者发出已准备好接收数据的时间是不同的。

⑤ 源方发现 NRFD 线为高电平，遂令 DAV 线为低电平，表示此时 DIO 线上的数据已经稳定而且有效。

⑥ 第一个受者（速度最快的一个）在接收数据后，令 NRFD 线变为低电平，表示已开始接收数据，其他受者随后以各自的速度相继接收数据。

⑦ 当第一个受者使 NDAC 线变为高电平后，表示该受者已经接收完数据，但由于其他受者尚未接收完数据，故 NDAC 线仍为低电平。直到最后一个受者接收完数据，这时 NDAC 线才变为高电平。

⑧ 源方发现 NDAC 线为高电平后，令 DAV 线为高电平，向受者表明 DIO 线上的数据

已经无效。

⑨ 源方撤离数据总线上的数据字节。

⑩ 各受者得知 DAV 线为高电平后，就令 NDAC 线为低电平，为下一次接收做好准备，三线重新处于初始状态。

使用三线挂钩技术，使数据传输过程中具有不同速率的源方和受者之间能实现自动协调，保证了传输数据的可靠性。

源挂钩功能和受者挂钩功能只能在源方和受者之间起联系作用，不能直接执行发送和接收数据的任务，这一任务是由讲者功能和听者功能完成的。所传输的信息要按规定进行编码后才能被电路所接收。

7.2.2 VXI 总线

1987 年，在测试和仪器领域里出现了另一种标准总线——VXI 总线，VXI（VME bus extensions for instrumentation）总线是 VME 总线在仪器领域的扩展。VME（VERSA module EuroPean bus）总线是一种工业计算机总线，在它的基础上再考虑仪器和测试系统的特点，就扩展成 VXI 总线。

我们知道，1982 年出现了一种与个人计算机配合的模块式仪器，称为个人仪器或 PC 仪器。模块式的个人仪器以它突出的优点显示了很强的生命力，但在提出 VXI 总线系统以前，这种模块式仪器没有统一的标准，且更换计算机也不够方便，各厂家的产品兼容性差。VXI 总线系统的产生和发展，除了基于模块式仪器的标准化要求以外，还因为它适应了现代科技和生产领域对测试仪器及测试系统在小型化、便携性、高速度、灵活性和连成系统时方便可靠、充分发挥计算机作用等方面的高要求。

VXI 总线系统的规范包括从基本硬件（如模块尺寸）到通信协议等一系列的内容，它的主要目标是：

① 使器件以明确的方式通信。

② 使系统比机架堆叠式系统的尺寸小。

③ 由于在测试系统整体上采用公用接口，从而使软件成本比类似能力的系统有所下降。

④ 通过采用高通带信道用于器件间通信和采用特别设计的用于提高吞吐量的方法，为测试系统提供了较高的系统吞吐量。

⑤ 提供可用于军事领域的卡式仪器系统的测试设备。

⑥ 通过使用虚拟仪器，为测试系统提供执行新功能的能力。

⑦ 定义在这个标准体制内如何实现多模块仪器。

采用 VXI 总线的测试系统最多包含 256 个器件，其中每台主机箱构成一个子系统。每个子系统最多包含 13 个器件，它大体上相当于一个普通 GPIB 系统，但是多个 VXI 子系统可以组成一个更大的系统。在一个子系统内，电源和冷却散热装置为主机箱内全部器件所公用，这明显地提高了资源利用率。全部 VXI 总线集中在多层电路板内，有着良好的电磁兼容性能，模块与 VXI 总线通过连接器连接。

7.2.2.1　VXI 总线的机械特性

VXI 总线规范了对主机架、底板、模块、电源供应以及机箱、模块的冷却与空气流向等 VXI 总线兼用部件的技术规定与要求，还为在同一插件板上使用不同制造商的产品提供了说明。VXI 总线系统由一个装配机箱和一块可插槽位的底板（模块机架）构成。

1）VXI 总线模块

VXI 系统的每个模块都要符合一定的尺寸，插入主机箱连接器后才能工作。它规定的模块尺寸共有四种，如图 7.4（a）所示。A 尺寸的模块面积（高×深）为 10 cm × 16 cm，B 尺寸的模块面积为 23.3 cm × 16 cm，C 尺寸的模块面积为 23.3 cm × 34 cm，D 尺寸的模块面积为 36.7 cm × 34 cm。A、B 尺寸的模块厚度为 2 cm，C、D 尺寸的模块厚度除了 3 cm 外，还允许 6 cm、9 cm 等整数倍。为尺寸较大模块设计的主机箱，往往允许插入小尺寸的模块。C 尺寸的模块能够适应包括微处理器开发系统、微波频谱分析仪等高性能仪器的需要，因而这种尺寸的模块应用较多。

各种尺寸的模块所用的连接器（接插件）如图 7.4（b）所示，其中 P_1 是各种尺寸模块都必备的连接器。B 尺寸和 C 尺寸的模块还可使用 P_2、P_3。每个连接器都是 96 脚的 DIN 接插件，该类接插件均为三排，每排 32 个引脚。

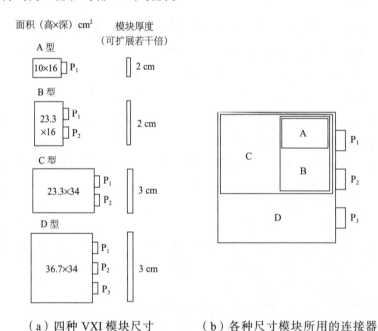

（a）四种 VXI 模块尺寸　　（b）各种尺寸模块所用的连接器

图 7.4　VXI 模块尺寸及连接器

2）VXI 总线主机箱

主机箱的机械规范主要定义了背板、地、插入、弹出装置、主机箱内屏蔽插板、冷却、电源、装于主机箱上的机械锁键及主机箱环境等内容。根据能插放的最大模块尺寸，主机箱也分为 A、B、C、D 四种。其中 B、C 两种尺寸的主机箱背板上应装有 P_1、P_2 两种连接器插座，D 尺寸的主机箱应装有 P_1、P_2、P_3 三种连接器插座。

通常主机箱的前部是插放模块的插槽，包括导轨和其他需要的配件，也可以插入机箱的内屏蔽插板。这种机箱屏蔽板应与主机箱同电位，它被做成既可插入又可取出的活动方式。在模块电位不等于机箱电位或模块没有屏蔽的情况下，机箱屏蔽应与模块隔离；若模块的屏蔽处于机箱的地电位，则允许它们在电气上连接。

每个主机箱最多只能容纳 13 个模块，大尺寸的机箱允许插入小尺寸的模块。主机箱还常为 0 槽插件提供用于本地总线的机械锁键，使用机械锁键的目的是防止电平不相容的模块通过本地总线直接相连，它采用一种凹凸结构，工作电平不相容的模块若插靠在一起时会受到阻碍。

主机箱的后部分上、下两层，分别放置电源和冷却设备，它们都是供全机箱内所有设备公用的。上部电源提供 + 5 V、±12 V、±24 V、− 5.2 V 和 − 2 V 七种工作电源和一个 + 5 V 备用电源。下部是冷却用风扇，有些机箱内风扇的转动速度随周围空气的温度自动控制。排风扇把过滤后的强力冷空气送入模块的下部，然后穿过冷空气孔对模块进行冷却。

C 尺寸的 VXI 主机箱是目前应用得最普遍的形式，其结构如图 7.5 所示。

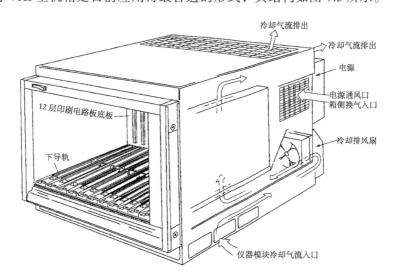

图 7.5　C 尺寸 VXI 主机箱的结构

7.2.2.2　VXI 总线的电气性能

1）资源管理和 0 槽插件

VXI 总线的公共系统资源包括资源管理者和 0 槽服务两部分。资源管理者是系统配置的管理者，也是系统正常工作的基础。0 槽服务又称为 0 槽支持，它向系统提供公用资源，也是系统工作中的重要部分。当使用机箱外主控计算机时，常把资源管理者和 0 槽插件做在一个模块上。当使用机箱内主控计算机时，常把内主控计算机、资源管理者和 0 槽插件做在一个模块上。虽然资源管理者和 0 槽服务往往做在同一个模块中，但它们的任务有所区别。

资源管理者在 VXI 总线中的逻辑地址为 0，是一个命令者器件。它的主要任务是系统的配置管理，在系统上电时，资源管理者完成的系统配置主要为：系统识别，系统的自检和某些自诊管理，配置系统地址图，进行命令者/受令者分层，分配中断请求线，启动正常操作等。

除了上电、复位等情况下的资源管理，在系统运行的过程中，资源管理者也要提供服务，这称为运行时的资源管理。

在模块竖插的子系统中，0 槽插件（又称为 0 槽模块）处于机箱的最左端，在模块横插的子系统中，0 槽插件处于机箱的最下端。VXI 总线的 0 槽插件主要用来给它所在的子系统中 1～12 号槽提供公共系统资源。通过 P_2 连接器，它提供系统时钟 CLK10 和模块识别信号 MODIO；通过 P_3 连接器，它提供系统时钟 CLK100、同步信号 SYNC100 及星形线 STARX 和 STARY。其中 CLK10 和 MODIO 是 0 槽器件必须提供的。

2）VXI 总线

在 VXI 总线系统中，各种命令、数据、地址和其他消息都是通过总线传递的。VXI 总线系统的各种总线都被制作在主机箱内的多层背板上，通过 P_1、P_2、P_3 连接器与器件连接。

由于 VXI 总线系统是 VME 总线系统在仪器领域的扩展，因而它保留了 VME 总线系统的总线，并在此基础上扩展了若干总线以适应仪器系统的需要。按性质和特点分类，VXI 总线系统共有以下八种总线：

① VME 计算机总线。VME 计算机总线分为四种：数据传输总线、数据传输的仲裁总线、优先级中断总线和公用总线。

数据传输总线主要供 CPU 板的主模块和从属于它的存储器板及 I/O 板上的从模块之间传递消息，也可供中断模块与中断管理模块之间传递状态/识别消息。

在 VME 总线系统中，在同一时间可能有多个模块请求使用数据传输总线，因此要通过仲裁系统对总线做出安排，以免两个器件同时使用数据传输总线。

VME 总线系统可以有多至 7 级中断，优先级中断总线包括中断请求线、中断应答线、中断应答输入线和中断应答输出线。

VME 总线系统的公用总线主要是为系统提供时钟和反映交流电压及其他部分是否出现故障的信号线与复位线。

② 时钟和同步总线。VXI 总线系统有两种系统时钟，即通过连接器 P_2 提供的 10 MHz 时钟 CLK10 以及通过连接器 P_3 提供的 100 MHz 时钟 CLK100，它们源自 0 槽模块而引至 1～12 槽模块。CLK10 及 CLK100 均为 ECL 差分时钟。在 P_3 上还有一个同步信号 SYN100，它用来使多个器件相对于 CLK100 的上升沿同步，以便在模块间提供非常准确的时间配合，起类似于 GPIB 系统中群执行触发（GET）命令的作用，但在时间配合性能上较后者有明显提高。

③ 本地总线。本地总线是一种菊花链总线，提供了相邻模块间的本地通信。由于它采用直通传输，因此可以得到很高的数据传输速率，在 P_2 中可达 250 Mbit/s，而在 P_3 中可达 1 Gbit/s。值得注意的是，VXI 总线系统中各模块的工作电平可能不同，为防止工作电平不相容的模块通过本地总线直接相连，采用了一些机械锁键来判别模块的工作电平是否相容。

④ 模块识别总线。模块识别总线用来检测模块的存在并指示它的物理位置。模块识别线从 0 号槽出发被引至 1～12 槽，若槽中存在模块，不论模块内部是否存在故障，都可以判别槽中是否插入了模块，检测结果也可用槽口识别灯或其他方法进行指示。

⑤ 触发总线。触发总线由 8 条 TTL 和 6 条 ECL 触发线构成。P_2 上有 8 条 TTL 和 2 条 ECL 触发线，其余 4 条 ECL 触发线在 P_3 上。触发总线可用作触发、挂钩、定时或发送数据。

⑥ 星形总线。星形总线处于 P_3 连接器上，提供模块之间的异步通信。星形总线连接在

各模块插槽和 0 号槽之间，通过程控方式提供任意星形线之间的信号路径。

⑦ 模拟相加线。在背板的每个端点，模拟相加线通过 50 Ω 的电阻连接信号地，任何模块都可以通过模拟电流源驱动此线，也可以通过高输入阻抗的接收器接收信号。该线可以通过叠加来自多模块的模拟信号产生复杂的波形。

⑧ 电源总线。除了 VME 总线中原有的 + 5 V、+ 12 V 和 – 12 V 电源外，VXI 总线另外在 P_2 上增加了 ± 24 V 电源供模拟电路使用，– 2 V 和 – 5.2 V 电源供高速 ECL 电路使用，共可提供 7 种电源。VXI 总线上所有的电源插针都是相同的。

7.2.2.3   VXI 总线的系统结构

1) VXI 系统的器件

器件是 VXI 总线系统最基本的逻辑单元，它在 0~255 之间具有唯一的逻辑地址。通常一个器件就是一个插于主机箱内的模块，器件可以是计算机、多种模块式仪器、资源管理者，也可以是接口、多路开关、A/D 及 D/A 变换器或存储器等。由于器件具有唯一的逻辑地址，使它拥有与地址对应的确定配置寄存器和操作寄存器，这样才能作为一个独立单元被组织在系统中，并与系统的其他器件建立通信联系。

依据器件本身的性质、特点和它支持的通信规程，器件可以分为基于寄存器的器件、存储器器件、基于消息的器件和扩展器件四种。根据其在通信中的分层关系，器件可分为命令者和受令者两种。下面简单介绍以第一种方法分类的四种器件。

① 基于寄存器的器件：简称为寄存器基器件，是一种最简单的 VXI 总线设备，常用来作为简单仪器和开关模块的基本部分。寄存器基器件的通信是通过对它的寄存器进行读、写来实现的。寄存器基器件一般是用二进制命令与其他的设备进行通信，但由于这种设备也有一个内部微处理器，所以也能进行复杂的测量与控制。寄存器基器件在命令者/受令者分层结构中只能担任受令者。

② 存储器器件：它本身就是存储器，具有存储器的某些属性，由于没有通信寄存器，只能靠寄存器的读、写来进行通信。

③ 基于消息的器件：简称为消息基器件，具有配置寄存器，还具有通信寄存器用来支持复杂的通信协议，以保证与其他消息基器件进行 ASCII 级的通信，也便于各个厂家的仪器相互兼容。该器件一般都是具有本地智能的较复杂器件。消息基器件可以担任命令者/受令者分层结构中的命令者或受令者或二者兼任。

④ 扩展器件：是为将来应用所定义的一类 VXI 总线器件。扩展器件除了配置寄存器外，还有一个子类寄存器。子类寄存器允许由标准和生产厂家来规定。

2) VXI 总线系统的结构和通信协议

VXI 总线允许不同厂家生产的各种仪器、接口卡或计算机以模块形式并存于同一主机箱中。为了保证 VXI 总线系统的开放性与灵活性，VXI 总线没有规定某种特定的系统层次结构或拓扑结构，也没有指定操作系统、微处理器类型以及与主机相连的接口类型，VXI 总线仅仅规定了保证不同厂商的产品之间具备兼容性的一个基础平台。图 7.6 所示为几种 VXI 总线系统的配置形式。

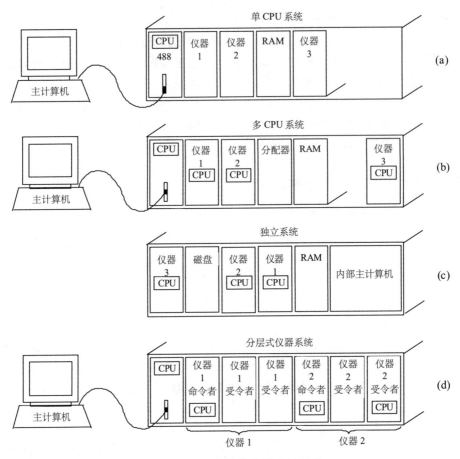

图 7.6　VXI 总线的典型系统结构

VXI 总线系统是计算机控制下的一种自动测试系统。VXI 总线系统可以是单 CPU，也可以是多 CPU，主控计算机可以在主机箱外部，也可以在主机箱内部。在很多情况下，主机箱上的各模块由主机箱外的主计算机进行控制。主机箱外的控制计算机可以是个人计算机，也可以通过局域网接受计算机工作站或距离较远的主计算机控制。后一种情况为组成更大的测试网络提供了可能。

VXI 总线系统可以采用多种拓扑结构，不同的拓扑结构往往满足不同的通信要求，这些要求可由图 7.7 所示的一组分层通信协议来实现。

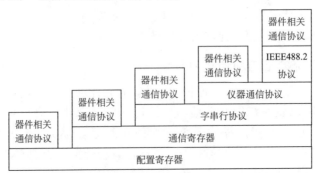

图 7.7　VXI 总线分层的通信协议结构

在 VXI 总线系统中，每个 VXI 总线器件均有一组完全可由 P_1 连接器访问的"配置寄存器"。系统通过这些寄存器来识别器件的种类、型号、生产厂商、所占用的地址空间和存储器需求等。寄存器基器件就只具备这些最基本的能力。例如，图 7.6(a)所示的单 CPU 系统中，全部仪器都可以用寄存器基器件来实现，CPU 与这些仪器之间用"器件相关通信协议"来进行通信。

对于需要具备更高一级通信能力的系统，可以使用消息基器件。因为消息基器件还有一组可由系统中其他模块访问的通信寄存器，故消息基器件可通过某种特定的通信协议（如"字串行协议"）与其他器件进行通信。图 7.6(b)所示的多 CPU 系统中，每个仪器均是消息基器件，均能从主机或公用主机接口接收命令。由于各生产厂商都遵守了此类通信协议，因此能够保证各个厂商生产的仪器之间的兼容性，并可以进一步在其基础上定义更高一级的仪器通信协议。

VXI 总线器件之间的通信是基于一种包括"命令者"与"受令者"器件的分层结构进行的。图 7.6(a)所示的单 CPU 系统只有一层命令者/受令者分层结构，其中 CPU 与主机接口器件是命令者，三个仪器模块为受令者，命令者可根据受令者的能力启动与它们的通信。如果受令者是消息基器件，可以"字串行协议"中的"命令"启动通信；如果是寄存器基器件，通信就是与器件相关的，会因系统的不同而不同。命令者/受令者层次可以是多重的，一个消息基器件可以是在某个层次中的命令者，同时又是下一层中的受令者，例如，图 7.6(d)所示的分层仪器系统中，仪器 1 和仪器 2 的命令者分别有两个受令者，而其本身又是主机接口的受令者。

7.2.3 PXI 总线

PXI 总线是美国 NI 公司在 1997 年发布的一种全新的开放性、模块化仪器总线规范，它将 Compact PCI 规范定义的 PCI 总线技术发展成适合于试验、测量与数据采集场合应用的机械、电气和软件规范。PXI 总线吸取了 VXI 总线的技术特点和优势，具有以下优点：

① 模块化仪器结构，具有标准的系统电源、集中冷却和电磁兼容性能。

② 高速 PCI 总线结构，传输速率达 132 Mbit/s，和 PCI 完全兼容。

③ 具有广泛的仪器模块产品，如模拟 I/O、数字 I/O、定时/计数器、示波器、信号调理和图像采集模块等。

④ 具有 10 MHz 系统参考时钟以及触发线和本地总线。

⑤ 标准系统提供 8 槽机箱结构，多机箱可通过 PCI-PCI 接口桥接。

⑥ 可以应用标准 Windows 操作系统及其应用软件，具有"即插即用"仪器驱动程序。

⑦ 具有兼容 GPIB 和 VXI 仪器系统的 GPIB 接口和 MXI 接口。

⑧ 具有价格低、易于集成、灵活性好和开放式工业标准等优点。

由于 PXI 总线系统具有技术指标和性价比高、功能强、结构灵活、技术更新快以及易于集成和网络化等优点，所以利用 PXI 产品可以在较短周期内开发出理想的计算机测控仪器系统，PXI 产品可广泛应用于通信、航天、军事和工业自动化测控等领域。

7.2.3.1　PXI 总线的机械规范及其特性

PXI 总线规范定义了一个包括电源系统、冷却系统和安插模块槽位的一个标准机箱。由 Compact PCI 规范引入的 Eurocard 坚固封装形式和高性能的 IEC 连接器被应用于 PXI 所定义的机械规范，使 PXI 系统更适合于在工业环境下使用，而且也更易于进行系统集成。现将 PXI 总线的机械规范及其特性介绍如下。

1）与 Compact PCI 共享的 PXI 机械特性

PXI 提供了两条与 Compact PCI 标准兼容的途径：

① 高性能 IEC 连接器。PXI 应用了与 Compact PCI 相同的、一直被用在远距离通信等高性能领域的高级针-座连接器系统。这种阻抗匹配连接器可以在各种条件下提供尽可能好的电气性能。

② Eurocard 机械封装与模块尺寸。PXI 和 Compact PCI 的结构形状完全采用了 Eurocard 规范。该规范支持小尺寸（3U = 100 mm×160 mm）和大尺寸（6U = 233.35 mm×160 mm）两种结构尺寸。IEEE 1101.10 和 IEEE 1101.11 等最新的 Eurocard 规范中所增加的电磁兼容性（EMC）、用户可定义的关键机械要素以及其他有关封装的条款均被移植到 PXI 规范中。这些电子封装标准所定义的坚固而紧凑的系统特性使 PXI 产品可以安装在堆叠式标准机柜上，并能保证在恶劣的工业环境中应用时的可靠性。

图 7.8 所示是 PXI 仪器模块的两种主要尺寸结构及其接口连接器，其中，J1 连接器上定义了标准的 32 位 PCI 总线，所有的 PXI 总线性能定义在 J2 连接器上。PXI 机箱背板上包括 J1 连接器和 J2 连接器的所有 PXI 性能总线，对仪器模块来说，这些总线可以有选择地使用。

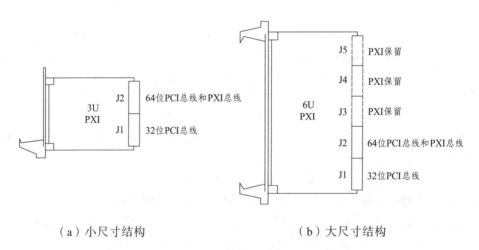

（a）小尺寸结构　　　　　　　　（b）大尺寸结构

图 7.8　PXI 仪器模块的结构及其接口连接器

PXI 规范规定系统槽（相当于 VXI 的零槽）位于总线的最左端，而 Compact PCI 系统槽则可位于背板总线的任何地方。PXI 规范定义唯一确定的系统槽位置是为了简化系统集成，并增加来自不同厂商的机箱与主控机之间的互操作性。PXI 还规定主控机只能向左扩展其自身的扩展槽，不能向右扩展而占用仪器模块插槽。

2）增加的电气封装规范

除了将 Compact PCI 规范中的所有机械规范直接移植进 PXI 规范之外，为了简化系统集成，PXI 还增加了一些 Compact PCI 所没有的要求。如前所述，PXI 机箱中的系统槽必须位于最左端，而且主控机只能向左扩展以避免占用仪器模块插槽。PXI 还规定模块所要求的强制冷却气流流向必须由模块底部向顶部流动。PXI 规范建议的环境测试包括对所有模块进行温度、湿度、振动和冲击试验，并以书面形式提供试验结果。同时，PXI 规范还规定了所有模块的工作和存储温度范围。

3）与 Compact PCI 的互操作性

PXI 的另外一个重要特性是维护了与标准 Compact PCI 产品的互操作性。但许多 PXI 兼容系统所需要的组件并不需要完整的 PXI 总线特征。

7.2.3.2　PXI 总线的电气性能

PXI 总线通过增加专门的系统参考时钟、触发总线、星形触发线和模块间的局部总线来满足高精度定时及同步与数据通信的要求。

1）参考时钟

PXI 规范定义了将 10 MHz 参考时钟分布到系统中所有模块的方法。该参考时钟可被用作同一测量或控制系统中的多个同步信号。由于 PXI 严格定义了背板总线上的参考时钟，因此参考时钟所具有的低时延性能使各个触发总线信号的时钟边缘更适合于满足复杂的触发协议。

2）触发总线

为了减少机箱提供的额外电源种类，降低 PXI 系统的整体成本，PXI 将 ECL 参考时钟改为 TTL 参考时钟，并且只定义了 8 根 TTL 触发线，不再定义 ECL 逻辑信号。

3）星形触发

PXI 星形触发总线为 PXI 用户提供了只有 VXI D 尺寸系统才具有的超高性能同步能力。星形触发总线是在紧邻系统槽的第一个仪器模块槽与其他六个仪器槽之间各配置了唯一确定的触发线而形成的。在星形触发专用槽中插入一块星形触发控制模块，就可以给其他仪器模块提供非常精确的触发信号。当然，如果系统不需要这种超高精度的触发，也可以在该槽中安装别的仪器模块。

当需要向触发控制器报告其他槽的状态或报告其他槽对触发控制信号的响应情况时，就得使用星形触发方式。PXI 系统的星形触发体系具有两个独特的优点：一是保证系统中的每个模块有一根唯一确定的触发线，这在较大的系统中，可以避免在一根触发线上组合多个模块功能，或者人为地限制触发时间；二是每个模块槽中的单个触发点所具有的低时延连接性能，保证了系统中每个模块间非常精确的触发关系。

4）局部总线

PXI 局部总线是每个仪器模块插槽与左、右邻槽相连的链状总线。该局部总线可在模块之间传递模拟信号，也可以进行高速边带通信而不影响 PCI 总线的带宽。局部总线信号的分布范围包括从高速 TTL 信号到高达 42 V 的模拟信号。

5）PCI 性能

绝大多数台式 PCI 系统有 3 个或 4 个 PCI 扩展槽，而 PXI 系统具有多达 8 个扩展槽（1个系统槽和 7 个仪器模块槽），除此之外，PXI 总线与台式 PCI 规范具有完全相同的 PCI 性能：33 MHz 性能；32 位和 64 位数据宽度；132 Mbit/s（32 位）和 264 Mbit/s（64 位）的峰值数据吞吐率；即插即用功能；可通过 PCI-PCI 桥技术进行系统扩展，扩展槽的数量在理论上能扩展到 256 个。

7.2.3.3　软件性能

与其他总线标准体系一样，PXI 定义了保证不同厂商产品互操作性的仪器级（即硬件）接口标准。与其他规范所不同的是，PXI 在电气要求的基础上还增加了相应的软件要求，以进一步简化系统集成。这些软件要求就形成了 PXI 的系统级（即软件）接口标准。

1）公共软件需求

PXI 规范将 Microsoft Windows 作为 PXI 系统软件框架，要求所有仪器模块带有配置信息、支持标准的工业开发环境（如 Visual C/C++、Borland C++、LabVIEW、LabWindows/CVI、Visual Basic 等）和符合 VISA 规范的设备驱动程序（Win32 device drivers）。

PXI 规范要求厂商而非用户来开发标准的设备驱动程序，使 PXI 系统更容易集成和使用。

2）其他软件需求

PXI 还要求外部设备模块或者机箱的生产厂商提供其他的软件组件，如定义系统设置和系统性能的初始化文件必须随 PXI 组件一起提供，这些文件能为正确配置系统提供信息，比如两个相邻的模块是否具有匹配的局部总线信息等，如果没有这些文件，则不能实现局部总线的功能。

由此可见，PXI 通过采用坚固的工业封装、更多的仪器模块扩展槽以及高级触发、定时和边带通信能力，更好地满足了仪器用户的需要。

7.2.4　USB 总线

USB 总线的全称是通用串行总线（universal serial bus），由康柏、微软、IBM、DEC 等公司为了解决传统总线的不足而于 1995 年推出的一种新型串行通信技术，它可以解决传统的计算机外设接口不通用以及有限的接口数目无法满足多外设连接的问题。

USB 总线具有以下主要特点：

① 低成本。为了把外围设备连接到 PC 上去，USB 提供了一种低成本的解决方案，所有系统的智能机制都驻留在主机并嵌入芯片组中，方便了外设制造。

② 单一的连接器类型。USB 定义了一种简单的连接器，仅用一个四芯电缆就可以连接任何一个 USB 设备。多个连接器可以通过 USB 集线器连接。

③ 支持多设备连接。1 个 USB 总线支持 127 个设备的连接，树状拓扑。

④ 热插拔。真正的即插即用，设备连接后由 USB 自检测，并且由软件自动配置，完成后立刻就能使用，不需要用户进行干涉。

⑤ 总线供电。USB 总线提供最大 5 V 电压、500 mA 电流。它可以自动把电流分配给外设，让 PC 自动感知设备所需电流并分配给它，无须供电盒。

⑥ 低功耗和电源保护。当连续 3 ms 没有总线活动时，USB 总线会检测到并自动关闭电源，再在需要的时候开启。

⑦ 适用于低速或高速设备。USB 1.1 有两种设备传输速率：1.5 Mbit/s 和 12 Mbit/s，且自适应转换。USB 2.0 目前最高可达 480 Mbit/s。

⑧ 不需要系统资源。USB 设备不需要占用内存或 I/O 地址空间，而且也不需要占用 IRQ 和 DMA 通道，所有的事务处理都由 USB 主机管理。

⑨ 错误检测和恢复。USB 事务处理包括错误检测机制，该功能用以确保数据无错误发送。

⑩ 支持四种类型的传输方式。USB 定义了四种不同的传输类型来满足不同设备的需求，这些传输类型包括：等待传输（适用于音视频设备等，无纠错）、块传输（适用于打印机、扫描仪、数码相机等）、中断传输（适用于键盘、鼠标、游戏手柄等）和控制传输（设备和主机之间交换配置、安装和命令信息）。

由于 USB 总线具有以上的特点，因此特别适用于较高速率的数据采集和传输场合，而且采用 USB 总线的 DAQ 仪器具有很多优点：安装、携带方便，不易受机箱内环境的干扰，不受计算机插槽数量、地址、中断等限制，可扩展性好；在一些电磁干扰较强的测试现场，可以专门对其进行电磁屏蔽，避免采集数据的失真。目前采用 USB 总线的便携式仪器越来越普遍。

7.2.4.1 USB 总线系统

1) USB 系统的硬件组成

一个 USB 系统包括三个硬件设备：USB 主机、USB 设备和 USB 集线器。图 7.9 所示是 USB 系统拓扑图。

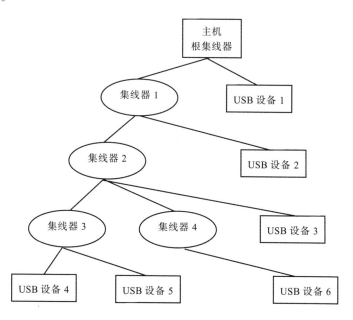

图 7.9 USB 系统拓扑图

　　USB 主机由 USB 主机控制器、USB 系统软件和客户软件构成。在一个 USB 系统中，只允许存在一个主机。USB 主机主要有以下功能：管理 USB 系统；检测设备；管理数据流；对总线上的错误进行管理和恢复；提供电源。

　　USB 设备可以和 USB 主机进行数据和控制信息的交互，并为主机提供额外的功能。在 USB 设备内部包含有描述其功能和资源需求的配置信息，如 USB 带宽、接口种类等。在 USB 设备使用前，主机必须对其进行配置。

　　USB 集线器用于设备扩展连接，所有的 USB 设备都连接在 USB 集线器的端口上。一个 USB 主机与一个根集线器相连。USB 集线器为其每个端口提供 100 mA 电流供设备使用。另外，USB 集线器可以通过端口的电气参数变化诊断出设备的插拔操作，并通过响应 USB 主机的数据包把端口状态传送给 USB 主机。一般来说，USB 设备与 USB 集线器间的连线长度不超过 5 m，USB 系统的级联不能超过 5 级（包括根集线器）。

2）USB 系统的软件组成

　　① 主机控制器驱动程序：完成对 USB 交换的调度，并通过根集线器或其他的 USB 完成对交换的初始化，在主机控制器与 USB 设备之间建立通信通道。

　　② 设备驱动程序：用来驱动 USB 设备的程序，通常由操作系统或 USB 设备制造商提供。

　　③ USB 芯片驱动程序：在设备设置时读取描述符寄存器以获取 USB 设备的特征，并根据这些特征，在请求发生时组织数据传输。

7.2.4.2　USB 总线的机械连接

　　USB 总线的机械连接非常简单，USB 主机、USB 集线器和 USB 设备之间通过电缆和连接器相连。

1）电缆

　　USB 总线可以工作在 3 种模式下：高速模式（480 Mbit/s）、全速模式（12 Mbit/s）和低速模式（1.5 Mbit/s）。在高速模式和全速模式下都需要使用 USB 电缆，在低速模式下可以使用普通双绞线。USB 电缆是四芯的屏蔽线，包括两条电源线 V_{BUS} 和 GND、两条信号线 D_+ 和 D_-。USB 外设可以通过电源线使用计算机里的电源（+5 V/500 mA），也可外接 USB 电源。当连续 3 ms 没有总线活动时，USB 总线会检测到并自动关闭电源，再在需要的时候开启。电缆的最大长度不超过 5 m。

2）连接器

　　USB 的连接器分为两类：A 类和 B 类，其形状如图 7.10 和图 7.11 所示。A 类连接器提供设备向上游的接头或是集线器向下游的端口，适用于不经常插拔的设备，如键盘、鼠标和集线器等，而 B 类连接器允许设备供应商提供一种标准的可分离的电缆，适用于经常需要插拔的设备，如打印机、扫描仪等，方便用户使用。A 类连接器和 B 类连接器不能互换，都具有坚实的屏蔽外壳和易于插拔的特性。

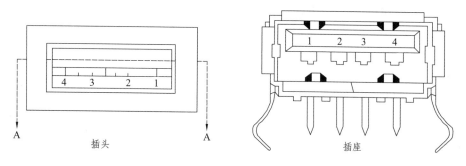

图 7.10　USB 的 A 类连接器

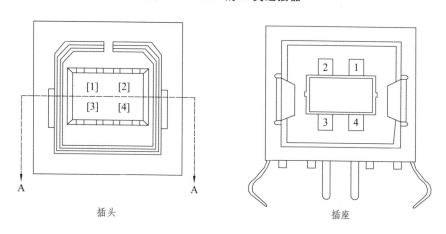

图 7.11　USB 的 B 类连接器

USB 连接器的引脚编号见表 7.1。

表 7.1　USB 连接器的引脚编号

连接引脚	信号名称	注释
1	V_{BUS}	电源
2	D_-	信号线
3	D_+	信号线
4	GND	地

7.2.4.3　USB 总线协议

　　USB 是一种轮询方式的总线。USB 协议反映了 USB 主机与 USB 设备进行交互时的语言结构和规则。每次传输开始时，主机控制器将发送一个描述传输操作种类和传输方向、USB 设备地址和端口号的 USB 数据包，被称为标记包，发送端发送数据包，接受端则发送一个对应的握手数据包以表明是否传送成功。USB 设备从解码后的数据包中取出属于自己的数据。

　　发送端和接受端之间的 USB 传输，有两种类型的信道：流信道和消息信道。多数信道在 USB 设备设置完成后才会存在。而默认控制信道当设备一启动后即存在，从而为设备的设置、状态查询和输入控制信息提供了方便。

可对流信道进行数据控制，发送"不予确认"握手信号即可阻止数据传输。若总线有空闲，数据传输将重复进行。这种流控制机制允许灵活的任务安排，可使不同性质的流信道同时正常工作，传送大小不同的数据包。

7.2.4.4　USB 的传输方式

USB 传输支持 4 种数据类型：控制数据流、块数据流、中断数据流和实时数据流。控制数据流用于发送控制信号，这种数据不允许出错或丢失；块数据流通常用于发送大量数据；中断数据流用于传送少量随机输入信号，包括事件通知信号，输入字符或坐标等；实时数据流用于传输连续的固定速率的数据，它所需要的带宽与所传输数据的采样率有关。

与 USB 数据流类型相对应，在 USB 规范中规定了 4 种不同的数据传输方式：

① 控制传输方式。控制传输是双向的。该方式用来处理主机与 USB 设备之间的数据传输，包括设备控制指令、设备状态查询及确认命令。当 USB 设备收到这些数据和命令后，将依据先进先出的原则处理到达的数据。

② 批处理方式。批处理可以是单向的，也可以是双向的。该方式用来传输要求正确无误的数据。通常打印机、扫描仪和数码相机以这种方式与主机连接。

③ 中断传输方式。中断传输是单向的，且仅输入到主机。该方式传送的数据量很少，但这些数据需要及时处理。此方式主要用于键盘、鼠标以及游戏手柄等外部设备上。

USB 的中断是查询类型，主机要频繁地请求端点输入。USB 设备在全速情况下，其查询周期为 1 ~ 255 ms；对于低速情况，查询周期为 10 ~ 255 ms。因此，最快的查询频率是 1 Hz。

④ 等时传输方式。等时传输可以是单向的，也可以是双向的。该方式主要用于传输连续性、实时的数据，常用于对数据的正确性要求不高而对时间极为敏感的外部设备，如麦克风、音箱以及电话等。等时传输方式以固定的传输速率，连续不断地在主机与 USB 设备之间传输数据，在传送数据发生错误时，USB 并不处理这些错误，而是继续传送新的数据。

以上 4 种数据传输方式中，除等时传输方式外，其余 3 种传输方式在数据传输发生错误时，都会试图重新发送数据以保证其正确性。

7.2.4.5　USB 的容错性能

USB 提供了多种数据传输机制，例如，使用差分驱动、接收和防护，以保证信号的完整性；使用循环冗余码，以进行外设装卸的检测和系统资源的设置；对丢失和损坏的数据包暂停传输，利用协议自我恢复，以建立数据控制信道，从而使功能部件避免了相互影响。上述机制的建立，极大地保证了数据的可靠传输。在错误检测方面，USB 协议对每个数据包中的控制位都提供了循环冗余码校验，并提供了一系列的硬件和软件设施来保证数据传送的正确性。循环冗余码可对一位或两位的数据错误进行 100% 的恢复。在错误处理方面，USB 协议在硬件和软件方面均有措施。硬件的错误处理包括汇报错误和重新进行一次传输，传输中若再次遇到错误，由 USB 的主机控制器按照协议重新进行传输，最多可进行三次。若错误依然存在，则对客户软件报告错误，使之按特定方式处理。

7.2.5　LXI 总线

LXI(LAN extensions for instrumentation)是成熟的局域网技术在测试自动化领域的扩展。局域网的英文缩写是 LAN(local area network)。LAN 是建立在以太网（Ethernet）通信协议标准上的，有时也称 LAN 为以太网。LAN 将一个区域内的多台计算机互联成一个网络，可以实现软硬件资源共享。局域网是封闭型的，但是可以通过路由器与互联网链接在一起。LAN 应用广泛，已经成为全球公认的通信接口，现代计算机大多装有 LAN 接口，在开发和技术支持上有明显的优势。2004 年 9 月，美国安捷伦科技公司和 VXI 科技公司联合推出了 LXI 总线，2005 年 6 月成立了 LXI 联盟，2005 年 8 月正式发布 LXI 总线标准 1.0 版。我国在 2006 年 9 月正式成立中国 LXI 总线联合体，开始积极推行 LXI 总线技术的应用。

7.2.5.1　LXI 总线概况

LXI 充分利用了测试技术的最新成果和 PC 机标准 I/O 能力，建立在 Ethernet、VXI、IVI 等多个成熟的工业标准基础上，集中了它们的优点，并考虑了仪器领域对定时、触发、冷却、电磁兼容性等的特殊要求，是构建新一代自动测试系统的理想平台。

LXI 总线具有以下特点：

① 集成更为方便，不需要专门的机箱和零槽控制器。
② LXI 模块既可以单独使用，又具备模块化的特点，可组成功能强大的复杂测试系统。
③ LXI 模块可与老的平台集成在一起，安装在标准机架上。
④ LXI 规模可大可小，小到一个模块，大到分布在世界各地，适合组建分布式系统。
⑤ 采用 Web 页作为控制界面，对仪器的控制更加方便。
⑥ LXI 平台提供对等连接。
⑦ 测试项目改变时，LXI 在 LAN 上的链接不必改变，从而缩短了测试系统的组建时间。
⑧ 链接在 LAN 上的 LXI 模块可采取分时方式工作，同时服务于不同的测试项目。
⑨ LXI 模块的通风散热、电磁兼容等方面的设计比较简单。

7.2.5.2　LXI 仪器的分类

LXI 仪器具有 3 个功能属性：

① 标准的 LAN 接口，可提供 Web 接口和编程控制能力，支持对等操作和主从操作。
② 基于 IEEE 1588 标准的触发设备，使模块具有准确动作时间，且能经 LAN 发出触发事件。
③ 基于 LVDS 电气接口的物理线触发系统，使模块通过有线接口互连。

根据仪器具有的功能属性和触发精度不同，LXI 仪器分为 A、B、C 三类，每类仪器具有的性能如图 7.12 所示。由图可见，C 类仪器是最基础的 LXI 仪器；B 类仪器除了自身的性能特点外，还必须具有 C 类仪器的基本性能；A 类仪器除了自身的性能特点外，还必须具有 B 类和 C 类仪器的性能。

C 类仪器必须满足 LXI 仪器的基本特点：以太网接口、Web 服务器用于配置、符合 VXI-11 规范和 IVI 仪器驱动器。虽然 LXI 仪器原则上使用虚拟仪器软面板，但是 C 类仪器允许使用

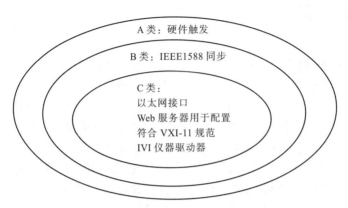

图 7.12 LXI 仪器的分类

传统仪器的前面板，允许前面板上有显示器、开关、按键和旋钮等部件。B 类仪器是在 C 类仪器的基础上增加了 IEEE 1588 精密时钟同步功能，它实现了网络上各时钟的精密同步，所以特别适用于远距离的分布式系统。A 类仪器又在 B 类仪器的基础上增加了硬件触发功能，既可以在触发源和触发接收器之间直接传递触发信号，构成星形触发，又可以将被触发器件以链接的方式进行菊花链式触发；A 类仪器还能将菊花链式触发和星形触发构成混合触发一起工作。硬件触发的特点是准确和速度快，不足之处是不适合于器件相距较远的情况。以上三类仪器各有特点，适用于不同的领域。

7.2.5.3 LXI 总线标准

LXI 总线标准明确了实现 LXI 仪器的技术框架，包括物理规范、同步与触发、设备间通信、驱动程序接口、LAN 配置和 Web 接口等几个方面。

1）物理规范

物理规范规定了 LXI 仪器的外形尺寸、电气标准和环境标准。LXI 仪器有 4 种机械尺寸：

① 非机架安装设备，适合小尺寸的应用，如传感器。

② 符合 IEC 60297 标准的全宽度机架安装设备。

③ 符合事实上标准的半宽度机架安装设备，这种标准不是官方公布的，而是因为厂商大量生产，世界各地广泛使用，形成了事实上的标准，LXI 标准推荐此类仪器为 2 U（约 8.89 cm）高度。

④ LXI 单元，其单元高为 1 U ~ 4 U，推荐宽度为 8.5 英寸，深度要求符合相应的 IEC 标准。

多种可选的外形尺寸给 LXI 仪器提供了很大的灵活性，能够符合各种不同的应用要求。

2）同步与触发

同步是基于一个共同的事件标准同时启动多个动作，触发是基于异步事件启动仪器动作的功能。同步与触发是测量仪器的关键功能，在自动化测试领域有着特别重要的意义。

LXI 触发把 Ethernet 通信、IEEE 1588 标准和 VXI 背板触发总线很好地结合在一起。IEEE 1588 是为了克服以太网实时性不足而规定的一种对时机制,它由一个精确的时间源周期性地对网络中所有节点的时钟进行校正同步。IEEE 1588 可对标准以太网或者采用多播技术的其他分布式总线系统中的设备时钟进行亚微秒级同步。

LXI 有以下 5 种触发模式:

① 基于驱动程序命令触发模式。利用控制计算机上的驱动程序接口直接将命令传递给模块。

② 直接 LAN 消息触发模式。通过 LAN 直接从一个模块向另一个模块发送包含触发信息的数据包。该模式用于仪器相隔较远、不能配置单独的硬件触发电缆、触发信息中需要带有时戳的数据等情况。

③ 基于时间的事件触发模式。在模块内设置并执行基于 IEEE 1588 时间的触发。该模式用于仪器启动动作基于时间、仪器相隔较远但需要较低延时等情况。

④ 基于 LXI 触发总线触发模式。利用 LXI 触发总线上的电压触发一个模块,执行某个功能。该模式用于仪器距离较近且需要低时延、低抖动的情形。

⑤ 供应商特定的硬件触发模式。

除非以上①~④种方式不能满足要求,否则一般不采用第⑤种触发方式。直接 LAN 消息触发是将网络技术应用于测试领域,可以不需要专用的触发总线,这种灵活性在复杂的系统中优势更为明显;并且该触发方式脱离了网络内的控制计算机,不必受计算机的瓶颈限制,降低了 LAN 的数据流量,减小了延迟,更接近于实时的响应,特别适用于远程分布系统。

另外,LXI 采用统一的触发模型,设备可以将硬件触发信号和 LAN 触发事件同样对待,简化了编程工作和系统集成。

3)设备间的通信

LXI 模块间的通信方式有 3 种:

① 经 LAN 的由控制器到模块发送的驱动程序命令。

② 通过 LAN 传送的、直接模块到模块的消息传送。

③ 模块间的硬件触发信号线。

直接模块到模块的消息传送是 LXI 仪器所特有的,它可以是点对点的通信(通过 TCP 连接传送数据包),也可以是一点到多点的广播式通信(通过 UDP 广播方式发送数据包)。这种基于 TCP/IP 协议的通信方式提供了传统测试系统机构(依赖使用中央控制器的主从配置)不可能具备的灵活性。因为在 LXI 系统中,触发可由系统中任何 LXI 设备发起并直接发送到任何其他 LXI 设备上,而不必经过控制器。

4)驱动程序接口

LXI 设备必须提供符合 IVI 规范的驱动程序,支持 VISA 资源名称,A 类和 B 类仪器还要符合 LXISync 接口规范。

IVI 规范是在 VPP 规范的基础上发展起来的一项技术,主要研究仪器驱动程序的互换性、测试性能、开发灵活性以及测试品质保证,为各种虚拟仪器测试系统建立了一种可互换的仪器驱动程序框架结构。IVI 通过类驱动程序和 IVI 配置库实现应用程序与驱动程序的无关性。

类驱动程序不是具体的驱动程序，它是符合某个 IVI 类规范的仪器类的 API 的集合，它为应用程序与具体仪器的特定驱动程序提供了统一接口，IVI 配置库中存储了这些接口的逻辑名与具体驱动程序之间的映射关系。当仪器或者驱动程序发生改变时，用户只需要更改 IVI 配置库的信息，不需要对应用程序代码进行修改。

LXISync 规范定义了 A 类和 B 类仪器驱动程序编程接口（LXI API）的具体要求，这些API 用来控制 LXI 设备等待、触发和事件功能特性，这些功能特性是关于 A 类和 B 类 LXI 设备的，不依赖于任何 IVI 仪器，包括等待、触发、事件、事件日志和事件 5 个子系统。等待子系统控制触发信号何时被接收；触发子系统控制 LXI 设备何时触发一次测量或者其他操作；事件子系统控制 LXI 设备何时把特定状态发送给其他 LXI 设备；事件日志子系统提供一种访问设备日志的方法；时间子系统提供访问 LXI 总线 IEEE 1588 时基的功能。

5）LAN 配置

LXI 的 LAN 配置是指设备为了获得 IP 地址、子网掩码、默认网关和 DNS（Domain Name System）服务器的 IP 地址等配置值所使用的机制。其配置方法有 3 种：

① 动态主机配置协议 DHCP（Dynamic Host Configuration Protocol）。

② 动态配置本地链路选址（Dynamic Link-Local Addressing,又称 Auto-IP）。

③ 手动设置。

其中，DHCP 是在使用以太网路由器的大型网络中自动分配 IP 地址的方法，此时通过DHCP 服务器获得设备的 IP 地址；Auto-IP 方式适用于由以太网交换机(或集线器)组建的小型网络或特设网络，以及由交叉电缆组建的两节点网络；手动方式可用于所有拓扑结构类型的网络，此时用户手动设置 LXI 设备的 IP 地址。如果模块支持多种配置方式，则按如下顺序进行：DHCP→动态配置本地链路选址→手动设置。

6）Web 接口

每个 LXI 仪器都是一个独立的网络设备，所有 LXI 仪器都必须提供包括产品主要信息在内的欢迎网页以及 LAN 配置网页，A 类和 B 类设备还要具有同步配置网页。此外，仪器还可以提供"状态/其他"页面来显示仪器的当前状态和其他信息。这些网页通过 HTTP80 端口连接到网络，并可以通过标准 W3C（World Wide Web Consortium）网络浏览器查看。从 Web接口的角度来看，LXI 仪器类似于一个 Web 服务器，控制计算机可以像访问 Web 站点一样访问 LXI 仪器，查看仪器的配置或状态信息，甚至通过 Web 网页对仪器进行控制。

事实上，通过 Web 网页对仪器进行控制也是 LXI 的一个特色。现代计算机技术和仪器技术的深层次结合产生的虚拟仪器技术，有效地将计算机资源和测试系统的软、硬件资源结合在一起。LXI 采用并发展了虚拟仪器技术，它可以像 VXI/PXI 模块那样通过计算机上的虚拟面板控制仪器，但由于其网络化的特点，LXI 联盟推荐用 Web 网页取代软面板对仪器进行控制，并通过 Web 接口来升级软件或软固件。

LXI 可以与 PXI、VXI、GPIB 等当前广泛应用的仪器组成混合系统，充分利用现有资源和多种仪器各自的长处共同完成测试任务。图 7.13 所示为 LXI 与现有仪器组成的混合系统示意图。

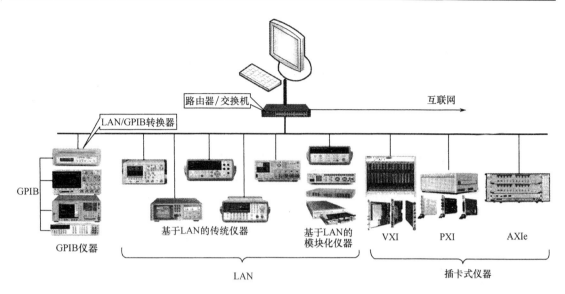

图 7.13 **LXI 与现有仪器组成混合系统**

7.2.6 RS-232/RS-485 总线

RS-232、RS-422 与 RS-485 是三种串行数据接口标准，都是由美国电子工业协会（EIA）制订并发布的。这三个标准只对接口的电气特性作出规定，而不涉及接插件、电缆或协议，在此基础上用户可以建立自己的高层通信协议。串行通信方式使用线路少、成本低，特别是在远程传输时，避免了多条线路特性的不一致问题。

7.2.6.1 RS-232

RS-232 是目前在 PC 机与通信工业中应用最广泛的一种异步串行通信方式。RS-232 被定义为一种在低速率串行通信中增加通信距离的单端标准。RS-232 标准包括按位串行传输的电气机械方面的规定。

① RS-232 总线接口有 25 根线，采用标准的 25 芯插头座。15 根引线组成主信道通信，其他则为未定义和供辅信道使用的引线。

② 采取不平衡传输方式，即单端通信，并且收、发端的数据信号是相对的。

③ 逻辑电平对"地"是对称的。逻辑"0"电平规定为 +5 ~ +15 V 之间，逻辑"1"电平规定为 −5 ~ −15 V 之间。

④ 信号传输速率最高可达 20 kbit/s，最大传送距离为 15 m。

由于 RS-232 接口标准出现较早，因此难免存在不足，如接口的信号电平值较高，易损坏接口电路的芯片；与 TTL 电平不兼容；传输速率较低；共模抑制能力差；传输距离有限等。

7.2.6.2 RS-485

鉴于 RS-232 接口的上述缺点，EIA 又制定了新标准 RS-422 和 RS-485。RS-485 是从 RS-422 基础上发展而来。RS-485 的电气特性具体如下：

① 数据信号采用平衡驱动、差分接收的传输方式，可增强共模抗干扰能力。

② 两线间的电压差为 + 2 ~ + 6 V 之间定义为逻辑"1"电平，两线间的电压差为 −2 ~ −6 V 之间定义为逻辑"0"电平，不易损坏接口电路芯片，且与 TTL 电平兼容。

③ 数据最高传输速率为 10 Mbit/s，最大传输距离标准值为 1 219 m。

④ 允许连接 128 个收发器（而 RS-232 只允许连接 1 个收发器），可利用单一的 RS-485 接口建立设备网络。

由于 RS-232 与 RS-485 的传输速率较低，因此目前纯粹采用 RS-232 和 RS-485 的自动测试系统不是很多，不过仍有少量测量仪器配备了 RS-232 接口，这些配备了 RS-232 接口的测量仪器可以通过各种转换器与前面所述的各种总线混合联网组成完整的自动测试系统。

7.3　虚拟仪器

7.3.1　虚拟仪器概述

7.3.1.1　虚拟仪器的概念

最初，虚拟仪器的概念是为了适应 PC 卡式仪器提出来的，PC 卡式仪器由于自身不带仪器面板，有的甚至不带微处理器，必须借助 PC 机作为数据分析与显示的工具，利用 PC 机强大的图形环境，建立图形化的虚拟仪器面板，完成对仪器的控制、数据分析与显示。这种包含实际仪器使用、操作信息的软件与 PC 机相结合构成的仪器就称为虚拟仪器。

可见，虚拟仪器是由计算机、应用软件和仪器硬件三大要素构成的。虚拟仪器（VI）是在必要的数据采集硬件和计算机的支持下，通过软件设计实现仪器的全部功能，并且可以通过不同软件处理模块的组合实现多功能测量仪器的功能，它可以代替传统的测量仪器，如示波器、逻辑分析仪、频谱分析仪、信号发生器等。用户可以通过友好的图形界面操作计算机，通过软件实现对数据的分析、处理、表达以及图形化用户接口。因此，软件在 VI 中起着至关重要的作用，它取代了传统仪器中的硬件来完成测试功能。为此，美国国家仪器公司提出了"软件就是仪器"的概念，进而称这类仪器为"虚拟仪器"。

7.3.1.2　虚拟仪器的特点

伴随着信息技术的发展，电子仪器经历了从传统仪器到虚拟仪器的发展过程。传统的电子测量仪器是由专业厂家生产的具有特定功能和仪器外观的测试设备，具有固定不变的操作面板，采用固化了的系统软件及固定不变的硬件电路和专用的接口器件，功能也是固定的，因此其系统封闭，扩展性能差，用户只能用单台仪器完成单一的或固定的测量工作。

而虚拟仪器系统则是以计算机丰富的软、硬件资源和强大的数据处理能力为基础，既能适应复杂环境下的测试，又能完成对复杂过程的测试，它是仪器仪表工业新的里程碑，在现代测试领域中占有重要地位。

与传统仪器相比，虚拟仪器具有以下新特性：

1）虚拟仪器的智能性大大增强，智能化程度高

由于虚拟仪器系统融合了计算机强大的硬件资源，利用了计算机丰富的软件资源和强大的数据处理能力，因此虚拟仪器突破了传统仪器在数据处理、显示、存储等方面的限制，可以实现大量的自诊断、自校正等功能，提高了仪器的可操作性；也可以实现复杂的神经、模糊、专家系统等软计算功能，极大地提高了仪器对信号的分析和综合处理能力。另外，虚拟仪器系统实现了部分仪器硬件的软件化，节省了物质资源，增加了系统的灵活性，并且通过软件技术和相应的数值算法，能实时、直接地对测试数据进行各种分析与处理；此外，通过图形用户界面（GUI）技术，真正做到了界面友好、人机交互。

2）基于计算机总线和模块化仪器总线

虚拟仪器硬件实现了模块化、系列化，大大缩小了系统的尺寸，可以方便地构建模块化仪器。

3）基于计算机网络技术和接口技术

虚拟仪器具有方便、灵活的互联能力，广泛支持诸如 CAN、LonWorks、Profibus 等多种工业总线标准。因此，利用虚拟仪器技术可以方便地建立大型的分布式自动测试系统，实现网络化和分布式测试，不仅可以提升系统的性能，而且还可以提高系统的可靠性和可维护性。

4）基于计算机的开放式标准体系结构

虚拟仪器的硬、软件都具有开放性、模块化、可重复使用及互换性等特点。因此，用户可以根据自己的需要，选用不同厂家的产品，使仪器系统的开发更为灵活，效率更高，缩短了系统的组建时间。

5）虚拟仪器系统的升级和更新周期短，成本低

传统仪器的关键在于硬件，其系统升级过程工作量很大，升级成本较高，技术更新慢，大约 5~10 年才更新一次。而计算机技术的发展促进了虚拟仪器技术的飞速发展，从理论上讲，虚拟仪器可以和计算机软、硬件的升级同步进行。虚拟仪器技术的更新周期约为 1~2 年，其研制周期较传统仪器大大缩短。

总之，虚拟仪器是对传统仪器的重大突破，是仪器技术、计算机软硬件技术、网络技术和通信技术等有机结合的产物。目前虚拟仪器技术升级非常迅速，正沿着总线与驱动程序的标准化、软/硬件的模块化、硬件模块的即插即用、编程平台的可视化等方向发展。

7.3.2 虚拟仪器的硬件组成

虚拟仪器由计算机、仪器硬件和应用软件三部分组成，其中计算机和仪器硬件又合称为虚拟仪器的通用仪器硬件平台。虚拟仪器同传统仪器一样，包括三大功能模块：信号的采集、数据的处理、结果的输出及显示。按照数据采集与控制中所采用的接口总线的不同，目前虚拟仪器已发展了 PC 插卡式、GPIB、VXI、PXI 和 LXI 等多种结构。利用计算机的并行接口、串行接口等能构成虚拟仪器的硬件平台；利用计算机的网络接口或不同形式的现场总线接口，可构成分布式或网络环境下的虚拟仪器。图 7.14 所示是虚拟仪器的硬件结构示意图。从图 7.14 可知,现代计算机技术及模块化仪器技术已为虚拟仪器提供了多种硬件平台。

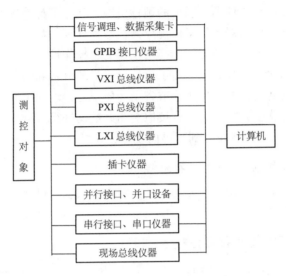

图 7.14　虚拟仪器的硬件结构示意图

7.3.2.1　PC 插卡式虚拟仪器

　　PC 插卡式虚拟仪器利用插入计算机内的数据采集卡,与仪器软件相配合,完成仪器功能或测试任务。由于充分利用了计算机的总线、机箱、电源、软件等资源,PC 插卡式虚拟仪器的组建成本很低。但 PC 插卡式虚拟仪器受计算机机箱、总线、电源、插槽尺寸及数目等诸多限制,并且机箱内无屏蔽措施,因此只能用作教学和实验室仪器、便携式检测仪等。

7.3.2.2　GPIB 总线虚拟仪器

　　GPIB 总线虚拟仪器通过可程控仪器的通用接口总线 GPIB,将计算机与若干台 GPIB 台式仪器以积木的方式连接而成,利用计算机实现对仪器的操作与控制。这类系统具有组建灵活、台式仪器可重复使用的特点,适用于要求高精度但不要求高速数据传输的各类试验/测试系统。在价格上,GPIB 总线虚拟仪器既有比较便宜的,也有异常昂贵的。

7.3.2.3　VXI 总线虚拟仪器

　　VXI 总线虚拟仪器将仪器与仪器、仪器与计算机通过高速的并行总线紧密地连接起来,它综合了卡式仪器和台式仪器的优点,代表着今后虚拟仪器系统的发展方向。VXI 总线的模块化开放式结构、即插即用、正逐步规范的软件结构(VISA)等,使用户在组建 VXI 总线虚拟仪器系统时不必局限于一家厂商的产品,而是可以根据自己的需要自由选购各仪器厂商的仪器模块,从而使系统达到最优化。此外,VXI 总线虚拟仪器系统还具有结构紧凑、数据吞吐能力强、定时/同步精确、模块品种多、可重复利用等优点,适合组建大、中规模的自动测试系统,以及用于对速度、精度要求较高的场合。但 VXI 总线虚拟仪器系统造价较高,目前只在航空、航天、国防等领域应用较多。

7.3.2.4 PXI 总线虚拟仪器

PXI 总线虚拟仪器是在 CompactPCI 总线的基础上，吸取了 VXI 总线虚拟仪器的一些优点和设计思路而形成的。PXI 总线在 PCI 总线的基础上增加了多板同步触发总线的参考时钟，用于精确定时的星形触发总线以及用于相邻模块高速通信的局部总线。PXI 总线是 PCI 总线面向仪器领域的扩展，其目的是利用台式 PC 机性能价格比高的优点以及 VXI 总线实现高性能模块的一些做法，形成了在价位及性能上居于 VXI 总线平台与 PC 插卡式平台之间的新一类虚拟仪器平台。由于 PXI 总线的内核为 PCI 总线，该总线不适合于制作高性能的仪器模块，所以到目前为止，可供选购的 PXI 总线模块的品种和数量都少于 VXI 总线产品。

7.3.2.5 并行接口式虚拟仪器

并行接口式虚拟仪器是最新发展起来的可连接到计算机并行口的测试装置。该类虚拟仪器把硬件集成在一个采集盒里或一个探头上，把软件装在计算机上。并行接口式虚拟仪器的最大好处是可以与笔记本电脑相连，方便野外作业，又可与台式 PC 机相连，实现台式和便携式两用，非常方便。

7.3.2.6 现场总线虚拟仪器

一些大型系统的数据采集点多、地理位置分散，若采用上述几种方式构建虚拟仪器系统则代价必然很高。随着现场总线技术的发展及其在测控领域中的广泛应用，使得采用现场总线方式构建虚拟仪器系统成为可能。由于现场总线的种类繁多，可以依据具体应用选取合适的现场总线来构建虚拟仪器系统。

7.3.2.7 LXI 总线虚拟仪器

LXI 总线虚拟仪器是近年来在局域网等基础上建立的新一代自动测试系统的理想平台，正处于发展之中。LXI 总线虚拟仪器适合于各种规模的用户，尤其适用于分布在世界各地的研发机构与多个单位合作研发生产项目。

总之，计算机领域的每一次技术进步都给仪器领域带来了变化。计算机的总线技术从 ISA、VME 发展到 PCI，测试仪器也从 GPIB 总线、VXI 总线、PXI 总线发展到 LXI 总线，从而产生了 GPIB、VXI、PXI 和 LXI 等不同类型的虚拟仪器系统。

7.3.3 虚拟仪器的软件开发环境

虚拟仪器系统的核心技术是软件技术。一个现代化测控系统的性能优劣很大程度上取决于软件平台的选择与应用软件的设计。

虚拟仪器的软件包括操作系统、仪器驱动器和应用软件三个层次。操作系统可以选择 Windows、SUN OS、Linux 等。仪器驱动器是直接控制各种硬件接口的驱动程序。应用软件通过仪器驱动器实现与外围硬件模块的通信连接。应用软件包括实现仪器功能的软件程序和实现虚拟面板的软件程序。用户通过虚拟面板与虚拟仪器进行交互。

目前，能够用于虚拟仪器系统开发且比较成熟的软件开发平台主要有两大类：

① 通用的可视化软件编程环境。主要有 Microsoft 公司的 Visual C++ 和 Visual Basic、Inprise 公司的 Delphi 和 C++ Builder 等。NI 公司为了简化使用通用语言开发虚拟仪器的应用软件，提供了 Measurement Studio，其中包含了面向 Visual C++ 和 Visual Basic 的专门用于测控应用的 ActiveX，以方便用户采用通用语言开发平台开发虚拟仪器的应用软件。

② 专用测控语言编程环境。主要有 HP 公司的图形化编程环境 HP VEE、NI 公司的图形化编程环境 LabVIEW 及文本编程环境 LabWindows/CVI。

在以上这些软件开发环境中，面向仪器的交互式 C 语言开发平台 LabWindows/CVI 具有编程方法简单直观、能提供程序代码自动生成功能及有大量符合 VPP 规范的仪器驱动程序源代码可供参考和使用等优点，是国内虚拟仪器系统集成商使用得较多的软件编程环境。HP VEE 和 LabVIEW 则是一种图形化编程环境或称为 G 语言编程环境，采用了不同于文本编程语言的流程图式的编程方法，十分适合于对软件编程了解较少的工程技术人员使用。此外，作为仪器软件主要供应商的 NI 公司还推出了用于数据采集、自动测试、工业控制与自动化等领域的多种设备驱动软件和应用软件。下面简单介绍 LabWindows/CVI、LabVIEW 和 HP VEE。

7.3.3.1　LabWindows/CVI

LabWindows/CVI 是美国 NI 公司开发的测量软件包 Measurement Studio 中包含的一种用于虚拟仪器系统开发的 32 位集成软件开发环境，它将完整的 ANSI C 内核与多种数据采集、分析和显示等测控系统专业工具及交互式编程方法有机地结合起来，为熟悉 C 语言的开发人员提供了一个理想的虚拟仪器软件开发环境。

概括起来，LabWindows/CVI 具有以下特点：

① 采用基于 ANSI C 内核的事件驱动与回调函数编程技术，程序的实时性能优越，适合于开发大型、复杂的测试软件。对于同样的程序，如果 LabWindows/CVI 在 1 ms 内执行完毕，则 LabVIEW 可能需要花 16 ms 的时间。

② LabWindows/CVI 是以工程文件为框架的集成化开发平台，它将源代码编辑、32 位 ANSI C 编译、链接、调试及各种函数库等集成在一个开发环境中，并且为用户提供函数面板和仪器驱动器编程向导等交互式开发工具。用户可以快速方便地编写、调试和修改应用程序，形成独立可执行的文件。

③ 支持多种总线类型的仪器和数据采集设备，为用户提供 GPIB/GPIB 488.2 库、DAQ 库、Easy I/O 库、VISA 库、VXI 库、RS-232 库和 IVI 库等。

④ 支持强大的数据处理和分析功能，为用户提供格式化 I/O 库、Analysis 库、Advanced Analysis 库和 ANSI C 库等。

⑤ 提供功能强大的图形化用户界面编辑器和 User Interface 库，提供菜单、图形、对话框、旋钮、LED 等多种虚拟仪器专用图形控件。用户可以很方便地在用户界面编辑器中建立和编辑用户界面文件（.uir 文件），在文件编辑完成后，LabWindows/CVI 能够自动生成源代码文件、自动声明变量和创建相关的回调函数，极大地提高了编程效率。

⑥ 支持网络和进程间通信功能，为用户提供 DDE 库、TCP 库、ActiveX 库、X Property 库（用于 Unix 操作系统）以及对外部软件模块和组件的支持。

⑦ 支持多种操作系统，包括 Windows、Mac OS 和 Unix 等。

LabWindows/CVI 最早应用于飞行器测试，现在已经广泛用于各种工业领域及虚拟仪器的教学与科研工作中。

7.3.3.2　LabVIEW

LabVIEW（laboratory virtual instrument engineering workbench，实验室虚拟工程平台）是 NI 公司于 1986 年推出的一种高效的图形化软件开发环境。与 Microsoft C、QuickBasic 或 LabWindows/CVI 等文本语言的一个重要区别是：LabVIEW 是一种图形化编程语言，技术人员不用掌握太多的计算机编程知识，只需通过定义和链接代表各种功能模块的图标，就能方便迅速地建立起通常只有编程技巧高超的程序员才能编制出的高水平应用程序；同时，LabVIEW 支持与多种总线接口系统的通信连接，提供数据采集、仪器控制、数据分析和数据显示等与虚拟仪器系统集成相关的多种功能，是面向测量与自动化领域的工程师、科学家及技术人员的一种优秀编程平台。

LabVIEW 具有以下特点：

① 图形化的仪器编程环境。LabVIEW 使用"所见即所得"的可视化技术建立人机交互界面，并使用图形化的符号而不是文本式的语言来描述程序的行为。LabVIEW 提供测试、测量和过程控制领域使用的大量显示和控制对象，如表头、旋钮、图表等，用户可以采用流程图式的编程方法简单迅速地编写程序。

② 内置高效的程序编译器。LabVIEW 采用编译方式运行 32 位应用程序，执行速度与 C 语言不相上下。LabVIEW 内置有代码评估器，可以将程序中对时间要求苛刻的部分代码进行分析并实现最优化；此外，LabVIEW 也可将程序转换为"*.EXE"独立的可执行文件。

③ 灵活的程序调试手段。用户可在程序中设置断点单步执行程序，在程序的数据流上设置探针，观察程序运行过程中数据的变化。

④ 支持各种数据采集与仪器通信应用。LabVIEW 的数据采集 DAQ 函数库支持 NI 公司生产的各种插卡式和分布式数据采集产品，包括 ISA、EISA、PCI 和 PCMCIA 等各种总线产品，提供工业 I/O 设备（如 PLC、资料记录器和单回路控制器等）的驱动程序，以及符合工业标准的 VISA、GPIB、VXI 和 RS-232 驱动程序库。

⑤ 功能强大的数据处理和分析函数库。LabVIEW 的特色在于提供了功能超强且庞大的、足以与专业数学分析套装软件相匹敌的数据处理与分析函数库，其中不仅包括数值函数、字符串处理函数、数据运算函数和文件 I/O 函数，还包括概率与统计、回归分析、线性代数、信号处理、数字滤波器、窗函数、三维图形处理等高级分析函数。

⑥ 支持多种系统平台。LabVIEW 支持 Windows NT/95/3.1、PowerMacintosh、SUNSPARC、Linux 等多种操作系统，且在任何一个平台上开发的 LabVIEW 应用程序均可直接移植到其他平台上。

⑦ 开放式的开发平台。LabVIEW 提供了与 LabWindows/CVI 源代码相互调用的接口；提供 DLL 库接口和 CIN 接口，使用户能够在 LabVIEW 平台上调用其他软件平台编译的模块，实现在 LabVIEW 环境下控制一些定制的仪器硬件；提供对 OLE 的支持，可与其他应用软件一起构成功能更为强大的应用程序开发环境。

⑧ 网络功能。LabVIEW 支持基于 ActiveX、DDE、DataSocket 及 TCP/IP 技术实现网络连接和数据交换。

7.3.3.3　HP VEE

HP VEE（HP visual engineering environment，HP 可视化工程环境）是一种图形化的虚拟仪器编程语言。在使用 HP VEE 时，只需用鼠标将屏幕上的各个功能图标按一定顺序连接起来，就可以创建可视化的 VEE 程序。编程过程直观、方便、易于理解。在程序创建完毕后，也无须进行文本语言编程时所必需的编译—链接—执行等过程，就能直接执行程序，大大缩短了测试软件的开发时间。

总结起来，HP VEE 有以下特点：

① 图形化的编程。HP VEE 提供了虚拟仪器系统应用领域所需要的各种显示或控制模块，如按钮、图表显示器、温度指示器、容器、柱状图、时域波形、频域波形等，用户还可以根据需求自行编辑这些目标模块的属性，为用户设计一个美观实用的用户界面提供了很大的帮助。HP VEE 采用流程图式的程序设计方式，其优点是直观、思路清晰，设计者不必关心一些编程语法细节，也易于实现多个程序的并发执行。

② 内置的程序编译器。HP VEE 采用了新的交互式编译器技术，从本质上改善了编译器的执行性能。

③ 丰富的仪器驱动程序。HP VEE 提供了大量的仪器驱动程序。利用这些驱动程序或者任何一个符合工业标准的 VXI Plug & Play 驱动程序，都可以直接控制仪器设备；此外，HP VEE 还提供两种控制仪器的简易方法 —— 仪器控制面板和 Direct I/O 目标模块。仪器控制面板提供通过计算机来控制仪器的用户接口，有了控制面板后，就不必知道控制某个仪器的专用命令，一旦通过菜单和对话框完成仪器配置后，驱动器就会自动地在总线上传输正确的命令串。使用 Direct I/O 目标模块则需要使用仪器的专用命令，直接与仪器进行通信。

④ 强大的数据分析与处理功能。HP VEE 对数据分析与处理的功能虽稍弱于 LabVIEW，但其数据分析函数库的功能却非常强大。这些函数库包括了数理统计、类型比较、矩阵运算、微积分、信号分析与处理、数字滤波器等。

⑤ 灵活的程序调试手段。用户可以在任何一个目标模块处设置断点单步执行或分步执行程序，从而可以很方便地观察程序的运行状态和数据的流向。

⑥ 支持多种系统平台。HP VEE 支持多种系统平台，包括 Windows NT/95/3.1、Power Macintosh、Agilent-UX、SUNSPARC、Concurrent Computer Corporation 的实时 Unix 系统等。

⑦ 网络功能。HP VEE 支持 TCP/IP 协议和 Internet 功能，便于实现远程测试和远程监控。

由于 HP VEE 对 HP 公司和其他制造厂商的仪器产品均提供了较好的支持，目前 HP VEE 已经被广泛应用于各种测试、工业和科研领域。

7.3.4　LabVIEW

LabVIEW 是目前电子测量中应用最广泛的一种图形化的编程语言，内置信号采集、测量分析、显示和存储数据的一整套工具，还具有完备的调试工具来解决用户编写代码过程中遇到的问题。

7.3.4.1 LabVIEW 程序开发环境

打开 LabVIEW 2019，新建一个 VI 程序，则产生图 7.15 所示的程序开发环境界面。程序开发环境界面包括两个窗口，图 7.15 中的上层窗口为"前面板"窗口，下层窗口为"程序框图"窗口。"前面板"窗口用于设计用户交互界面，传递输入和显示输出；"程序框图"窗口用于设计图形化的程序源代码，以实现设定的功能。

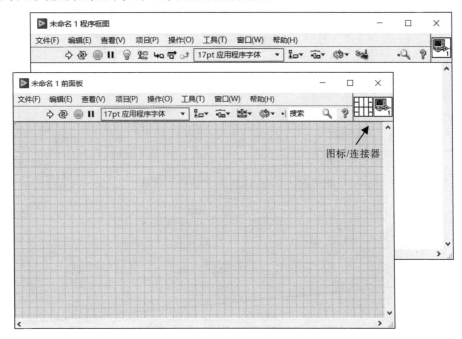

图 7.15　LabVIEW 的程序开发环境

利用 LabVIEW 开发的程序称为 VI（virtual instruments，虚拟仪器），扩展名是.vi，由三个部分构成：前面板、程序框图和图标/连接器。图 7.15 中的"前面板"窗口右上角箭头指示的部分为"图标/连接器"，"图标/连接器"主要用于构建子 VI，是将数据传递到其他 VI 的工具。

1）LabVIEW 的操作选板

在 VI 程序的开发中，LabVIEW 提供了三种操作选板："控件"选板、"函数"选板和"工具"选板。

a. "控件"选板

"控件"选板只能在"前面板"窗口中打开。通过单击"前面板"窗口菜单栏的【查看】→【控件选板】或右键单击"前面板"可打开"控件"选板。"控件"选板包含创建前面板可使用的全部对象，分为"新式""NXG 风格""银色""系统""经典""Express""控制和仿真""信号处理"等多个不同类别。每个类别包含多个"控件"子选板及对应的控件，如图 7.16 所示。

b. "函数"选板

"函数"选板只能在"程序框图"窗口中打开。通过单击"程序框图"窗口菜单栏的【查看】→【函数选板】或右键单击"程序框图"可打开"函数"选板。"函数"选板中包含创建程序框图时可使用的全部对象，分为"编程""测量 I/O""仪器 I/O""视觉与运动""数学""信号处理""数据通信"等多个不同类别。每个类别包含多个"函数"子选板及对应的程序元素，如图 7.17 所示。

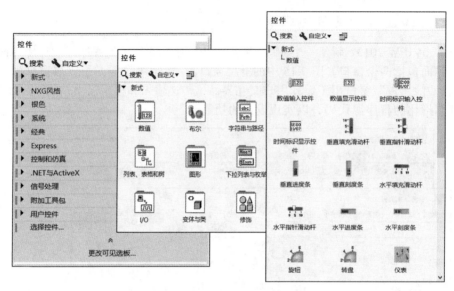

图 7.16　LabVIEW 的 "控件" 选板

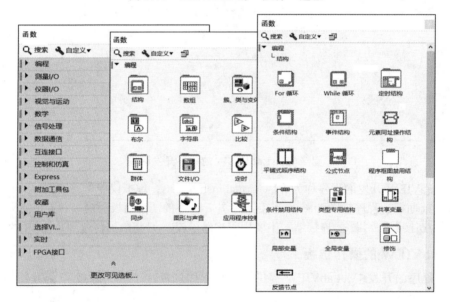

图 7.17　LabVIEW 的 "函数" 选板

c. "工具" 选板

"工具" 选板在 "前面板" 窗口和 "程序框图" 窗口中均能打开，用于操作和修改前面板和程序框图中的对象。在两个窗口的菜单栏中点击【查看】/【工具选板】，即可打开 "工具" 选板，如图 7.18 所示。

"工具" 选板中包含 "自动选择" "操作值" "定位/调整大小/选择" "编辑文本" "连线" 等工具，各种工具的图标、名称及功能如表 7.2 所示。一旦选择了一个工具，鼠标光标就会变成该工具的图标和操作模式。

图 7.18　LabVIEW 的 "工具" 选板

表 7.2 "工具"选板中各工具的图标、名称及功能

图标	名称	功能
	"自动选择"工具	当指示灯亮时,LabVIEW 根据鼠标的当前位置自动选择相应的工具;当指示灯不亮时,需手动选择相应工具
	"操作值"工具	用于改变前面板控件的值
	"定位/调整大小/选择"工具	用于选择或调整对象的大小
	"编辑文本"工具	用于输入、编辑文本或创建自由标签
	"连线"工具	用于连接程序框图中的对象
	"对象快捷菜单"工具	用于通过单击鼠标左键打开对象的快捷菜单
	"滚动窗口"工具	用于在不使用滚动条的情况下滚动窗口
	"断点"工具	用于在程序调试时设置断点,使程序在断点处暂停运行
	"探针"工具	用于在程序框图的连线上创建探针,以监视连线上的数据变化情况
	"获取颜色"工具	用于在当前窗口中提取颜色以编辑其他对象
	"设置颜色"工具	用于对象着色,可设置对象的前景色和背景色

2)LabVIEW 的"前面板"窗口

"前面板"窗口中包含开发前面板的菜单栏和工具栏,如图 7.15 所示。

a. "前面板"窗口中的菜单栏

"前面板"窗口中的菜单栏如图 7.19 所示,包含"文件""编辑""查看""项目""操作""工具""窗口"和"帮助"八个下拉菜单,用于实现文件的打开、关闭,修改"前面板"和框图对象、执行 VI 等操作。

```
文件(F)  编辑(E)  查看(V)  项目(P)  操作(O)  工具(T)  窗口(W)  帮助(H)
```

图 7.19 "前面板"窗口中的菜单栏

b. "前面板"窗口中的工具栏

"前面板"窗口中的工具栏如图 7.20 所示,包含"运行""连续运行""中止执行""暂停""显示即时帮助"五个按钮和"文本设置""对齐对象""分布对象""调整对象大小""重新排序"五个下拉菜单以及一个"搜索"框,其图标、名称和功能如表 7.3 所示。

图 7.20　"前面板"窗口中的工具栏

表 7.3　"前面板"窗口中工具栏各工具的图标、名称及功能

图标	名称	功能
 ⇨	"运行"按钮	用于运行 VI 程序。当该按钮图标变为  ➡ 时，表明程序正在运行。当该按钮图标变为  ⇘ 时，则说明程序存在错误，单击该折断按钮，则会弹出错误列表窗口，列出所有错误和警告
 🔁	"连续运行"按钮	用于连续运行 VI 程序。当该按钮图标变为  🔄 时，表明程序正在连续运行
 ⬛	"中止执行"按钮	用于强制中止 VI 程序的执行。通常应尽量避免用此按钮强制结束程序执行，而应通过编程设计一个停止按钮来结束程序执行
 ❚❚	"暂停"按钮	用于暂停 VI 程序运行
 15pt 应用程序字体 ▼	"文本设置"下拉菜单	用于改变字体的设置，如字体样式、大小、颜色等
 ⬚▼	"对齐对象"下拉菜单	用于按轴（包括垂直边缘、上边缘、左边缘等）对齐对象
 ⬚▼	"分布对象"下拉菜单	用于均匀分布或压缩对象之间的间隔等
 ⬚▼	"调整对象大小"下拉菜单	用于将多个前面板对象设置为同样大小
 ⬚▼	"重新排序"下拉菜单	用于调整重叠对象的前后关系，组合及锁定对象
 ▶┃搜索　🔍	"搜索"框	用于搜索需要的对象或相关的帮助信息
 ?	"即时帮助"按钮	用于显示即时帮助窗口，提供相关的帮助信息

c. 前面板的对象

前面板的对象为控件，主要包括"输入"控件和"显示"控件。"输入"控件用于将数据及用户的命令输入程序框图，"显示"控件用于将程序框图的运行结果显示给用户。此外，控件还包含"修饰"控件，"修饰"控件只是起到美化前面板的作用，对程序的执行没有影响。

3）LabVIEW 的"程序框图"窗口

"程序框图"窗口中包含开发图形化程序源代码的菜单栏和工具栏，如图 7.15 所示。

a."程序框图"窗口中的菜单栏

"程序框图"窗口中的菜单栏如图 7.21 所示，和"前面板"窗口菜单栏类似，同样包含"文件""编辑""查看""项目""操作""工具""窗口"和"帮助"八个下拉菜单，只是部分下拉菜单的内容和前面板下拉菜单略有不同。

文件(F) 编辑(E) 查看(V) 项目(P) 操作(O) 工具(T) 窗口(W) 帮助(H)

图 7.21 "程序框图"窗口中的菜单栏

b. "程序框图"窗口中的工具栏

"程序框图"中的工具栏如图 7.22 所示，其中大部分和"前面板"窗口工具栏相同，不同的是增加了"高亮显示执行过程""保存连线值""开始单步执行""单步步出"按钮和"整理程序框图"下拉菜单，其图标、名称和功能如表 7.4 所示。

⇩ 🔁 ⬤ Ⅱ 💡 🔲 ↳□ ➡️ ↱ 17pt 应用程序字体 ▼ 🔳▼ 🔲▼ 🔧▼ 🔨▼ ▸搜索 🔍 ❓

图 7.22 "程序框图"窗口中的工具栏

表 7.4 "程序框图"窗口中工具栏各工具的图标、名称及功能

（和"前面板"窗口工具栏相同的工具参见表 7.3，在此表中未列出）

图标	名称	功能
 💡	"高亮显示执行过程"按钮	用于高亮执行 VI 程序。在高亮执行模式下，该按钮图标变为 🔳，这时程序执行速度变慢，可以在程序框图中看到数据流动的过程
 🔲	"保存连线值"按钮	用于保存运行过程中数据流连线上的数据值
 ↳□	"开始单步执行"按钮（单步步入）	单步执行 VI 程序，允许进入节点（如结构或子 VI），在节点内部单步执行
 ➡️	"开始单步执行"按钮（单步步过）	单步执行 VI 程序，执行节点时不进入节点内部
 ↱	"单步步出"按钮	结束当前节点的执行并暂停
 🔨	"整理程序框图"下拉菜单	用于重新整理程序框图上已有的连线和对象，使布局更加清晰

c. 程序框图的对象

程序框图中的对象包括节点、端口和连线三种。

① 节点：是程序框图中的程序执行元素，类似于标准编程语言中的语句、运算符、函数和子程序。节点的类型有三种：函数、结构和子 VI。

"函数"节点是用于实现一定功能的内部节点，如"加法"节点、"插入数组元素"节点、"正弦波形"节点等。

"结构"节点用于控制程序的执行顺序，可以重复或有条件地执行代码。常用的"结构"节点主要有循环结构，条件结构和事件结构。

子 VI（SubVI）是可以被其他 VI 进行调用的 VI，类似于标准编程语言中的子程序。当 VI 程序的规模较大，或者有多个相同的处理模块时，可在程序框图中采用子 VI 节点以简化程序设计。

② 端口：是前面板和程序框图之间以及程序框图节点之间数据传递的接口，主要包括

控件端口和节点端口。

当在前面板上放置一个控件时，LabVIEW 会在程序框图中自动产生一个对应的端口，称为控件端口。其中输入控件的端口为输入端口，也称为源端口，为粗边框；显示控件的端口为输出端口，也称为目标端口，为细边框，如图 7.23 所示。

（a）前面板控件　　　　　　　　（b）前面板控件在程序框图中的端口

图 7.23　控件与端口

节点端口是节点上能够进行连线，用于输入、输出数据的接口。图 7.24 所示为正弦波形函数的节点端口，包括"偏移量""重置信号""频率""幅值""相位""错误输入""采样信息"七个输入端口和"信号输出""错误输出"两个输出端口。

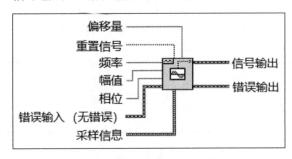

图 7.24　正弦波形函数的节点端口

③ 连线：是数据传输的路径。在程序框图中，控件端口和节点以及节点之间通过连线连接起来，将数据从源端口传送到目标端口。

程序框图中连线的线型和颜色不同时，其传输的数据类型也不同，如表 7.5 所示。

表 7.5　连线的线型、颜色与数据类型的关系

	标量	一维数组	二维数组	颜色
浮点型数值	———————	▬▬▬▬▬	▬▬▬▬▬	橙色
整型数值	———————	▬▬▬▬▬	▬▬▬▬▬	蓝色
布尔型	·············	wwwwwww	wwwwwww	绿色
字符串型	∿∿∿∿∿∿∿	□□□□□□□□□□□□	▦▦▦▦▦▦▦	粉色

4）LabVIEW 的图标/连接器

VI 具有层次化和模块化的特征，子 VI 在被顶层 VI 调用时，需要利用其图标/连接器进行参数的传递。图标/连接器如图 7.25 所示。LabVIEW 中每个 VI 都有一个默认的图标，位于"前面板"窗口和"程序框图"窗口的右上角，是 VI 的图形表示，也是该 VI 作为其他程序的子 VI 节点时在程序框图中的外观显示。

图标可以是一个简单的图片或者是简短的文字说明。为了增强图标的含义，可采用图 7.26 所示的"图标编辑器"自定义图标。要访问"图标编辑器"，在"前面板"窗口或"程序框图"窗口中双击 VI 的图标即可。

（a）图标　　　　（b）连接器

图 7.25　LabVIEW 中 VI 的图标与连接器

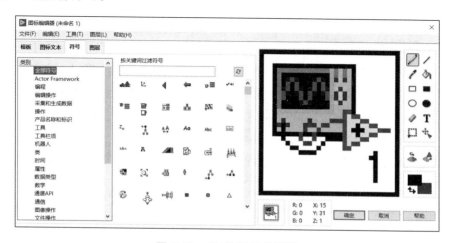

图 7.26　VI 的图标编辑器

连接器位于"前面板"窗口的右上角，如图 7.25（b）所示，用于定义子 VI 图标的输入、输出端口，从而完成子 VI 与外部程序节点间的数据传递和交换。连接器有多种端口模式，通过鼠标右键单击连接器，选择快捷菜单中的"模式"即可打开并进行模式选择，如图 7.27 所示。

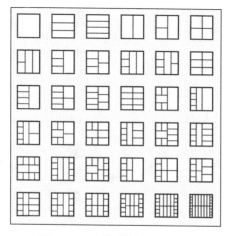

图 7.27　连接器的端口模式

选定端口模式后，要完成输入、输出端口的定义，可先选中输入控件或显示控件，再点击连接器上的所需窗格即可。需要注意的是，通常将输入端口设置在连接器的左侧窗格，将输出端口设置在右侧窗格，并且需要在连接器上保留一些额外的未使用端口，以方便在不破坏现有代码的情况下进行扩展。

7.3.4.2　LabVIEW 基础

1）前面板的设计

a. 前面板控件的创建

在"前面板"窗口中打开"控件"选板和"工具"选板，在"控件"选板中选择所需的控件，将其拖动放置到前面板即可。创建前面板控件时，通常将输入控件放置在前面板的左侧，将显示控件放置在前面板的右侧，以方便程序的设计。

b. 前面板控件的种类

前面板控件的种类如图 7.28 所示，包括："数值"（如滑动杆、旋钮、仪表等）、"布尔"（如按钮、开关等）、"字符串与路径"（如字符串、组合框、文件路径等）、"数据容器"（如数组、簇、矩阵等）、"列表、表格和树"（如列表框、表格等）、"图形"（如波形图表、波形图、XY 图等）、"下拉列表与枚举"（如文本下拉列表、枚举等）、"布局"（如分隔栏、选项卡、容器等）、"I/O"（如波形、数字波形等）、"变体与类"以及"修饰"。各类控件又分为输入控件和显示控件。

"数值"控件是一类非常常用的控件，用于数值的输入和显示，其包含的控件如图 7.29所示。

图 7.28　前面板控件

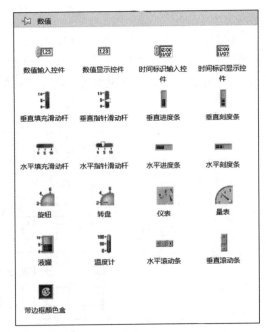

图 7.29　"数值"控件

"数值"控件应用比较简单，但需要利用其右键快捷菜单进行数据类型、数据范围和精度以及显示方式等属性的设置。

"布尔"控件是另一类常用的控件，用于输入和显示布尔值（True/False）。该类控件只有"真"和"假"两种状态，其包含的控件如图 7.30 所示。"布尔"控件有六种机械动作，可利用其右键快捷菜单进行设置。

"字符串与路径"控件子选板中的"字符串"控件用于输入或显示文本，利用其右键快捷菜单可以改变字符串的显示类型，如以密码或十六进制数显示。"组合框"控件用于创建一个字符串的列表，利用其右键快捷菜单的"编辑"项可在列表中添加供用户选择的字符串。"路径"控件用于输入或显示文件或文件夹的路径。

"数据容器"控件子选板中的"数组"控件用于将同一类型的数据元素组成大小可变的集合，可构建一维数组、二维数组或多维数组。创建"数组"控件时，先放置"数组"控件框架，再在数组框架中放置有效数据对象（如"数

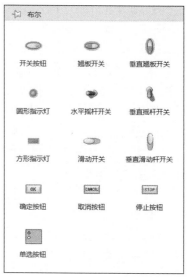

图 7.30 "布尔"控件

值""布尔"或"字符串"控件）。"簇"控件用于将混合型数据元素组成固定的集合。创建"簇"控件时，也是先放置"簇"框架，再放入控件。

在"图形"控件子选板中，"波形图"和"波形图表"控件是最常用的两个控件。"波形图"可完成信号的静态显示，多用于显示数据分析结果以及稳定的图形。"波形图表"用于完成动态数据的显示，可逐点显示数据，多用于实时数据的动态观察。可利用"波形图表"的右键快捷菜单设置其三种刷新模式：带状图表、示波器图表和扫描图。

"I/O"控件子选板中的"波形"控件如图 7.31 所示，是 LabVIEW 特有的数据类型，由三个部分组成，"t0"表示开始时间，"dt"表示时间间隔，"Y"为记录连续采集数据的数组。在数据采集过程中，通过"波形"控件，可以非常容易地确定每个数据对应的时间点。

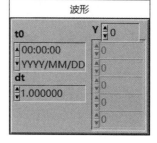

图 7.31 "波形"控件

c. 前面板控件的编辑

① 选择和移动控件：单击"工具"选板中的"定位"工具或将"工具"选板设置为自动状态（指示灯亮），再单击前面板控件，若控件出现环绕的虚线框，则表明控件被选中。要选择多个控件，单击控件附近的空白区，并拖动鼠标框住所选的多个控件即可。选中控件后，将鼠标移至控件的虚线框内，拖动控件至希望位置并释放鼠标，即实现了控件的移动。在移动控件时，按住<Shift>键，则可限制控件仅在水平或垂直方向移动。

② 调整控件大小：将鼠标移至控件上，待控件四周出现"大小调节"句柄，拖动句柄至所需的大小，释放鼠标即可。调整控件大小时，按住<Ctrl>键可从中心开始调整大小。

③ 删除和复制控件：选中控件后，按下<Delete>键，即可删除控件。选中控件后，鼠标移至控件的虚线框内，按下<CTRL>键并拖动控件，释放鼠标即完成控件的复制。控件的复

制也可以通过"编辑"菜单中的"复制""粘贴"来完成。

④ 对齐和分布控件：选择希望对齐或分布的控件，点击"前面板"窗口上方工具栏中的"对齐对象"或"分布对象"并选择所需的对齐和分布方式，再单击"前面板"窗口空白处使虚线框消失即实现了控件的对齐和分布。

⑤ 控件着色：点击"工具"选板下方的"颜色"工具，再将鼠标移至控件处右击，在弹出的"颜色"选项板（如图 7.32 所示）上选择所需颜色，即完成了控件的着色。若选择"颜色"选项板右上方的"T"，则控件变为透明。

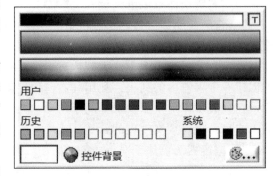

⑥ 控件的组合及层次：选择控件，点击"前面板"窗口上方工具栏中的"重新排序"，选择"组合"或"向前移动""向后移动""移至前面""移至后面"，再单击"前面板"窗口空白处使虚线框消失即完成了控件的组合及层次设置。

图 7.32　"颜色"选项板

⑦ 更改和创建标签：单击"工具"选板的"编辑文本"工具，再点击"固有标签"，即可进行标签的更改。若在空白处点击，则可创建"自由标签"。若"工具"选板设置为自动状态（指示灯亮），则双击"固有标签"或在空白处双击，则可更改或创建标签。键入文字后，点击标签框外空白处，则完成更改和创建标签。若在标签框内未键入任何文本，则在标签框外空白处点击后，标签会消失。

标签是用于注释的文本框。在 VI 中有两种标签：固有标签和自由标签。固有标签与特定对象一起移动，如控件的标签；自由标签不附加于任何对象上，用于为 VI 提供理解文档。

⑧ 设置文本属性：选择文本，点击"前面板"窗口上方工具栏中的"文本设置"，可设置文本的字体、大小、颜色及样式等属性。

d. 前面板控件的设置

利用前面板控件的右键快捷菜单中的选项，可对前面板控件的外观、类型和功能等进行设置。图 7.33 所示为"仪表"控件的快捷菜单。

前面板控件的快捷菜单中常用的设置选项有"显示项""转换为输入（或显示）控件""数据操作""属性"等。对于"数值"控件，通常还需设置"表示法"和"文本标签"；对于"布尔"控件，通常还需设置"机械动作"。

① 显示项：用于显示或隐藏控件的可显示部件，如标签、标题和数字显示框等。标签是控件的名称，通过标签可进行对象的识别和引用，在运行过程中为只读属性，不能更改。标题是控件显示给用户的信息，属于可读写属性，在运行过程中可随时更改。

② 转换为输入（或显示）控件：用于实现输入控件和显示控件的相互转换。

图 7.33　"仪表"控件的
快捷菜单

③ 数据操作：用于重新初始化为默认值或将当前值设置为默认值，以及对数据进行复制、粘贴和剪切。

④ 属性：包含了控件需设置的重要属性，用于改变控件的外观或动作。不同的控件，控件属性包含的选项不同。图 7.34 所示为"仪表"控件的"属性"对话框，可进行外观、数据类型、标尺、显示格式、文本标签、说明信息、数据绑定的设置。

⑤ 表示法：用于设置控件的数据类型，是"数值"控件的重要设置选项。数据类型包括浮点数、定点数、整数、无符号数以及复数，各数据类型如表 7.6 所示，不同的数据类型，其存储和表示数据时所使用的位数不同。

图 7.34 "仪表"控件的"属性"对话框

表 7.6 数据类型

数据类型	图标	控件端口	存储位数	范围
单精度浮点型	SGL	SGL（橙色）	32	$1.40E-45 \sim 3.4E+38$ $-1.40E-45 \sim -3.4E+38$
双精度浮点型	DBL	DBL（橙色）	64	$4.94E-324 \sim 1.79E+308$ $-4.94E-324 \sim 1.79E+308$
底扩展精度浮点型	EXT	EXT（橙色）	128	$6.48E-4966 \sim 1.19E+4932$ $-6.48E-4966 \sim -1.19E+4932$
单精度复数浮点型	CSG	CSG（橙色）	64	复数的实部和虚部的范围分别与单精度浮点型相同
双精度复数浮点型	CDB	CDB（橙色）	128	复数的实部和虚部的范围分别与双精度浮点型相同
扩展精度复数浮点型	CXT	CXT（橙色）	256	复数的实部和虚部的范围分别与扩展精度浮点型相同
定点型	FXP	FXP（灰色）	64(或72)	因用户配置而异

续表

数据类型	图标	控件端口	存储位数	范围
8 位有符号整型	**I8**	**I8** （蓝色）	8	− 128 ~ 127
16 位有符号整型	**I16**	**I16** （蓝色）	16	− 32768 ~ 32767
32 位有符号整型	**I32**	**I32** （蓝色）	32	− 2147483648 ~ 2147483647
64 位有符号整型	**I64**	**I64** （蓝色）	64	− 1E19 ~ 1E19
8 位无符号整型	**U8**	**U8** （蓝色）	8	0 ~ 255
16 位无符号整型	**U16**	**U16** （蓝色）	16	0 ~ 65535
32 位无符号整型	**U32**	**U32** （蓝色）	32	0 ~ 4294967295
64 位无符号整型	**U64**	**U64** （蓝色）	64	0 ~ 2E19

⑥ 文本标签：是滑动杆、旋钮、转盘和量表等"数值"控件的重要设置选项，通过"文本标签"，可将其设置为挡位开关。例如，设置旋钮的"文本标签"分别为 20 mV、200 mV、2 V 和 20 V，且"数据类型"设置为"整型"，则该旋钮变成具有这四个挡位的挡位开关，如图 7.35 所示。

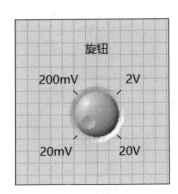

图 7.35　利用"文本标签"设置挡位开关

⑦ 机械动作：是"布尔"控件的一个特有的选项，有六种机械动作可供选择，如图7.36所示，分别为"单击时转换""释放时转换""单击时转换保持到鼠标释放""单击时触发""释放时触发"和"保持触发直至鼠标释放"。六种机械动作的根本区别在于转换生效的瞬间和LabVIEW读取控件的时刻。

图 7.36 "布尔"控件的机械动作

2）程序框图的设计

a. 数据流编程

程序框图提供图形化的可执行源程序，采用数据流编程，即节点仅在数据到达其所有输入端口时才执行。当节点功能执行完毕后，才将数据提供给该节点所有的输出端口，从而使数据从源端口传输到目标端口。

b. 程序框图的创建

前面板放置了输入控件和显示控件后，在程序框图中有相应的输入端口（源端口）和输出端口（目标端口）。在"程序框图"窗口中打开"函数"选板和"工具"选板，在"函数"选板中选择与编程有关的函数对象，将其拖放至程序框图中，然后对程序框图中的对象进行连线，使从输入端口输入的数据按程序要求完成相应的功能和处理后，传送至输出端口。

c. 程序结构

在 VI 程序中，结构控制了程序执行的流向。LabVIEW 中提供了多种程序结构，如 While 循环、For 循环、条件结构、事件结构、顺序结构以及公式节点等。每个结构都有一个可调整大小的边框，用来包围该结构需执行的框图部分，即子框图。

① While 循环：与文本编程语言中的 Do 循环或 Repeat-Until 循环类似，重复地执行所包含的代码直到满足某个条件为止。图 7.37（a）、（b）所示分别为条件为"真"时停止和条件为"真"时继续的两种不同循环条件的 While 循环，通过条件端口的右键快捷菜单可切换循环条件。

（a）条件为"真"时停止

（b）条件为"真"时继续

图 7.37 While 循环

While 循环有两个端口：计数端口用于输出已执行的次数，条件端口用于输入布尔量 TRUE 或 FALSE。

While 循环的特点是：循环计数从 i = 0 开始，先执行子框图，再检查条件，循环至少执行一次。

创建 While 循环时，在"函数"选板中的"编程"的"结构"子选板中点击"While 循环"，再将鼠标移至"程序框图"窗口，按住鼠标拖曳包围需要在循环内执行的对象，释放鼠标即创建了 While 循环。如需在循环内添加其他对象，将对象拖放进循环内即可。

While 循环通过隧道进行数据的接收和输出，隧道显示为 While 循环边框上的实心方块。数据到达隧道后，循环才开始执行，而循环中生成的数据要等循环中止后才能输出循环。

如果在 While 循环中添加移位寄存器，则可以将数据从当前循环传递到下一个循环。

② For 循环：是按指定的次数重复执行所包含的代码，如图 7.38 所示。

For 循环有两个端口：总数端口用于指定循环执行的总次数，计数端口用于输出当前执行的次数。

For 循环的特点是：循环从 i = 0 开始执行，至 i = N-1 时跳出循环。若输入的循环总数 N 为 0，则不执行子框图。

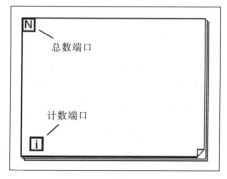

图 7.38 For 循环

For 循环的创建和 While 循环类似。同样，For 循环通过隧道进行数据的接收和输出，利用移位寄存器将数据从当前循环传递到下一个循环。

③ 条件结构（Case 结构）：类似于文本编程语言中的 switch 语句或 if...then...else 语句，包括两个或两个以上重叠的子框图（即条件分支），根据条件的不同执行不同的子框图。

条件结构如图 7.39 所示，左侧的"条件选择器"根据输入数据的值，选择要执行的子框图。"条件选择器"的输入数据可以是整型、布尔型、字符串型或枚举型。顶部的"选择器标签"显示各子框图执行的数据值（可以是单个值、列表或范围），其数据类型与条件选择器的输入数据类型相同。通过单击"选择器标签"两侧的"递减"或"递增"箭头可查看不同的子框图。利用条件结构边框的右键快捷菜单可添加或删除子框图。

条件结构中采用默认子框图（选择器标签中包含"默认"）来处理超出范围的输入值。例如，如果条件选择器的输入数据类型是整型，并且只有值为 1、2、3 的三个子框图，则必须创建一个默认子框图来处理输入值为 4 或其他整型值的情况。

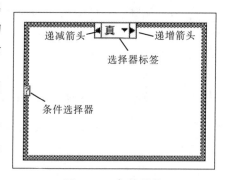

图 7.39 条件结构

④ 顺序结构：包含一个或多个称为帧的子框图，并按照帧的顺序依次执行内部的代码。顺序结构有两种类型：平铺式顺序结构和层叠式顺序结构，如图 7.40 所示。

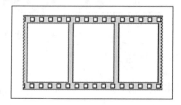

（a）平铺式顺序结构

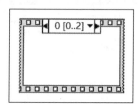

（b）层叠式顺序结构

图 7.40 顺序结构

平铺式顺序结构一次显示所有帧，从左到右顺序执行，直至最后一帧，数据流可以直接穿过实现帧间数据传递。层叠式顺序结构是各帧堆叠在一起，按照顶部的框架编号从第 0 帧开始顺序执行，需要创建"顺序局部变量"来实现帧间的数据传递。

⑤ 事件结构：是一种可以按照事件的发生改变程序流程的程序结构，用来响应各种事件的发生，由许多子框图（事件分支）叠加在一起构成，每个子框图响应一个事件。使用事件结构可以减少程序对 CPU 的需求，并保证及时响应用户的所有交互。

事件结构如图 7.41 所示。图中，左上角的"超时"端口指定等待事件发生的时间，以毫秒（ms）为单位，缺省值为-1，表示永不超时，如在"超时"端口连接了一个值，则必须有一个相应的超时事件分支，以避免发生错误；顶部的事件"选择器标签"显示了当前执行分支的事件；左侧的"事件数据节点"用于识别事件发生时 LabVIEW 返回的数据，通过"事件数据节点"可以访问事件数据元素。

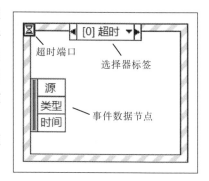

图 7.41　事件结构

利用事件结构边框的右键快捷菜单可编辑、添加或删除事件分支。事件结构在事件没有发生之前，程序一直处于等待状态，如果事件触发，则执行相应事件分支的程序代码以处理事件。

⑥ 公式节点：是一种能在框内直接键入公式代码的程序结构，广泛应用于数学计算量较大的场合。

创建"公式节点"时，在"函数"选板中的"编程"的"结构"子选板中点击"公式节点"，再将鼠标移至"程序框图"窗口，按住鼠标拖曳矩形框至所需大小，释放鼠标，然后利用"公式节点"边框的右键快捷菜单创建输入和输出，并在框内输入一个或多个公式语句，各语句以分号结束，即完成了"公式节点"的创建。图 7.42 所示为计算正弦波函数的"公式节点"，其中 x 为输入，y 为输出。

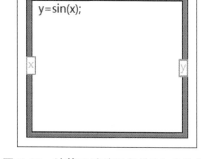

图 7.42　计算正弦波函数的"公式节点"

d. 函数的种类

函数是 LabVIEW 的基本操作元素。在"函数"选板中提供了创建程序框图时可使用的全部函数和结构，包含"编程""测量 I/O""仪器 I/O""视觉与运动""数学""信号处理""数据通信"等多个不同类别。

① 编程：编程类的函数子选板如图 7.43 所示，包含"结构""数值""布尔""字符串""数组""簇、类与变体""比较""波形""文件 I/O""定时""图形与声音"等子选板。"数值"函数可对程序框图中的数字执行算术、三角、对数及其他复杂的数学运算，并能将数字从一种数据类型转换为另一种数据类型；"布尔"函数可对单个布尔值或布尔值数组执行逻辑运算，如执行"与""或""非"等逻辑运算；"字符串"函数可对字符串进行操作，如连接字符串、提取字符串子集等；"数组"函数可创建和操作数组，例如索引数组、拆分数组等；"簇"函数用于创建和操作簇，如捆绑簇、创建簇数组等；"比较"函数用于比较布尔值、字符串、数字、数组和簇；"波形"函数用于波形的操作，如创建波形、获取波形成分等；"文件 I/O"函数用于文件的操作，

如打开和关闭文件、读出和写入文件等；"定时"函数用于时间的设定，如获取时间、时间延迟等；"图形与声音"函数用于图形和声音的处理，如图形的绘制、声音的采集及播放等。

　　② 信号处理：信号处理类的函数子选板如图 7.44 所示，包含"波形生成""波形调理""波形测量""信号生成""信号运算""窗""滤波器""谱分析""变换"和"逐点"子选板。

图 7.43　编程类的函数子选板　　　　图 7.44　信号处理类的函数子选板

e. 程序的调试

　　LabVIEW 提供了有效的调试工具，通过"错误列表""高亮执行""探针""断点"和"单步执行"帮助发现程序中潜在的错误以便及时修改。

　　① 错误列表：如果 VI 程序存在语法错误，labVIEW 会自动检查出来，此时工具栏的"运行"按钮 会变成一个折断的箭头 ，单击该按钮，则会弹出"错误列表"窗口，列出程序的错误和警告。双击任何一个错误，会自动定位到相应的错误处。

　　② 高亮执行：单击工具栏中的"高亮显示执行过程"按钮 ，使按钮的图标变成高亮形式 ，则在 VI 程序运行时可观察到程序框图上的数据从一个节点移动到另一个节点的动态过程以及相应的数据值。结合"单步执行"，可以跟踪和查看程序框图中数据的流动状态。

　　③ 探针：利用程序框图连线的右键快捷菜单或工具选板的"探针"工具，可在连线上设置"探针"。"探针"用于显示 VI 运行时流过连线的数据值。

　　④ 断点：利用程序框图连线或节点的右键快捷菜单或工具选板的"断点"工具可设置"断点"。"断点"用于在指定处暂停程序的执行。

　　⑤ 单步执行：用于一个节点接一个节点地执行程序框图。"单步执行"包括单步步入 、单步步过 和单步步出 。

　　单步步入：单步执行 VI 程序，允许进入节点（如结构或子 VI），在节点内部单步执行。

　　单步步过：单步执行 VI 程序，执行节点时不进入节点内部。

　　单步步出：结束当前节点的执行并暂停。

7.3.4.3　LabVIEW 程序设计

LabVIEW 采用模块式的编程方法，顶层 VI 可以调用子 VI，具有树形的层次结构。VI 层次结构可利用 "前面板" 窗口或 "程序框图" 窗口的 "查看" 菜单进行查看，具有自顶向下和自左至右两种不同的显示方式。顶层 VI 类似于 C 语言的 main 函数，是应用程序的入口点。与其他编程语言不同的是，LabVIEW 顶层 VI 和子 VI 命名无任何区别，任何一个 VI，既可以作为顶层 VI，又可以作为子 VI。

下面举例介绍 LabVIEW 的程序设计。

1）计算三角形面积 VI

a. 程序功能

根据三角形的底和高，计算三角形的面积。

b. 设计过程

① 在 "前面板" 窗口中利用 "控件" 选板中 "新式" 里的 "数值" 子选板创建两个数值输入控件、一个数值输入显示控件，分别用于输入三角形的底和高以及显示三角形的面积；然后利用 "控件" 选板中 "新式" 里的 "修饰" 子选板的 "上凸正向三角形" 控件，创建三角形并利用 "自由标签" 设置程序标题和面积的计算公式，如图 7.45（a）所示。

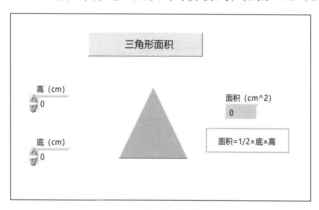

（a）"前面板" 窗口

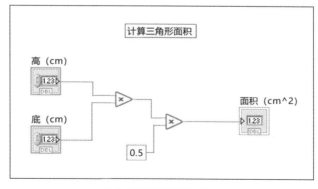

（b）"程序框图" 窗口

图 7.45　计算三角形面积 VI

② 在"程序框图"窗口中利用"函数"选板中"编程"里的"数值"子选板创建两个"乘"函数以及一个数值常量 0.5，按图 7.45（b）所示进行连线即完成了三角形面积的计算。

③ 在前面板控件中输入"高"和"底"的数值，运行程序，则在"面积"控件中会显示出三角形的面积，实现了所要求的程序功能。

④ 保存 VI。如果要求程序运行时，"高"和"底"的数值变化后，三角形的面积也相应自动变化，则需在 VI 程序中加入"While 循环"和"停止"控件，如图 7.46 所示。

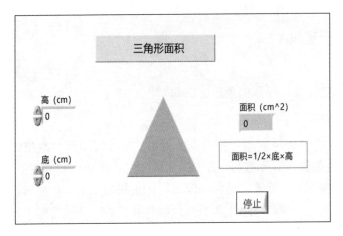

（a）"前面板"窗口

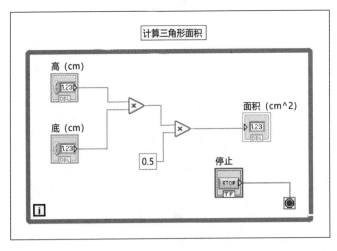

（b）"程序框图"窗口

图 7.46　计算三角形面积 VI（增加 While 循环）

2）数据的存储和读取 VI

a. 程序功能

利用 For 循环和"随机数（0-1）"函数产生数据放入一维数组和二维数组中，通过"垂直摇杆开关"控制将二维数组存入 Excle 文件中或是从 Excle 文件中将数据读取出来。

b. 设计过程

① 将"控件"选板中"新式"里的"布尔"子选板的"垂直摇杆开关"和"停止"按钮放置于前面板，并利用"自由标签"设置程序标题和"垂直摇杆开关"的两种控制模式：存储和读取。

② 将"控件"选板中"新式"里的"数据容器"子选板的"数组"控件框架放置到前面板上，再将"控件"选板中"新式"里的"数值"子选板的"数值显示"控件拖放至"数组"控件框架内，构建得到数组1（一维数组）；复制数组1得到数组2，然后将鼠标移至数组2左侧的索引处，选择其右键快捷菜单中的"添加维度"，则构建得到二维数组；再复制数组2（二维数组）得到"读取数据"数组，如图7.47所示。

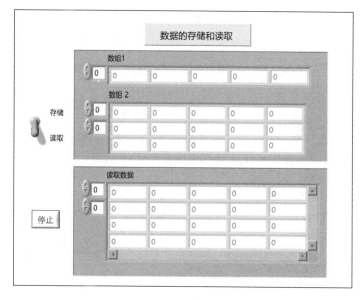

图 7.47 数据存储和读取 VI 的"前面板"窗口

③ 在程序框图中放置条件结构，将"垂直摇杆开关"的端口与条件结构的"条件选择器"相连，则当"垂直摇杆开关"置于"存储"挡时，执行布尔值为"真"的子框图；当"垂直摇杆开关"置于"读取"时，执行布尔值为"假"的子框图。

④ 在布尔值为"真"的子框图中构建两个嵌套的循环，内循环的循环总次数设置为5，外循环的循环次数设置为3，并将"函数"选板中"编程"里的"数值"子选板的"随机数（0-1）"函数放置于内循环中；将数组1的端口放置于内、外循环之间，将数组2的端口放置于外循环外；再将"函数"选板中"编程"里的"文件 I/O"子选板的"写入带分隔符电子表格"函数放置于子框图中，并设置其路径常量为 D:\data.xls；按图7.48（a）所示进行连线，使循环产生的数据分别放置在数组1和数组2中，并使数组2中的数据能存储在指定的路径中；此外还在子框图中设置了500 ms 的等待时间，便于观察数据的产生。

⑤ 在布尔值为"假"的子框图中放置"函数"选板中"编程"里的"文件 I/O"子选板的"读取带分隔符电子表格"函数，并在其"文件路径"端口同样设置路径常量为 D:\data.xls，将其"所有行"端口与"读取数据"数组控件端口相连，以便显示读取的数据，如图7.48（b）所示。

⑥ 在程序框图中放置 While 循环，包围"垂直摇杆开关"端口和条件结构，并将"停止"按钮端口与"循环条件"端口相连，如图7.48（b）所示。

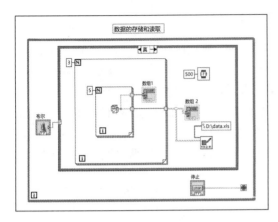
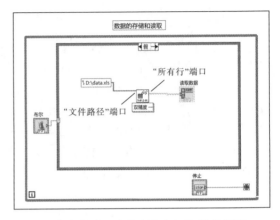

（a）布尔值为"真"（存储）的程序框图　　　　（b）布尔值为"假"（读取）的程序框图

图 7.48　数据存储和读取 VI 的程序框图

⑦ 将"垂直摇杆开关"置于"存储"挡，运行程序，在前面板上可观察到产生的数据不断放入一维数组和二维数组中，在计算机 D 盘中产生了文件名为 data、记录了 3 行 5 列数据的 Excel 文件（如图 7.49 所示）。将"垂直摇杆开关"置于"读取"挡，则在"前面板"窗口的"读取数据"数组中观察到从存储文件中读取出来的数据，如图 7.50 所示。点击"停止"按钮，中止程序运行。

⑧ 保存 VI。

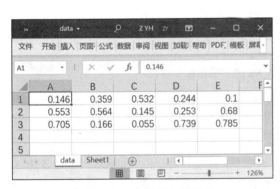
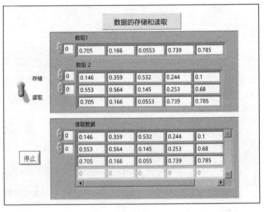

图 7.49　Excel 数据存储文件　　　　图 7.50　数据存储和读取 VI 的运行结果

3）李沙育图形 VI

a. 程序功能

利用两个正弦信号产生李沙育图形，显示李沙育图形随频率和相位的变化。

b. 设计过程

① 将"控件"选板中"新式"里的"图形"子选板的"波形图"和"XY 图"控件放置于"前面板"，用于显示两个正弦信号的波形及李沙育图形。调整其大小，设置其标签分别为"信号波形"及"李沙育图形"，并利用各自的快捷菜单【属性】分别设置正弦信号和李沙育图形显示的颜色和样式，再利用"自由标签"和"装饰"控件设置程序标题，如图 7.51 所示。

② 在"前面板"放置4个"数值输入控件"，分别用于输入正弦信号1、2的频率和相位，再放置2个"数值显示控件"和一个"停止"按钮，并利用"自由标签"设置频率和相位的单位。2个"数值显示控件"分别显示频率比和相位差，"停止"按钮用于中止程序，如图7.51所示。

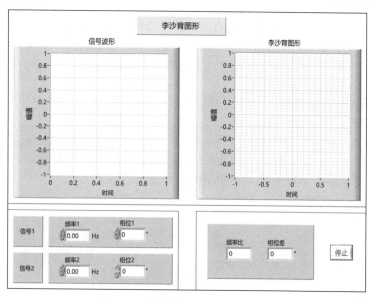

图 7.51　李沙育图形 VI 的前面板

③ 打开"函数"选板中"信号处理"→"波形生成"子选板，将"正弦波形"函数拖放至程序框图，用于产生正弦信号1。复制该"正弦波形"函数，用于产生正弦信号2。将"频率1"和"相位1"控件端口分别与"正弦波形"函数1的频率和相位端口相连接，将"频率2"和"相位2"控件端口分别与"正弦波形"函数2的频率和相位端口相连。这里需要特别注意，2个"正弦波形"函数的"重置信号"端口一定要设置布尔值为"真"，否则当信号的相位发生变化时，该函数不会重置新的相位，导致程序运行中李沙育图形不会随相位差的改变而改变。

④ 利用"函数"选板中"编程"→"数值"子选板的"-"函数，得出相位差，送入"相位差"控件端口；利用"÷"函数，得出频率比，送入"频率比"控件端口，如图7.52所示。

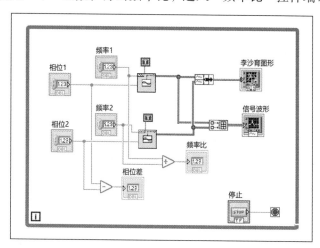

图 7.52　李沙育图形 VI 的程序框图

⑤ 利用"函数"选板中"编程"→"数组"子选板的"创建数组"函数,将"正弦波形"函数 1 和 2 产生的信号数组创建为一个二维数组送入"信号波形"控件端口以显示正弦信号 1 和 2。该二维数组中的一行即一条曲线。需要注意的是:当在程序框图中放置"创建数组"函数时,只有一个输入端可用,因此需在该函数的输入端口处右键单击,在弹出的快捷菜单中选择添加输入,即能得到图 7.52 所示的两个输入端的"创建数组"函数。

⑥ 利用"函数"选板中"编程"→"簇、类与变体"子选板的"捆绑"函数,将"正弦波形"函数 1 和 2 产生的信号数组捆绑为包含这两个数组的簇送入"李沙育图形"控件端口,以显示李沙育图形,如图 7.52 所示。

⑦ 在程序框图中放置 While 循环,包围已创建的程序部分,并将"停止"按钮端口与"循环条件"端口相连。

⑧ 在"前面板"上设置正弦信号 1 的频率为 2 Hz,相位为 71°。设置正弦信号 2 的频率为 2 Hz,相位为 26°。运行程序,可得图 7.53 所示的运行结果。调节信号 1 和信号 2 的频率和相位,可观察到李沙育图形随频率和相位的变化情况。

⑨ 保存 VI。

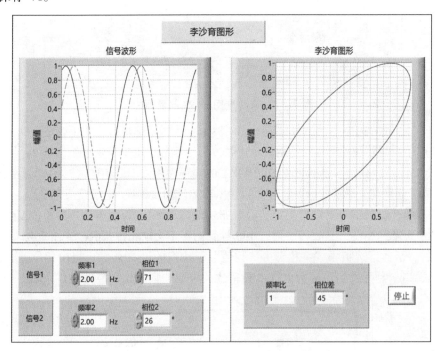

图 7.53　李沙育图形 VI 的运行结果

习　题　7

7.1　什么是智能仪器?它与传统电子仪器相比具有什么特点?

7.2　什么是自动测试系统?简述其发展概况。

7.3　GPIB 总线的基本特性有哪些?

7.4　GPIB 总线中的 16 根信号线是如何分组的?

7.5　GPIB 总线中的三线挂钩技术为什么能够保证多线消息在同一套数据母线中双向、异步、准确、可靠地传递?

7.6 什么是 VXI 总线？VXI 总线分为哪八类？

7.7 什么是 VXI 总线器件？简述 VXI 总线器件的分类及其作用。

7.8 说明 VXI 系统中主机箱尺寸以及连接器的作用。

7.9 比较 GPIB 总线和 VXI 总线的性能和优缺点。

7.10 PXI 总线如何实现模块间的精确定时？

7.11 说明 PXI 仪器模块的两种主要尺寸。

7.12 PXI 在 PCI 基础上增加了哪些电气封装规范？

7.13 简述 USB 总线和 LXI 总线的特点。

7.14 简述 RS-232 总线的优缺点。

7.15 什么是虚拟仪器？简述虚拟仪器的特点。

7.16 简述虚拟仪器的硬件组成。

7.17 虚拟仪器的软件开发环境有哪两大类？什么是"G 语言"？

7.18 设计 VI 程序，要求能产生 100 个随机数，并求其中的最大值、最小值和平均值。

7.19 根据图 7.54 所示的程序框图创建 VI 程序，比较使用自动索引和不使用自动索引时运行结果的差别。（隧道模式的选择利用隧道的右键快捷菜单）

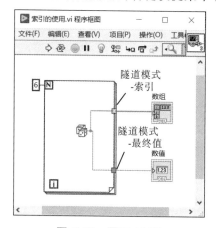

图 7.54 题 7.19 图

7.20 创建 VI 程序，利用 For 循环的移位寄存器计算 0+5+10+15+…+45+50 的值。

7.21 设计一个温度监测器的 VI 程序，利用随机数函数产生变化的温度。当温度超过设定温度时，报警灯亮并弹出显示报警信息的对话框。

7.22 编写一个跑马灯的 VI 程序，要求 5 个灯从左至右不停地轮流点亮，闪烁间隔由垂直滑动杆调节。

7.23 编写 VI 程序，利用顺序结构和时间计数函数计算循环 90 000 次所需的时间。

7.24 设计一个用户名和密码判断的登录 VI 程序。合法用户显示欢迎的对话框，非法用户显示不能登录的对话框。

7.25 编写 VI 程序，要求利用 For 循环生成随机数二维数组，并找出最大元素所在的行与列的索引值。

7.26 创建一个 VI 程序，要求利用随机数发生器仿真一个 0~5V 的采样信号，每 100ms 采一个点，共采集 100 个点，采集完后一次性显示在波形图上。

7.27 设计一个信号分析的 VI 程序，要求能确定输入信号的频率并显示信号的幅度谱和功率谱。

参考文献

[1]　全国法制计量技术委员会. 中华人民共和国国家计量技术规范 ——测量不确定度的评定与表示（JJF1059—2012）[S]. 北京：中国计量出版社，2013.

[2]　国家质量监督检验检疫总局计量司. 中华人民共和国国家计量技术规范 ——通用计量术语及定义（JJF1001—2011）[S]. 北京：中国计量出版社，2012.

[3]　国家质量监督检验检疫总局，等. 中华人民共和国国家标准 ——直接作用模拟指示电测量仪表及其附件（GB/T 7676—2017）[S]. 北京：中国标准出版社，2017.

[4]　International Organization for Standardization. ISO/IEC 98-3:2008(E) Uncertainty of measurement —— Part 3: Guide to the expression of uncertainty in measurement (GUM:1995) [S]. Published in Switzerland，2008.

[5]　BIPM, IEC, IFFC, ILAC, IUPAC, IUPAP, ISO, OIML. International vocabulary of metrology —— Basic and general concepts and associated terms（VIM），3rd　edn. JCGM 200:2012, 2012.

[6]　何晓敏. 数字多用表交流电流示值误差测量不确定度评定[J]. 计量与测试技术，Vol.40，No.4，pp.47-50，2013.

[7]　蒋焕文，孙续. 电子测量[M]. 3 版. 北京：中国计量出版社，2009.

[8]　郭庆，黄新，陈尚松. 电子测量与仪器[M]. 5 版. 北京：电子工业出版社，2020.

[9]　詹惠琴，古天祥，习友宝，等. 电子测量原理[M]. 2 版. 北京：机械工业出版社，2015.

[10]　高礼忠，杨吉祥. 电子测量技术基础[M]. 2 版. 南京：东南大学出版社，2015.

[11]　林占江，林放. 电子测量技术[M]. 4 版. 北京：电子工业出版社，2019.

[12]　张永瑞，宣宗强，高建宁. 电子测量技术[M]. 2 版. 北京：高等教育出版社，2011.

[13]　张永瑞，宣宗强，高建宁. 电子测量技术[M]. 2 版. 北京：高等教育出版社，2011.

[14]　赵茂泰. 智能仪器原理及应用[M]. 4 版. 北京：电子工业出版社，2015.

[15]　王义道. 原子钟与时间频率系统[M]. 北京：国防工业出版社，2012

[16]　李孝辉，杨旭海，等. 时间频率信号的精密测量[M]. 北京：科学出版社，2010.

[17]　尹洪涛，黄灿杰，等. LXI 标准概述[J]. 国外电子测量技术，Vol.26，No.5，pp.15-18，2007.

[18]　沙占友. 新型数字电压表原理与应用[M]. 北京：机械工业出版社，2006.

[19]　张发启. 现代测试技术及应用[M]. 西安：西安电子科技大学出版社，2005.

[20]　杜宇人. 现代电子测量技术[M]. 2 版. 北京：机械工业出版社，2015.

[21]　马凤鸣. 时间频率计量[M]. 北京：中国计量出版社，2009.

[22]　李剑雄. 频谱分析仪与测量技术基础[M]. 北京：人民邮电出版社，2011.

[23]　肖支才，王朕. 自动测试技术[M]. 北京：北京航空航天大学出版社，2017.

[24]　张重雄，张思维. 虚拟仪器技术分析与设计[M]. 3 版. 北京：电子工业出版社，2020.

[25]　周渭，偶晓娟. 时频测控技术[M]. 西安：西安电子科技大学，2006.

[26]　尚振东，张登攀，等. 智能仪器设计[M]. 北京：清华大学出版社，2019.

[27]　Jetffrey Travis, Jim Kring. 乔瑞萍，等，译. LabVIEW 大学实用教程[M]. 3 版. 北京：电子工业出版社，2008.

[28]　严雨，夏宁. LabVIEW 入门与实战开发 100 例[M]. 3 版. 北京：电子工业出版社，2017.

[29]　郝丽，赵伟. LabVIEW 虚拟仪器设计及应用——程序设计、数据采集、硬件控制与信号处理[M]. 北京：清华大学出版社，2018.